职业教育课程改革创新规划教材

新农村建设职业培训系列教材（农村电气技术）

农村供用电设备使用与维护

李金伴　李捷辉　王善斌　李捷明　编

电子工业出版社·

Publishing House of Electronics Industry

北京·BEIJING

内 容 简 介

本书以农村供用电设备的使用与维护知识为主，主要讲述了常用电气设备的基本结构、分类、用途、选择、安装、运行、维护、常见故障及处理方法等，具有农村供用电设备识图基础，农村变配电常用工具及测量仪表，农用电力变压器的运行、维护与故障处理，断路器的运行、维护与故障处理，高压隔离开关的运行、维护与故障处理，负荷开关的运行、安装与调整，互感器的运行、维护与故障处理，农村供用电设备的接地装置与防雷保护，农村触/漏电断路器的配置、安装、选择与故障诊断，农村电气照明等内容。

本书适合具有初中以上文化水平的广大农用电职工、农村电工、乡镇企业电工参阅，也可供职业技术学院学生等阅读。

图书在版编目（CIP）数据

农村供用电设备使用与维护 / 李金伴等编. —北京：电子工业出版社，2013.11
职业教育课程改革创新规划教材　新农村建设职业培训系列教材. 农村电气技术

ISBN 978-7-121-21766-1

Ⅰ. ①农… Ⅱ. ①李… Ⅲ. ①农村配电—电气设备—运行—中等专业学校—教材②农村配电—电气设备—维护—中等专业学校—教材　Ⅳ. ①TM727.1

中国版本图书馆 CIP 数据核字（2013）第 257630 号

策划编辑：张　帆
责任编辑：张　帆
印　　刷：北京京师印务有限公司
装　　订：北京京师印务有限公司
出版发行：电子工业出版社
　　　　　北京市海淀区万寿路 173 信箱　邮编　100036
开　　本：787×1 092　1/16　印张：17　字数：435.2 千字
印　　次：2013 年 11 月第 1 次印刷
定　　价：32.00 元

凡所购买电子工业出版社图书有缺损问题，请向购买书店调换。若书店售缺，请与本社发行部联系，联系及邮购电话：（010）88254888。

质量投诉请发邮件至 zlts@phei.com.cn，盗版侵权举报请发邮件至 dbqq@phei.com.cn。

服务热线：（010）88258888。

FOREWORD 前言

随着我国经济的发展和人民生活水平的不断提高，广大农村电力用户对电力系统的可靠性要求越来越高。而电气设备以其高可靠性的优势，广泛应用于输电、配电、工农业生产、生活用电等领域。伴随着科学技术的进步与发展，作为一种重要的应用技术手段，电工技术发展更是日新月异，电气产品更新换代极为频繁，新产品、新标准的不断涌现，电气产品的规格型号、结构、安装、运行、调整、维护等内容日益引起重视。

在 21 世纪，我国的能源发展重点目标，仍以电力为中心。为适应我国电力建设发展的需要，更好地搞好我国的供用电工作，我们根据目前供用电的现况，以及社会主义现代化建设和新农村建设的需要；满足广大农村电工、电气工程技术、供用电技术、机电一体化制造工程技术人员业务工作的需要；满足行业间日益增多的技术交流的需要；为了满足广大职业学校和农村电工和乡镇企业电工的工作需要，我们组织编写了《农村供用电设备使用与维护》一书。

本书较系统地介绍了常用电气设备的特点、基本结构、分类与用途、型号及技术参数、选择、安装、运行与维护、常见故障及处理方法；本书取材新颖，内容丰富，简明实用，侧重联系生产实际，并兼顾技术知识的科学性、先进性、系统性和完整性，可操作性强，便于读者阅读。

《农村供用电设备使用与维护》具有通用性、实用性，力求简明、方便实用，通俗易懂。《农村供用电设备使用与维护》共有 11 章，内容包括：农村供用电设备识图基础，农村变配电常用工具及测量仪表，农用电力变压器的运行、维护与故障处理，高压断路器的运行、维护与故障处理，互感器的运行、维护与故障处理，农村供用电设备的接地装置与防雷保护，农村触/漏电断路器的配置、安装、选择与故障诊断，农村电气照明等内容。

《农村供用电设备使用与维护》由李金伴、李捷辉、王善斌、李捷明编写。在编写过程中，参阅了有关书籍、资料和文献，在此对有关专家、学者和作者表示衷心感谢。

《农村供用电设备使用与维护》可作为职业学校相关专业教学用书，亦可供具有初中文化程度以上的广大农用电职工、农村电工和乡镇企业电工使用，也可作为培训和考核农村电工的参考书。

　　由于编者水平所限，书中难免会有错误和不妥之处，欢迎广大读者批评指正。

编　者

2013.10.29

CONTENTS 目录

第1章

农村供用电设备识图基础

农村供用电设备电气图是一种特殊的专业技术图，它必须遵守国家标准局颁布的《电气信息结构文件编制》（GB/T6988）、《电气简图用图形符号》（GB/T4728）、《电气技术中的项目代号》（GB/T5094-85）、《电气技术中的文字符号制定通则》（GB/T7159-87）等标准。要读电气图，首先要了解电气设备的图形符号及文字符号，掌握制图的规则和表示方法。了解这些规则或标准，才能够更好的指导安装和施工，进行故障诊断，检修和管理电气设备。当读者掌握了符号、制图规则和表示方法，就能读懂制图者所表达的意思，所以电气工作者都应当掌握电气线路图的基本知识。

1.1 电气识图基础知识

1.1.1 图纸幅面及其格式

电气图的图纸幅面代号以及尺寸规定与 GB/T14689-93 技术制图中的"图纸幅面和规格"基本相同，其图纸幅面一般为五种：0 号、1 号、2 号、3 号和 4 号分别用 A0、A1、A2、A3、A4 表示。幅面尺寸如表 1-1 所示。

表 1-1　图纸的幅面尺寸（mm）

幅面代号	A0	A1	A2	A3	A4
宽×长（$b×l$）	841×1189	594×841	420×594	297×420	210×297
边宽（c）	10			5	
装订侧边宽（a）	25				

少数情况下，可按照要求加大幅面。选择图纸幅面时，应在图面布局紧凑、清晰、匀称、使用方便的前提下，按照表述对象的规模、复杂程度及要求，尽量选较小的幅面。

1.1.2 图线、字体和比例

1. 图线的名称、形式和应用

GB4457.4-84 规定 8 种图线，即粗实线、细实线、波浪线、双折线、虚线、细点画线、粗点画线、双点画线。电气图中使用较多的是粗实线、细实线、虚线和细点画线。各种图线形式、宽度及应用如表 1-2 所示。

表 1-2　各种图线形式、宽度及应用

1	粗实线	———————	A	b=0.5～2	可见轮廓、可见过渡线，电气图中简图主要内容用线，可见导线，图框线
2	细实线	———————	B	约 b/3	尺寸线，尺寸界线，剖面线，引出线，分界线，范围线，辅助线，指引线
3	波浪线	∿∿∿∿	C	约 b/3	图形未画出时的折断界线，中断线、局部视图或局部放大图的边界线
4	双折线	─/\─	D	约 b/3	被断开部分的分界线
5	虚线	- - - - - - - -	F	约 b/3	不可见轮廓线，不可见过渡线，不可见导线，计划扩展内容用线
6	细点画线	— · — · — · —	G	约 b/3	物体中心线，对称线，分界线，结构围框线，功能围框线，分组围框线
7	粗点画线	━ · ━ · ━	J	b	有特殊要求或表面的表示线，平面图中大型构件的轴线位置线，起重机轨迹
8	双点画线	— ·· — ·· —	K	约 b/3	运动零件在极限位置时的轮廓线，辅助用零件的轮廓线及其剖面线，剖面图中被剖面的前面部分的假想投影轮廓线，中断线，辅助围框线

注：电气图中主要应用实线、虚线、点画线、双点画线。

图线宽度一般为 0.25、0.35、0.5、0.7、1.0 及 1.4mm。以粗线宽度 b 为标准，通常在同一张图中只选用 2～3 种宽度的图线，粗线的宽度为细线的 2～3 倍。图中平行线的最小间距应不小于粗线宽度的 2 倍，且不小于 0.7mm。

2. 字体

图中的汉字、字母和数字是图的重要组成部分，是读图的重要内容。按制图的国家标准中的有关规定，汉字采用长仿宋体，字母、数字可直体、斜体；字体号数，即字体高度（单位为 mm），为分 20、14、10、7、5、3.5、2.5 等七种，字体宽度约为字体高度的 2/3，而数字和字母的笔画宽度约为字体高度的 1/10。因汉字笔画较多，所以不宜用 2.5 号字体。

3. 箭头及尺寸线、尺寸界线

尺寸数据是制造、施工和加工、装配的主要依据。尺寸有尺寸线、尺寸界线、尺寸起始线的箭头或 45°短画线及尺寸数字四个元素组成,如图 1-1 所示。各种工程图上的标注的尺寸除标高尺寸、总平面图和特大构件的尺寸以 m(米)为单位,建筑图上用 cm(厘米)为单位外,其余一律以 mm(毫米)为单位。凡尺寸单位不标注时,默认单位的是 mm。采用其他单位时必须注明单位的代号或名称。在同一图样中,每一尺寸一般只标注一次;尺寸的数字一般标注在尺寸线的上方或中断处;尺寸箭头一般以实心箭头表示,建筑图中则常常用 45°短画线表示。在电气制图中,为了区分不同的含义,规定电气能量、电气信号的传递方向,用开口箭头,而实心箭头主要用于可变性物理量、力或者运动的方向,以及指引方向,如图 1-2 中电流 I 的方向用开口箭头,而可变电容 C 的可变性及电压 U 的指示方向用实心箭头表示。

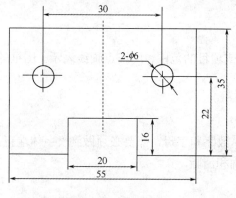

图 1-1 尺寸的组成

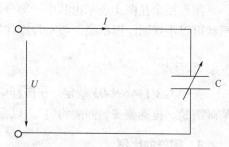

图 1-2 电气图中的箭头使用例

4. 指引线

电气图中用来注释某一原件或某一部分的指向线统称为指引线,它用细实线表示,指向被标注处,且根据不同情况在其末端加注以下标注,指引线末端在轮廓线以内时,用一墨点,如图 1-3(a)所示;指引线末端在轮廓线上时,用一实心箭头,如图 1-3(b)所示;指引线末端在回路线上时,用一短线,如图 1-3(c)所示。

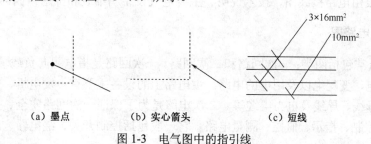

(a)墨点   (b)实心箭头   (c)短线

图 1-3 电气图中的指引线

5. 连接线

电气图上各种图形符号之间的互相连线统称为连接线,计划扩展的内容用虚线。为了突出或区分不同电路的图线表示。连接线的识别标注一般在靠近连接线的上方,也可在中断处标注,如图 1-4 所示;当有多根平行线或一组线时,为了避免图画面繁杂,可采用单线表示,如图 1-5 所示;当连接线穿越图画其他部分时,允许将连线中断,并在中断处加相应的标注。

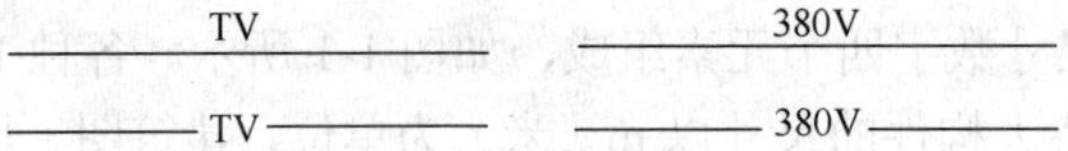

图 1-4　连接线的标注

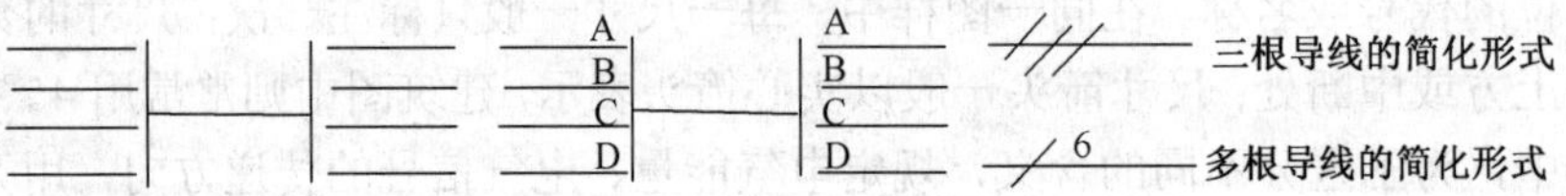

（a）表示多根导线的单线表示　　（b）表示两端处于不同位置　　（c）表示多根导线的简化画法的平行线的单线表示

图 1-5　多根导线或连接线的简化画法

6. 围框

围框用来在图上表示出其中一部分的功能、结构或项目的范围，用细点画线表示。围框的形状可以不规则，围框线一般不与原件符号相交。

7. 字体

按照 GB/T14691-93 规定，在图样中书写的汉字、数字和字母，都要必须做到"字体端正、笔画清楚、排列整齐、间隔均匀"，以保证图样的正确和清晰。

8. 图样的比例

图样的比例是指图形的大小和实物大小的比值。电气制图中需要按照比例绘制的图通常是平面、剖面布置图等用于安装电气设备及布线的简图，一般在 1:10、1:20、1:50、1:100、1:200 及 1:500 系列中选取，如需要其他比例，应按照国家有关标准选用。

1.1.3　电气图的基本构成

电气图一般由电路接线图、技术说明、主要电气设备明细表和标题栏四部分组成。

1. 电路及电路图

（1）电路通常包括两类：一次回路和二次回路。一次回路是指电源向负载输送电能的电路，包括发电、输电、变配电以及用电的电路。主电路上的设备主要有：发电机、变压器、各种开关、互感器、母线、导线及电力电缆等。二次电路是为了保证一次回路安全、正常、经济合理运行而装置的控制、指示、监控、测量电路。它一般包括控制开关、继电器、测量仪表、指示灯等。

（2）用国家同一规定的电气图形符号和文字符号表示电路中电气设备或原件相互连接顺序的图形称为电路图。

2. 技术说明或技术要求

技术说明或技术要求是用以注明电气接线图中有关要点、安装要求及未尽事项等。其书写位置通常是：一次回路（主电路）图中，在图面的右下方，标题栏的上方；二次接线（副接线）图中，在图面的右上方。

3. 主要电气设备原件明细表

主要电气设备原件明细表是用以标注电气接线图中电路主要电气设备原件的代号、名称、型号、规格、数量和说明等，它不仅是为了读者便于识图，更是订货、安装时的主要依据。明细表的书写位置通常是：一次回路图中，在图面的右上方，由上而下逐条列出；二次回路图中，则在图面的右下方，紧接标题之上，自下而上逐条列出。

4. 标题栏

标题栏在图面的右下角，标注电气工程名称、设计类别、设计单位、图名、图号、比例、尺寸单位及设计人、制图人、描图人、审核人、批准人的签名和日期等。

标题栏是电气设计图的重要技术档案，各栏目中的签名人对图中的技术内容承担相应的责任，识图时首先看标题栏。此外，有关涉及相关专业的电气图样，紧接在标题栏左侧或图框线以外的左上方，列有会签表，由相关专业技术人员会审认证后签名，以便互相同一协调、明确分工及责任。

1.2　电气技术的中文字符号

文字符号可为电气技术中的项目代号提供电气设备、装置和元器件种类字母代码和功能字母代码；可作为限定符号与一般图形符号组合使用，以派生新的图形符号。

文字符号分为基本文字符号和辅助文字符号两类。

1.2.1　基本文字符号

基本文字符号分为单字母符号和双字母符号两种。

单字母符号是按拉丁字母将各种电气设备、装置和元器件划分为23大类，每大类用一个专用单字母符号表示。如"C"表示电容器类，"R"表示电阻器类等。单字母符号应优先采用。

双字母符号由一个表示种类的单字母符号与另一字母组成，其组合形式应以单字母符号在前、另一字母在后的次序列出。如"GB"表示蓄电池，其中"G"为电源的单字母符号。只有当用单字母符号不能满足要求、需要将大类进一步划分时，才采用双字母符号，以便较详细和更具体地表述电气设备、装置和元器件等。

电气设备常用基本文字符号如表1-3所示。

表1-3　电气设备常用基本文字符号

设备、装置和元器件种类	名　称	单字母符号	双字母符号	设备、装置和元器件种类	名　称	单字母符号	双字母符号
组件 部件	分离元件放大器	A		组件 部件	件、部件		
	激光器	A			电桥	A	AB
	调节器	A			晶体管放大器	A	AD
	本表其他地方规定的组	A			集成电路放大器	A	AJ

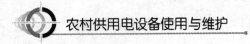

续表

设备、装置和元器件种类	名 称	单字母符号	双字母符号	设备、装置和元器件种类	名 称	单字母符号	双字母符号
组件部件	磁放大器	A	AM	非电量到电量变换器或电量到非电变换器	位置变换器	B	BQ
	电子管放大器	A	AV		旋转变换器（测速发电机）	B	BR
	印制电路板	A	AP		温度变换器	B	BT
	抽屉柜	A	AT		速度变换器	B	BV
	支架盘	A	AR	电容器	电容器	C	
非电量到电量变换器或电量到非电量变换器	热电传感器	B		二进制元件延迟器件存储器件	数字集成电路和器件	D	
	热电池	B			延迟线	D	
	光电池	B			双稳态元件	D	
	测功计	B			单稳态元件	D	
	晶体换能器	B			磁芯存储器	D	
	送话器	B			寄存器	D	
	拾音器	B			磁带记录机	D	
	扬声器	B			盘式记录机	D	
	耳机			其他元器件	本表其他地方未规定的器件	E	
	自整角机	B			发热器件	E	EH
	旋转变压器	B			照明灯	E	EL
	模拟和多级数字变换器或传感器（用做指示和测量）	B			空气调节器	E	EV
	压力变换器	B	BP	继电器接触器	瞬时接触继电器	K	KA
保护器件	过电压放电器件	F			瞬时有或无继电器	K	KA
	避雷器	F			交流继电器	K	KA
	具有瞬时动作的限流保护器件	F	FA		闭锁接触继电器（机械闭锁或永磁铁式有或无继电器）	K	KL
	具有延时动作的限流保护器件	F	FR		双稳态继电器	K	KL
	具有延时和瞬时动作的限流保护器件	F	FS		接触器	K	KM
					极化继电器	K	KP
	熔断器	F	FU		簧片继电器	K	KR
	限压保护器件	F	FV		延时有或无继电器	K	KT
					逆流继电器	K	KR
发生器发电机电源	旋转发电机	G		电感器电抗器	感应线圈	L	
	振荡器	G			线路陷波器	L	
	发生器	G	GS		电抗器	L	
	同步发电机	G	GS	电动机	电动机	M	
	异步发电机	G	GA		同步电动机	M	MS
	蓄电池	G	GB		可做发电机或电动机用的电机	M	MG
	旋转式或固定式变频机	G	GF		力矩电动机	M	MT

续表

设备、装置和元器件种类	名　称	单字母符号	双字母符号	设备、装置和元器件种类	名　称	单字母符号	双字母符号
信号器件	声响指示器	H	HA		拨号接触器	S	
	光指示器	H	HL		连接器	S	
	指示灯	H	HL		控制开关	S	SA
模拟元件	运算放大器	N			选择开关	S	SA
	混合模拟/数字器件	N			按钮开关	S	SB
测量设备试验设备	指示器件	P		控制、记忆、信号电路的开关器件选择器	机电式有或无传感器（单级数字传感器）	S	
	记录器件	P			液体标高传感器	S	SL
	积算测量器件	P			压力传感器	S	SP
	信号发生器	P			位置传感器（包括接近传感器）	S	SQ
	电流表	P	PA				
	（脉冲）计数器	P	PC		转数传感器	S	SR
	电度表	P	PJ		温度传感器	S	ST
	记录仪器	P	PS	变压器	电流互感器	T	TA
	时钟、操作时间表	P	PT		控制电路电源用变压器	T	TC
	电压表	P	PV				
电力电路的开关器件	断路器	Q	QF		电力变压器	T	TM
	电动机保护开关	Q	QM		磁稳压器	T	TS
	隔离开关	Q	QS		电压互感器	T	TV
电阻器	电阻器	R		调制器变换器	鉴频器	U	
	变阻器	R			解调器	U	
	电位器	R	RP		变频器	U	
	测量分路器	R	RS	端子插头插座	连接插头和插座	X	
	热敏电阻器	R	RT		接线柱	X	
	压敏电阻器	R	RV		电缆封端和接头	X	
调制器变换器	编码器	U			焊接端子板	X	
	变流器	U			连接片	X	XB
	逆变器	U			测试插孔	X	XJ
	整流器	U			插头	X	XP
	电报译码器	U			插座	X	XS
电子管晶体管	气体放电管	V			端子板	X	XT
	二极管	V		电气操作的机械器件	气阀	Y	
	晶体管	V			电磁铁	Y	YA
	晶闸管	V			电磁制动器	Y	YB
	电子管	V	VE		电磁离合器	Y	YC
	控制电路用电源的整流器	V	VC		电磁吸盘	Y	YH
					电动阀	Y	YM
					电磁阀	Y	YV

设备、装置和元器件种类	名　称	单字母符号	双字母符号	设备、装置和元器件种类	名　称	单字母符号	双字母符号
传输通道 波导 天线	导线	W		终端设备 混合变压器 滤波器 均衡器 限幅器	电缆平衡网络	Z	
	电缆	W			压缩扩展器	Z	
	母线	W			晶体滤波器	Z	
	波导	W			网络	Z	
	波导定向耦合器	W					
	偶极天线	W					
	抛物天线	W					

1.2.2 辅助文字符号

辅助文字符号是用以表示电气设备、装置和元器件以及线路的功能、状态和特征的。如"SYN"表示同步，"L"表示限制，"RD"表示红色等。辅助文字符号也可放在表示种类的单字母符号后边组成双字母符号，如"SP"表示压力传感器，"YB"表示电磁制动器。为简化文字符号起见，若辅助文字符号由两个以上字母组成时，允许只采用其第一位字母进行组合，如"MS"表示同步电动机等。辅助文字符号还可以单独使用，如"ON"表示接通，"M"表示中间线，"PE"表示保护接地等。常用辅助文字符号如表1-4所示。

表1-4　常用辅助文字符号

名　称	文字符号	名　称	文字符号
电流	A	控制	C
模拟	A	顺时针	CW
交流	AC	逆时针	CCW
自动	A，AUT	延时（延迟）	D
加速	ACC	差动	D
附加	ADD	数字	D
可调	ADJ	降	D
辅助	AUX	直流	DC
异步	ASY	减	DEC
制动	B，BRK	接地	E
黑	BK	紧急	EM
蓝	BL	快速	F
向后	BW	反馈	FB
正、向前	FW	保护接地	PE
绿	GN	保护接地与中性线共用	PEN
高	H	不接地保护	PU
输入	IN	记录	R
增	INC	右	R
感应	IND	反	R
左	L	红	RD

名　称	文字符号	名　称	文字符号
限制	L	复位	R，RST
低	L	备用	RES
闭锁	LA	运转	RUN
主	M	信号	S
中	M	启动	ST
中间线	M	置位，定位	S，SET
手动	M，MAN	饱和	SAT
中性线	N	步进	STE
断开	OFF	停止	STP
闭合	ON	同步	SYN
输出	OUT	温度	T
压力	P	时间	T
保护	P	无噪声（防干扰）接地	TE
真空	V	白	WH
速度	V	黄	YE
电压	V		

1.2.3　导线和接线端子的文字符号标志

在电气图中，常用导线和电气设备接线端子的文字符号标志，如表 1-5 所示。用颜色作为导线识别标记的国际色码，如表 1-6 所示。

表 1-5　导线和接线端子的文字符号

名　称	文字符号	名　称	文字符号
电源线 1 相	L1（A）		
2 相	L2（B）		
3 相	L3（C）		
中性线	N（0）	保护接地线或接线端子	PE
设备接线端子 1 相	U	不接地保护线或接线端子	PU
2 相	V	保护接地线和中性线共用线或接	PEN
3 相	W	线端子	
中性线	N	接地线或接线端子	E
		无噪声接地线或接线端子	TE
		接机壳线或接线端子	MM
电源线和接线端子正负	L+或±	等电位线或接线端子	CC
	L-或*		
中间	M		

表 1-6　导线的颜色标记字母（国际色码）

颜　色	字母符号	颜　色	字母符号
黑色	BK	灰色	GY
棕色	BN	白色	WH
红色	RD	粉红色	PK
橙色	OG	金黄色	GD
黄色	YE	青绿色	TQ
绿色	GN	银白色	SR
蓝色	BU	绿-黄色相间	GNYE
紫色	YT		

1.2.4　补充文字符号的原则

如果上述各表所列的基本文字符号和辅助文字符号不敷使用，可按下述原则予以补充。

（1）在不违背上述文字符号编制原则的条件下，可采用国际标准中规定的电气技术文字符号。

（2）在优先采用上述各表规定的单字母符号、双字母符号和辅助文字符号前提下，可补充表中未列出的双字母符号和辅助文字符号。

（3）文字符号应按有关电气名词术语国家标准或专业标准中规定的英文术语缩写而成。同一设备若有几种名称时，应选用其中一个名称。当设备名称、功能、状态或特征为一个英文单词时，一般采用该单词的第一位字母构成文字符号，需要时也可用前两位字母，或采用常用缩略语或约定俗成的习惯法构成；当设备名称、功能、状态或特征为两个或三个英文单词时，一般采用该两个或三个单词的第一位字母，或采用常用缩略语或约定俗成的习惯用法构成文字符号。对基本符号不得超过两位字母，对辅助文字符号一般不能超过三位字母。

（4）因拉丁字母"I"、"O"易同阿拉伯数字"1"和"0"混淆，因此，不允许单独作为文字符号使用。

1.3　常用电气图形符号的名词术语和图形符号

1.3.1　常用电气图用图形符号的内容简介

电气图用图形符号由以下 13 部分组成：

第 1 部分　总则

第 2 部分　符号要素、限定符号和常用的其他符号

例如：轮廓和外壳；电流和电压种类；可变性；力、运动和流动的方向；机械控制；接地和接机壳；理想电路元件等。

第 3 部分　导线和连接器件

例如：电线，柔软、屏蔽或绞合导线，同轴导线；端子，导线连接；插头和插座；电缆密

封终端头等。

第 4 部分　基本无源元件

例如：电阻器、电容器、电感器；铁氧体磁芯、磁存储器矩阵；压电晶体、驻极体、延迟线等。

第 5 部分　半导体和电子管

例如：二极管、三极管、晶闸管；电子管；辐射探测器件等。

第 6 部分　电能的发生和转换

例如：绕组；发电机、电动机；变压器；交流器等。

第 7 部分　开关、控制和保护器件

例如：触点；开关、热敏开关、接近开关、接触开关；开关装置和控制装置；启动器；有或无继电器；测量继电器；熔断器、间隙、避雷器等。

第 8 部分　测量仪表，灯和信号器件

例如：指示、积算和记录仪表；热电偶；遥测装置；电钟；位置和压力传感器；灯，扬声器和铃等。

第 9 部分　电信交换和外围设备

例如：交换系统、选择器；电话机；电报和数据处理设备；传真机、换能器、记录和播放等。

第 10 部分　电信传输

例如：通信电路；天线、无线电台；单端口、双端口或多端口波导管器件、微波激射器、激光器；信号发生器、变换器、阈器件、调制器、解调器、鉴别器、集线器、多路调制器、脉冲编码调剂；频谱图，光纤传输线路和器件等。

第 11 部分　电力、照明和电信布置

例如：发电站和变电站；网络；音响和电视的电缆配电系统；开关、插座引出线、电灯引出线；安装符号等。

第 12 部分　二进制逻辑单元

例如：限定符号；并联符号；组合和时序单元；如缓冲器、驱动器和编码器；运算器单元；延时单元；双稳、单稳及非稳单元；移位寄存器和计数器和存储器等。

第 13 部分　模拟单元

例如：模拟和数字信号识别用的限定符号；放大器的限定符号；函数器；坐标转换器；电子开关等。

1.3.2　常用电气图形符号的名词术语

根据 GB4728.1-85 新标准的规定，各种图形符号的名词术语定义如下：

1. 图形符号

通常用于图样或其他文件以表示一个设备或概念的图形、标记或字符。

2. 符号要素

一种具有确定意义的简单图形，必须同其他图形组合以构成一个设备或概念的完整符号。

例如灯丝、栅极、阳极、管壳等符号要素组成电子管的符号。符号要素组合使用时，其布置可以同符号表示的设备的实际结构不一致。

3. 一般符号

用以表示一类产品和此类产品特征的一种通常很简单的符号。

4. 限定符号

用以提供附加信息的一种加在其他符号上的符号。

限定符号通常不能单独使用。但一般符号有时也可用做限定符号。如电容器的一般符号加到传声器符号上即构成电容式传声器的符号。

5. 方框符号

用以表示元件、设备等的组合及其功能，既不给出元件、设备的细节也不考虑所有连接的一种简单的图形符号。

方框符号通常用在使用单线表示法的图中，也可用在示出全部输入和输出接线的图中。

电气图中出现的其他名词术语不属电气图形符号规定的内容，但一般符号国际电工词汇（IEC）和相应国家标准的规定。

1.3.3　电气图用符号的绘制

电气图中的图形符号均按便于理解的尺寸绘出，并尽量使符号互相之间比例适当。

布置符号时，应使连接线之间的距离是模数（2.5mm）的倍数，通常为 1 倍（5mm），以便标注端子的标志。

一般情况下，符号可直接用于绘图；在计算机辅助绘图系统中符号则应画在网格上。

电气图中的图表符号是按网格绘制的，但网格未随符号示出。

1.3.4　电气图用符号的编号

电气图形中每个符号都给出一个序号。此序号由三段构成：

a. 第一段（2 位数字），表示电气图形中符号编号的第几部分；

b. 第二段（2 位数字或一个字母一个数字）表示该部分的第几节；

c. 第三段（2 位数字），表示该节的第几个符号。

三段之间以短横线"–"分开。

在电气图的每一部分中，节从 01 开始连续编号。

在每一节中，符号从 01～99 连续编号。

例如：

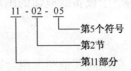

1.3.5 符号的使用

电气图用图形符号尽可能完整地给出符号要素、限定符号和一般符号，但只给出有限的组合符号的例子。如果某些特定装置或概念的符号在电气图中未作规定，允许通过已规定符号的适当组合进行派生。

为适应不同图样或用途的要求，可以改变彼此有关的符号的尺寸，如电力变压器和测量用互感器就经常采用不同大小的符号。

电气图中的符号可根据需要缩小或放大。当一个符号用以限定另一个符号时，该符号常常缩小绘制。各符号缩小或放大时，各符号相互间及符号本身的比例应保持不变。

电气图用图形符号示出的符号方位不是强制的。在不改变符号含义的前提下，符号可根据图面布置的需要旋转或成镜像放置，但文字和指示方向不得倒置。

导线符号可以用不同宽度的线条表示。

为清晰起见，符号通常带连接线示出。若不另加说明，符号只给出带连接线的一种形式。

大部分符号上都可以增加补充信息。但是仅在有表示这种信息的推荐方法的情况下，电气图才示出实例。

电气图中有些符号具有几种图形形式，"优选形"是供优先采用的。在同一张电气图样中只能选用一种图形形式，图形符号的大小和线条的粗细也应基本一致。

1.3.6 符号适应计算机辅助绘图系统的规定

为便于在计算机辅助绘图系统使用电气图形符号中的符号，特作如下规定：

（1）符号应设计成能用于特定模数 M 的网格系统中，电气图形符号中使用的模数 M 为 2.5mm；

（2）符号的连接线同网格线重合并终止于网格线的交叉点上；

（3）矩形的边长和圆的直径应设计成 2M 的倍数。对较小的符号则选为 1.5M、1M 或 0.5M；

（4）两条连接线之间至少应有 2M 的距离，以符号国际通行的最小字符高为 2.5mm 要求。

计算机辅助绘图系统要求每个符号都有位于网格交叉点的参考点。电气图形符号中没有规定这种参考点的精确位置，但是使用网格将有助于选择合适的点。

1.3.7 其他

电气图中规定的图形符号，均按无电压、无外力作用的正常状态示出。

电气图中规定的图形符号中的文字符号、物理量符号等，应视为图形符号的组成部分，但这些文字、物理量符号等不属电气图中规定的内容。

电气图中的图形符号凡与国际标准 IEC617 相同者，均标出"="。

1.3.8 电气图中常用图形符号

电气设备图形符号包括图形符号，文字符号和回路符号三种。各种电路图都是这些电气符号表示电路的构成、功能、设备相互连接顺序、相互位置及工作原理。因此，作为一名工程技术人员必须了解、掌握电气符号的含义、标注原则和使用方法，才能看懂电路图。

国家标准 GB4728-84-85《电气图用图形符号》是参照国际电工委员会 IEC617《绘图用图形符号》制订的。它代替了 GB312-64《电气系统图图形符号》、GB313《电力及照明平面图图形符号》和 GB314-64《电信平面图图形符号》。

国家标准 GB4728 共有 13 部分，本书摘录最常用的电气图形符号如表 1-7 所示。

表 1-7　电气图中常用图形符号

图形符号	说　　明	图形符号	说　　明
1. 基本符号		── 或 ──	电容器一般符号
──	直流 注：电压可标注在符号右边，系统类型可标注在左边	──	电感器、线圈、绕组、扼流圈
～	交流 频率或频率范围以及电压的数值应标注在符号的右边，系统类型应标注在符号的左边	──	原电池或蓄电池 注：长线代表阳极，短线代表阴极，为了强调，短线可画粗些
≂	交直流	2. 控制、保护装置	
+、-	正极、负极	──	动合（常开）触点 注：本符号也可以用做开关一般符号
→	运动、方向或力	──	动断（常闭）触点
→	能量、信号传输方向	──	先断后合的转换触点
──	接地一般符号 注：如表示接地的状况或作用不够明显，可补充说明	──	中间断开的双向触点
── 或 ──	接机壳	形式1 ── 形式2 ──	当操作器件被吸合时延时闭合的动合触点
▽	等电位	形式1 ── 形式2 ──	当操作器件被释放时延时断开的动合触点
──	故障	形式1 ── 形式2 ──	当操作器件被释放时延时闭合的动断触点
○ ∅	端子 可拆卸端子	形式1 ── 形式2 ──	当操作的器件被吸合时延时断开的动断触点
──	导线的连接		
──	导线跨越而不连接		
─□─	电阻器一般符号	──	手动开关的一般符号

图 形 符 号	说 明	图 形 符 号	说 明
2. 控制、保护装置			热断电器的驱动器件
	按钮开关（不闭锁）		热断电器触点
	位置开关，动合触点 限制开关，动合触点		熔断器一般符号
	位置开关，动断触点 限制开关，动断触点		熔断器式开关
	多极开关一般符号 单线表示		熔断器式隔离开关
	多极开关一般符号 多线表示		跌开式熔断器
	接触器（在非动作位置触点断开）		避雷器
	具有自动释放的接触器		避雷针
	接触器（在非动作位置触点闭合）	**3. 电机、启动器**	
	断路器		电机一般符号 符号内的星号*必须用下述字母代替： C——同步变流机 G——发电机 GS——同步发电机 M——电动机 MG——能作为发电机或电动机使用的电机 MS——同步电动机 SM——伺服电动机 TG——测速发电机 TM——力矩电动机 IS——感应同步器
	隔离开关		
	负荷开关（负荷隔离开关）		
	操作器件一般符号		交流电动机
	缓慢释放（缓放）断电器的线圈		双绕组变压器 电压互感器
	缓慢吸合（缓吸）断电器的线圈		三绕组变压器
	交流断电器的线圈		

图 形 符 号	说 明	图 形 符 号	说 明
3. 电机、启动器		t	限时装置
	电流互感器	5. 逻辑单元	
	电抗器，扼流圈	$\geqslant 1$	"或"单元通用符号 只有一个或一个以上的输入呈现"1 状态"，输出才呈现"1 状态"
	自耦变压器	$\&$	"与"单元通用符号 只有所有输入呈现"1"状态，输出才呈现"1"状态
	电动机启动器一般符号 注：特殊类型的启动器可以在一般符号内加上限定	$=1$	"异或"单元 只有两个输入之一呈现"1"状态，输出才呈现"1"状态
	自耦变压器式启动器	1	非门，反相器 只有输入呈现外部"1"状态，输出才呈现外部"0"状态
	星-三角启动器	1	反相器（用极性符号表示） 只有输入呈现 H（高）电平，输出才呈现 L（低）电平
4. 电机、启动器		$\geqslant m$	逻辑门槛单元 只有呈现"1"状态输入的数目等于或大于限定符号中以 m 表示的数值，输出才呈现"1"状态
V	电压表		
A	电流表		
cosφ	功率因数表	$=m$	等于 m 单元 只有呈现"1"状态输入的数目等于限定符号中以 m 表示的数值，输出才呈现"1"状态
Wh	电度表（瓦特·小时计）		
	钟（二次钟、副钟）一般符号	6. 电气线路	
	闪光型信号灯		导线、导线组、电线、电缆、电路、传输通路（如微波技术）、线路、母线（总线）一般符号 注：当用单线表示一组导线时，若需示出导线数可加小短斜线或画一条短斜线加数字表示
	电铃		
	电喇叭		柔软导线
	蜂鸣器		绞合导线（示出二股）
	电动汽笛		屏蔽导线
	调光器		

图 形 符 号	说　明	图 形 符 号	说　明
6. 电气线路		7. 照明灯具	
	不需要示出电缆芯数的电缆终端头		灯一般符号 信号灯一般符号 注：1. 如果要求指示颜色，则在靠近符号处标出下列字母，RD 红，BU 蓝，YE 黄，WH 白，GN 绿 2. 如要指出灯的类型，则在靠近符号处标出下列字母，Ne 氖，Xe 氙，Na 钠，Hg 汞，I 碘，IN 白炽，EL 电发光，ARC 弧光，FL 荧光，IR 红外线，UV 紫外线，LED 发光二极管
	电缆直通接线盒（示出带三根导线）单线表示		
	电缆接线盒，电缆分线盒（示出带三根导线 T 形连接）单线表示		
$\begin{matrix}F\\T\\V\\S\\F\end{matrix}$	电话 电报和数据传输 视频通路（电视） 声道（电视或无线电广播） 示例：电话线路或电话电路		
	地下线路		投光灯一般符号
	水下（海底）线路		聚光灯
	架空线路		泛光灯
	沿建筑物明敷设通信线路		
	滑触线		示出配线的照明引出线位置
	中线性		在墙上的照明引出线（示出配线在左边）
	保护线		
	保护和中性共用线		荧光灯一般符号
	具有保护线和中性线三相配线		电杆的一般符号（单杆、中间杆）
	向上配线	$\bigcirc\,^{A\text{-}B}_{C}$	注：可加注文字符号表示。 A——杆材或所属部门； B——杆长； C——杆号
	向下配线		
	垂直通过配线		带撑杆的电杆
			带撑拉杆的电杆
	电缆铺砖保护		带照明灯的电杆 ①一般画法 a——编号； b——杆型； c——杆高； d——容量； A——连接相序 ②需要示出灯具的投照方向时
	电缆穿管保护 注：可加注文字符号表示其规格数量	$a\,^{b}_{c}Ad$	
	电缆预留 母线伸缩接头		
	接地装置 ①有接地极 ②无接地极		

图形符号	说　明	图形符号	说　明
7. 照明灯具			带接地插孔的三相插座 带接地插孔的三相插座暗装
	装有投光灯的架空线电杆一般画法 a 为编号；b 为投光灯型号；c 为容量；d 为投光灯安装高度；α 为俯角；A 为连接相序；θ 为偏角 注：投照方向偏角的基准线可以是坐标轴线或其他基准线		密封（防水） 防爆
	拉线一般符号（示出单方拉线）		电信插座的一般符号 注：可用文字或符号加以区别。 TP——电话； TX——电传； TV——电视； *——扬声器（符号表示） M——传声器 FM——调频
	有高桩拉线的电杆		
8. 配电箱、屏、控制台			
11 12 13 14 15 16	端子板（示出带线端标记的端子线）		
	屏、台、箱、柜一般符号		带熔断器的插座
	动力或动力-照明配电箱 注：需要时符号内可标示电流种类符号		开关一般符号
	信号板、信号箱（屏）		单极开关 暗装 密闭（防水） 防爆
	照明配电箱（屏） 注：需要时允许涂红		
	事故照明配电箱（屏）		双极开关 双极开关 暗装 密闭（防水） 防爆
	多种电源配电箱（屏）		
9. 插座、开关、日用电器			三极开关 三极开关 暗装 密闭（防水） 防爆
	单相插座 暗装 密闭（防水） 防爆		
	带保护接点插座 接地插孔的单相插座 暗装 密闭（防水） 防爆		单极拉线开关
			单极双控拉线开关
			多拉开关（如用于不同照度）

图 形 符 号	说　明	图 形 符 号	说　明
9. 插座、开关、日用电器			按钮盒 一般或保护型按钮盒: 示出一个按钮; 示出两个按钮
	单极限时开关		
	双控开关（单极三线）	10. 电信、广播、共用天线	
	具有指示灯的开关		
	定时开关		自动交换设备
	钥匙开关		人工交换机
	电阻加热装置		电话机一般符号
	电弧炉		传声器一般符号
	感应加热炉		扬声器一般符号
	电解槽或电镀槽		传真机一般符号
	直流电焊机		呼叫器
	交流电焊机		
	热水器（示出引线）		监听器
	风扇一般符号（示出引线） 注: 若不引起混淆，方框可省略不画		天线一般符号
	盒（箱）一般符号		放大器一般符号 中继器一般符号 （示出输入和输出） 注: 三角形指向传输方向
	连接盒或接线盒		
	阀的一般符号		
	电磁阀		具有输送信号和（或）供电旁路的放大器
	电动阀		可调放大器
	电磁分离器	dB	固定衰减器
	电磁制动器	dB	可变衰减器
	按钮一般符号 注: 若图面位置有限，又不会引起混淆，小圆允许涂黑		滤波器一般符号

续表

图 形 符 号	说 明	图 形 符 号	说 明
10. 电信、广播、共用天线			壁龛交接箱
混合器			分线箱一般符号 注：可加注$\frac{A-B}{C}D$。
均衡器			A 为编号；B 为容量；C 为线序；D 为用户数
系统出线端			
人工交换台、班长台、中继台、测量台、业务台等一般符号			室内分线盒
总配线架			室外分线盒
电缆交接间			分线箱
架空交接箱			
落地交接箱			壁龛分线箱

1.3.9　电气技术的项目代号

电气技术的完整项目代号包括四个具有相关信息的代号段，每个代号都有着各自特定的前缀符号加以区分。每个代号段的字符都包括拉丁字母或者阿拉伯数字，或者是由字母和数字组成。大写字母与小写字母具有相同的意义，并用正体书写，但优先采用大写字母。

电气技术的项目代号是用以识别图形、表图、表格中和设备上的项目种类，并提供项目层次关系、实际位置等信息的一种特定代码。由项目代号可以将不同的图形和其他技术文件上的项目与实际设备中的该项目一一对应联系起来。如某一用功电能表 PJ1，是计量 2 号线路 W2 的，线路 W2 是在 5 号高压开关柜内，而开关柜的种类代号为 A，因此这个用功电能表的项目代号全称为"=A5-W2-P1"，其第 3 号接线端子则应称为"=A5-W2-P1：3"或简称为"=A5-W2P1：3"。

电气技术的项目代号应符合国家标准《电气技术的项目代号》（GB5094-85）和《电气技术的文字符号制定通则》（GB7195-87）的相关规定。否则，应在图样中或说明书中特别加以说明。完整的代号组成如表 1-8 所示。

表 1-8　完整的代号组成

代号段	名　称	定　　义	前缀符号	示　例
第一段	高层代号	系统和这段中任何层次较高项目的代号。如发电厂中包括的泵、电动机、起动机和控制设备的泵装置	等于"="	=T2 =F-B4 =1
第二段	位置代号	项目在组件、设备、系统和建筑物中的实际位置代号	加号"+"	+D126 +11+401 +H84

代号段	名　称	定　义	前缀符号	示　例
第三段	种类代号	主要用以识别项目种类的代号	减号"–"	–K5 –QS2
第四段	端子代号	用以同外电路进行电气连接的导电元件的代号	冒号"："	：13 ：B

图 1-6 为某项目代号结构、前缀符号及其分解图。

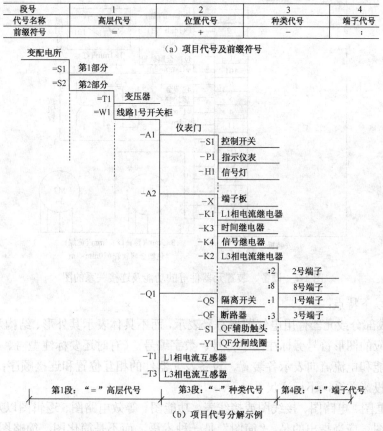

图 1-6　项目代号结构、前缀符号及其分解

1.4　电气图的特点、分类与识图要求

1.4.1　电气图的特点

电气图与机械图、建筑图、地形图或其他专业的技术图相比，具有一些明显不同的特点。

1. 简图是电气图的主要表达形式

电气图的种类是很多的，但除了必须标明实物形状、位置、安装尺寸的图（如电气设备布置平面图、立面图等）外，大量的图都是简图，即仅表示电路中各设备、装置元器件等的功能及连接关系的图，如图1-7所示。

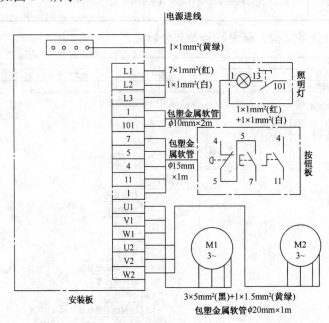

图 1-7　设备、装置元器件等的功能及连接关系的图

简图具有以下特点：

（1）各组成部分或元器件用电气图形符号表示，而不具体表示其外形、结构及尺寸等特征；

（2）在相应的图形符号旁标注文字符号、数字编号　（有时还要标注型号、规格等）；

（3）按功能和电流流向表示各装置、设备及元器件的相互位置和连接顺序；

（4）没有投影关系，不标注尺寸。

系统图、框图、电路图、接线图或接线表、功能图、等效电路图、逻辑图以及某些位置图，都属于这类简图。应当指出的是，"简图"是一种术语，而不是简化图、简略图的意思。之所以称为简图，是为了与其他专业技术图的种类、画法加以区别。

2. 元件和连接线是电气图的主要表达内容

如前所述，电路通常是由电源、负载、控制元件和连接导线四部分组成的。如果把各电源设备、负载设备和控制设备都看成元件，则各种电气元件和连接线就构成了电路。这样，在用来表达各种电路的电气图中，元件和连接线就成为主要表达内容了。

3. 图形符号、文字符号是组成电气图的主要要素

电气图中大量用简图表示，而简图主要是用国家统一规定的图形符号和文字符号表达绘制出来的。因此，图形符号和文字符号大大简化了绘图，它是电气图的主要组成成分和表达要素。图

形符号、文字符号与项目代号、数字编号以及必要的文字说明相结合，不仅构成了详细的电气图，而且对读图时区别各组成部分的名称、功能、状态、特征、对应关系及其安装位置等大有用途。

4. 电气图中的元件都按正常状态绘制

所谓"正常状态"或"正常位置"，即电气元件、器件和设备的可动部分表示为非激励（未通电，未受外力作用）或不工作的状态或位置，例如，继电器和接触器的线圈未通电，因而其触点在还未动作的位置；断路器、负荷开关、隔离开关、刀开关等在断开位置；带零点的手动控制开关的操作手柄在"0"位置；事故、备用、报警等开关在设备、电路正常使用或正常工作位置；对于发、输、变、配、供电系统的电气图，应按照实际设计，把备用的电源、线路、变压器以及与之配套的开关设备等都一一表达出来。

5. 电气图往往与主体工程及其他配套工程的图有密切关联

电气工程通常同主体工程（土建工程）及其他配套工程 （如机械设备安装工程、给排水管道、采暖通风管道、广播通信线路、道路交通、蒸汽煤气管道等，配合进行，电气装置及设备的布局、走向、安装等必然与此密切相关。因此，电气图尤其是电气位置图（布置图）无疑与土建工程图、管道工程图等有不可分割的联系。这些电气图不仅要根据有关土建、机械、管道图按要求及尺寸来布置，且要符合国家有关设计规程和规范要求（如安全、防火、防爆、防雷、防闪等）。

1.4.2 电气图的分类

电气图的分类有很多：按照表达相数分为单相线、三相线；按照表达方式分为概略型号图、详细型号图；按照电路性质分为一次回路图、二次回路图；按照表达对象分为军用、民用、电力系统用、工矿企业用、船舶用等。

1.4.3 电气识图的基本要求

电工识图要做到"五结合"。

1. 结合电工基础知识图

各种变配电所、电力拖动、照明以及电子电路的设计，都离不开电工基础。为了能够正确而迅速地识图，具有良好的电工基础知识是十分重要的。例如，变配电所中各电路的串、并联设计及计算，为了提高功率因数而采用补偿电容的计算及设备。又如，电力拖动中常用的鼠笼型异步电动机的正、反转控制，是根据三相电源相序决定电动机的旋转方向的原理从而达到实现电动机正、反转的目的，而 Y-△启动则是利用电压的变动引起电动机启动电流及转矩变化的原理。

2. 结合电器元件的结构和工作原理识图

电路是由各种元器件、设备、装置组成的。 例如：电子电路中的电阻、电容、电感等，供电系统中的高低压变压器、各种电压等级的隔离开关、断路器、熔断器、继电器、控制开关、各种高低压柜等等，必须掌握它们的用途，主要构造，工作原理及与其他元件的相互关系，才能更好地读懂电路图。

3. 结合典型的电路知识图

一张复杂的电路图总是由常用的、典型电路组合而成的。在识图的过程中，抓住典型电路，分清主次环节及与其他部分之间的联系，对于识图来说是很有必要的。一些常用的电路比如：供配电系统中电气主接线主要形式有单母线接线、单母线分段、双母线接线等等。而单母线分段是隔离开关分段还是断路器分段。

4. 结合电气图的绘图特点来识图

掌握了电气图的主要特点及绘图的一般规则，例如电气图的布局、图形符号、文字符号、主副电路的位置等这些对识图是有很大帮助的。

5. 结合其他相关技术专业识图

电气图往往同其他相关专业知识是有密切联系的，诸如：土建、管道、机械设备等。

1.4.4 电气识图的基本步骤

1. 读供配电系统电气图的基本步骤

（1）读图样的说明。

读图样的说明包括首页的目录、技术说明、设备材料明细表和设计、施工说明书。由此对工程项目的设计有一个大致的了解，这有助于抓住识图的重点内容。

然后读有关的电气图。读图的步骤一般是：从标题栏、技术说明到图形、元件明细表，从整体到局部，从电源到负载，从主电路到副电路。

（2）读电气原理图。

在读电气原理图的时候，先要分清主电路和副电路，交流电路和直流电路，再按照先主电路，后副电路的顺序读图。

读主电路时，一般是从上到下即由电源经开关设备及导线负载方向看；读副电路时，则是电源开始依次看各个电路，分析各副电路对主电路的控制、保护、测量、指示功能。

（3）读安装接线电路图。

同样，在读安装电路图的时候，总的原则是：先读主电路，再读副电路。在读主电路的时候是从电源引入端开始，经过开关设备、线路到用电设备；在读副电路的时候，也是从电源出发，按照元件连接顺序依次对回路进行分析。

安装接线图是根据接线原理图绘制出来的。因此，读安装接线电路图的时候，要结合原理图对照起来阅读。此外，对回路标号、端子板上内外电路的连接分析，对识图也有一定帮助。

（4）读展开接线图。

读展开接线图时应该结合电气原理图进行阅读，一般先从展开回路名称，然后从上到下，从左到右。要特别注意的是：在展开图中，同一种电气元件的各部件是按照功能分别画在不同回路中的（同一电气元件的各个部件均标注统一项目代号，器件项目代号通常是由文字符号和数字编号组成），因此，读图的时候要注意这种元件各个部件动作之间的关系。

需要指出的是，一些展开图中的回路在分析其功能时往往不一定是按照从左到右，从上到下的顺序动作的，有可能是交叉的。

（5）读平面、剖面布置图。

在读电气图时，首先要了解土建、管道等相关图样，然后读电气设备的位置，由投影关系详细分析各设备位置具体位置尺寸，并搞清楚各电气设备之间的相互连接关系，线路引出、引入走向等。

2. 读其他类别图样的基本步骤

其他类别的电气图，如电力拖动、电力电子设备图、梯形图等识读的原则与过程同上述方法大体类似，但也有一些区别。

（1）读标题栏。由此了解电气项目名称、图名等相关内容，对该图的类型、作用、表达有个大概的了解。

（2）读技术说明和技术要求。了解设计要点、安装要求及图中未予表达而需要说明的信息。

（3）读电气图。这是读图的最终目的，它包括读懂图的组成、各组成部分功能、工作原理及相互联系。由此对该图所要传达的信息有进一步的深入了解。

1.5　农村供用电的电气线路图例

1.5.1　变配电站几种常用的主接线

目前，110kV 以下变配电站的接线按有无母线分为有母线和无母线两大类。

有母线类分为单母接线和双母接线。

单母接线：单母线、单母分段接线。

双母线：双母线、双母线带旁路、双母线分段带旁路。

无母线：变压器线路接线（线路变压器组）、桥形接线（分内桥、外桥）等。

1. 单母接线

单母接线如图 1-8 所示，这种主接线的特点是整个配电装置只有一组母线，所有电源和出线都接在同一组母线上。

这种接线适用于：

（1）6～10kV 配电装置的出线回数不超过 5 回时。

（2）35～60kV 配电装置的出线回数不超过 3 回时。

（3）110～220kV 配电装置的出线回数不超过 2 回时。

2. 单母分段接线

当出线回路增多时，单母线供电不够可靠，需用断路器将母线分段，形成单母线分段接线。单母线分段接线如图 1-9 所示，其优点是接线简单，投资省，操作方便，缺点是母线故障或检修时要造成部分回路停电。因此单母分段接线适用于：

（1）6～10kV 配电装置的出线回数为 6 回及以上时。

（2）35～60kV 配电装置的出线回数为 4～8 回时。

（3）110～220kV 配电装置的出线回数为 4 回时。

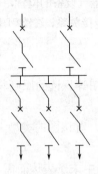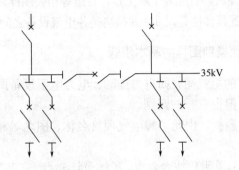

图 1-8　单母接线　　　　　　　图 1-9　单母分段接线

3. 双母线

为了避免单母线分段接线，当母线或母线隔离开关故障或检修时，连接在该段母线上的回路都要在检修期间长时间停电，而将单母线分段接线发展成双母线，如图 1-10 所示。

每一回路都是通过一台断路器和两组隔离开关连接到两组（正/副）母线上。两组母线都是工作母线，同时工作线、电源线和出线适当地分配在两组母线上，可以通过母联断路器并列运行。与单母线相比，它的优点是供电可靠性高，可以轮流检修母线而不使供电中断。当一组母线故障时，只要将故障母线上的回路倒换到另一组母线上，即可迅速恢复供电，另外还具有调度、扩建、检修方便的优点。缺点是每个回路增加了一组母线隔离开关，使配电装置的构架及其占地面积、投资费用都相应增加，在改变运行方式倒闸操作时容易发生误操作。

4. 双母线带旁路

这种双母线带旁路，如图 1-11 所示。它具有双母线的优点，由于增设了旁路母线，当线路（主变）断路器检修时，该线路（主变压器）仍能继续供电。但旁路的倒换操作比较复杂，投资费用也较大。

5. 线路变压器组

其接线方式如图 1-12 所示。这种接线方式最为简单，且设备少，投资省，操作简单；缺点是灵活性和可靠性较差。

6. 桥形接线

变压器—线路接线是最简单的接线。当有 2 台变压器—线路接线的回路时，在其中间加一连桥，则成为桥形接线，如图 1-13 所示。

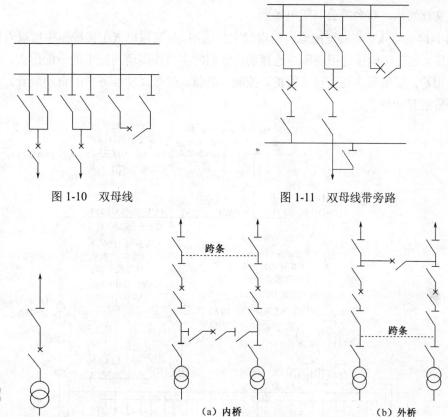

图 1-10　双母线　　　　　　　　图 1-11　双母线带旁路

图 1-12　线路变压器组　　　　　图 1-13　桥形接线

桥形接线采用 4 个回路 3 台断路器，是接线中断路器数量较少，也是投资较省的一种接线。根据桥形断路器的位置分为内桥和外桥两种接线，如图 1-13（a）、（b）。内桥接线的特点是：连接桥断路器接在线路断路器的内侧。线路的投入和切除较为方便。当线路发生故障时，只要将线路断路器断开，而不影响其他回路运行。但是当变压器发生故障时，与该台变压器连接的两台断路器都应断开，从而影响了一回未发生故障线路的运行。但是由于变压器发生故障的概率较低，一般不经常切换，因此电力系统中应用内桥接线较多。外桥接线的特点是：连接桥断路器接在线路断路器的外侧。当线路发生故障时，需动作与之相连的两台断路器，从而影响一台未发生故障的变压器运行，因此外桥接线只能用于线路短、检修和故障少的线路中。桥形接线的主要缺点是灵活性和可靠性较差，一般只能用于小型变电所和发电厂。

1.5.2　农村变配电所主接线图

1. 35kV 变配电所的主接线图例

现以一个 35kV 变配电所的主接线图为例讲述具体的识图方法。一个 35kV 变电所包括 35/10kV 的中心变配电所和 10/0.4kV 的变电室两个部分，中心变配电所的作用是把 35kV 的电压降到 10kV，并把 10kV 送至厂区各个车间的 10kV 变电室中去，供车间动力、照明及自动装置用电；10/0.4kV 中心变配电室的作用是把 10kV 电源降到 0.4kV，并把 0.4kV 送至厂区办公、食堂、文化娱乐、宿舍等公共用电场所。

图 1-14 是 35kV 中心变配电所的电气主接线图。从这张电气主接线图中可以看出该系统有三级电压，这三级电压是用变压器连接的，它们的主要作用就是把电能分配出去，再输送给各个电力用户。变电所内还装设了保护、控制、测量、信号及功能齐全的自动装置，由此构成变配电装置的复杂性。

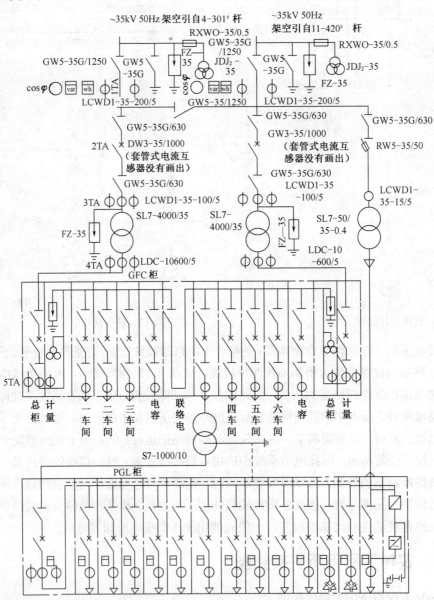

图 1-14 35kV 中心变配电所电气主接线

系统为两路 35kV 供电，来自不同的电站，进户处设置接地隔离开关、避雷器、电压互感器。其中设置隔离开关的目的是线路停电时，该接地隔离开关闭合接地、站内可以进行检修，减去了挂临时接地线的工作。

与接地隔离开关关联的另一组隔离开关是把电源送到高压母线上的开关，并设置电流互感器，与电压互感器构成测量电能的取样元件。

高压母线分两段，并用隔离开关作为联络开关，当一路电源故障或停电时，可将联络开关合上，两台主变可由另一路电源供电。联络开关两侧的母线必须经过核相；保证它们的相序相同。

每段母线设置一台主变，变压器由 DW5 油断路器控制，并在断路器的两侧设置隔离开关 GW5，以保证断路器的检修时的安全。

变压器两侧设置电流互感器 3TA 和 4TA，以便构成差动保护的测量回路，同时在主变进口侧设置一组避雷器，以实现主变过电压保护。在进户处设置的避雷器是保护电源进线和母线过电压的。油断路器的套管式电流互感器 2TA 做保护测量用。

变压器出口侧引入高压室内的 GFC 型开关计量柜，柜内设有电流互感器；电压互感器供测量保护用，还设有避雷器保护 10kV 母线过电压。10kV 母线由联络柜联络。

馈电柜由 10kV 母线接出，GFC 开关柜设置有隔离开关和断路器。其中一台柜直接控制 10kV 公共变压器。GFC 型柜为封闭式手动车柜。

馈电柜将 10kV 电源送至各个车间及大型用户，10kV 公共变压器的出口引入低压室内的低压总柜上，总柜内设有刀开关和低压断路器，并设有电流互感器和电能表作为测量元件。

由 35kV 母线经 GW5 隔离开关，RW5 跌落式熔断器引至一台站用变压器 SL7-50/35-0.4，专供站内用电，并经过电缆引至低压中心变电室的站用柜内。这是一台直接将 35kV 变为 400V 的变压器，与主变的电压等级相同。

低压变电室内设有 4 台 USP，供停电时动力和照明用，以备检修时有足够的电力。

2. 35kV 主进线断路器控制及保护二次回路原理图例

图 1-15 为 35kV 变电所主进线断路器控制及保护二次回路原理图。表 1-9 为图 1-15 的设备表，该表主要包括五个部分。

1）电气主接线

35kV 主进线断路器 QF 与母线的连接采用高压插头和插座，省略了隔离开关，这说明 QF 是装设在柜内的，且为手车式或固定开关柜，这种接线方式适用于室内变电所。QF 下闸口设有两组电流互感器，其中 1TA 为测量回路使用，2TA 为保护回路使用。

2）测量回路

测量回路是由电压互感器、电流互感器、表计和继电器组成的，在图 1-15 中测量回路分两部分。

① 电压测量回路的电源是由电压小母线 1WVa、1WVb、1WVc 得到的，并用两元件的有功电能表 PJ 和两元件的无功电能表 PJR 的电压线圈并接在小母线上，作为电能表的电压信号。同时在电压小母线上分别并接三只电压继电器 1K3、2K3、3K3，作为失压保护的测量元件，其中 3K3 的常闭点串接在失压保护回路里，当 3K3 失电时，常闭点闭合，使时间继电器 1K7 得电吸合并开始延时，准备掉闸回路动作。另外两只继电器 1K3、2K3 的常开点并联后，接至

另一段 35kV 母线的控制回路里，并与 10kV 母线段的电压继电器 3K3 的常闭点串联，作为失压保护的动作回路，见图中虚线框内图示。

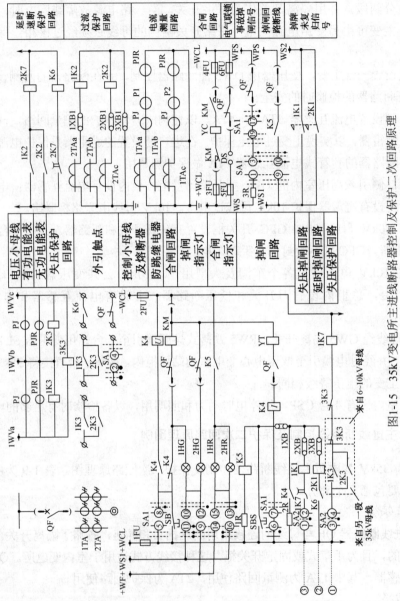

图1-15 35kV变电所主进线断路器控制及保护二次回路原理

② 电流测量回路的电源是由电流互感器 1TA 得到的，除了串接两元件电能表的电流线圈外，还串接两只电流表 P1 和 P2。

3）保护回路

保护回路由电流互感器 2TA 和电流继电器 1K2、2K2 时间继电器 2K7、中间继电器 K6 构成。1K2、2K2 分别串接在 2TAa、2TAc 的回路中，作为电流信号检测元件。当某相过流时，1K2 或 2K2 动作，其常开点闭合，时间继电器 2K7 得电吸合并开始延时，准备掉闸回路动作。过流时间超过整定时间后，2K7 常开点闭合，中间继电器 K6 得电吸合，其串接在延时掉闸回路里的常开点闭合，信号继电器 2Kl 吸合其触点发出信号并使跳闸线圈 YT 动作。

4）断路器控制回路

断路器的控制回路较为复杂，由控制开关 SA1、按钮 SB 和 SBS、直流接触器 KM、时间继电器 1K7、中间继电器 K4 和 K5、断路器跳闸线圈 YT 和合闸线圈 YC、各种熔断器和电阻器、电锁 DS、转换开关 SA2 等组成，其中 SA1 和 K4 为关键元件且功能独特。

SA1 是 LW2-Z 型控制开关，这是一种封闭式万能转换开关，其转动手柄有 6 个不同位置，在不同位置时，各触点有不同的通断情况。断路器在跳闸位置时，开关的手柄在水平位置即"跳闸后"位置，合闸时先将手柄顺时针转动 90°到垂直位置即"预备合闸"位置，然后再继续转动 45°即"合闸"位置，这时将手柄松开，手柄自动返回到垂直位置即称为"合闸后"位置。跳闸时先将手柄逆时针转动 90°到水平位置即"预备跳闸"位置，然后再继续转动 45°即"跳闸"位置，松开手柄后手柄自动返回到水平位置即"跳闸后"位置，如表 1-10 所示。

K4 是一种特殊的中间继电器，它有两只线圈，其中电流启动线圈串联在跳闸回路中，额定电流与断路器跳闸线圈的动作电流匹配，灵敏度高于跳闸线圈。另外一只为电压保持线圈，经过自身的常开点并联在合闸接触器 KM 的线圈上，其常闭触点串联在 KM 的线圈回路里。无论哪组线圈得电都会使继电器的触点动作，常用在防跳回路中。

表 1-9 图 1-15 的设备表

符号	名称	规格	数量	符号	名称	规格	数量
安装在 35kV 柜上的设备				安装在保护屏上的设备			
				1～2K1	信号继电器	DX-11/1A	2
2HG	指示灯	DX5-□V，绿	1	1～2K2	电流继电器	DC-11□	2
2HR	指示灯	DX5-□V，红	1	1～2K3	电压继电器	DY-37/160	2
P2	电流表	1T1-A□A	1	K4	中间继电器	DZB-14B□	1
SBS、SB	按钮	LA2	2	K5	中间继电器	DZ-51/220□V	1
5～6FU	熔断器	R1-10/□A	2	K6	中间继电器	DZ-17□V	1
KM	直接接触器	CZ0-40D/□V	1	1K7	时间继电器	DS0113C□V	1
3～4FU	熔断器	RL1-60/□A	2	2K7	时间继电器	DS-115□V	1
安装在控制屏上的设备				2R	电阻	ZG11-50，1Ω	1
				1R	电阻	ZG11-50，5Ω	1
SA1	控制开关	LW2-□	1	1～3XB	连接片	YY1-D	3
P1	电流表	16T2-A□A	1	3K3	电压继电器	DY-34/60C	1
3R	电阻	ZG11-50，1kΩ	1	安装在 BZT 装置屏上的设备			
1～2FU	熔断器	R1-10/□A	2	SA2	转换开关	LW5-15P0627/2	1
1HG	指示灯	DX5-□V，绿	1	安装在进线隔离开关操作机构上的设备			
1HR	指示灯	DX5-□V，红	1	DS	电锁	BY1，220V	1

表1-10　LW2–Z–la、4、6a、40、20/FI 触点图表

在"跳闸后"位置的手柄（正面）的样式和触点盒（背面）的接线图	合跳	1 2 / 4 3	5 6 / 8 7	9 10 / 12 11	13 14 / 16 15	17 18 / 20 19	21 22 / 24 23
手柄和触点盒的形式	F1	灯	1a		4		6a			40			20		

		F1	灯	5~7	6~8	9~12	10~11	13~16	13~16	14~15	17~18	18~19	17~20	21~22	21~23	22~24
位置	跳闸后	▮	—	—	×	—	—	—	—	×	—	—	×	—	—	×
	预备合闸	▮	—	—	×	—	—	—	—	×	—	—	×	—	—	×
	合闸	▮	—	×	—	×	—	—	×	—	—	×	—	×	—	—
	合闸后	▮	—	—	—	—	×	×	—	—	×	—	—	—	×	—
	预备跳闸	▮	—	—	—	—	×	×	—	—	×	—	—	—	×	—
	跳闸	▮	—	×	—	×	—	—	×	—	—	×	—	—	—	×

　　当断路器合闸时，由于种种原因造成 SA1 手柄未自动返回或触点粘连，此时如有短路存在，继电保护装置则使断路器自动跳闸，但合闸回路未断开，则会出现多次"跳—合"现象，这种跳跃会使断路器损坏，造成事故扩大。K4 的设置则是为了防止这种跳跃的发生，因此称 K4 为跳跃闭锁继电器。

　　K4 在电路中的工作是：合闸时，如遇短路，继电保护动作，YT 得电吸合，使断路器跳闸，这时串联在 YT 回路的 K4 电流线圈也通以电流使 K4 吸合，其常闭触点断开了 KM 的得电回路，使其不能得电，而常开点闭合接通了 K4 的电压线圈，断开了 KM，使其不能得电再次吸合，防止了跳跃的发生。只有当 SA1 或合闸信号恢复正常后，K4 电压线圈断电，才能正常合闸启动。

　　断路器的合闸过程为：①SA1 的手柄在"跳闸后"位置且断路器 QF 也在跳闸位置时，其触点 l0～11 闭合，绿灯 1HG 与 KM 串联，将信号小母线+WS1 与控制小母线–WCL 接通，1HG 点亮，表示断路器在跳闸位置，但 KM 不吸合，因为被 1HG 分压，KM 两端的电压不足以使其吸合。1HG 点亮一是说明 KM 回路完好，二是说明 1FU、2FU 完好。在触点 10～11 闭合的同时，2HG 经 QF 的辅助常闭触点将闪光小母线+WF 与–WCL 接通，这时 2HG 将闪光，提醒运行人员注意。有关闪光小母线的内容将后面介绍。②按照第一步中的要求将手柄经"预备合闸"位置转到"合闸"位置时，触点 5～8 闭合，KM 得到全部控制电压而吸合，其主触点闭合将合闸线圈 YC 与合闸母线 WCL 连接，YC 动作，QF 合闸。1HG、2HG 熄灭。③松开手柄，SA1 返回"合闸后"位置，触点 16～13 闭合，2HR、1HR 经 K5 常开点分别与–WCL 和+WF 连接。K5 为一中间继电器，其线圈经 1R、K4 电流线圈、YT 电流线圈及 QF 的辅助常开点（QF 合闸后已闭合）接于控制母线上而吸合，其常开点闭合。2HR 点亮，1HR 闪光，指示 QF 已合闸完毕。K5 的吸合还表示 YT 回路正常，但不足以 YT 动作。④按照第一步中的要求将手柄转到"跳闸"位置时，触点 6～7 闭合，YT 经 K4 电流线圈和 QF 常开点与控制电源连接，YT 动作，QF 跳闸。松开手柄后，手柄自动返回到"跳闸后"位置，lHG、2HG 重新点亮、闪光。

　　5）信号装置

　　当失压保护回路 1K7 动作、或过流时间继电器 2K7 动作，都能使 YT 得电跳闸，并由信号继电器 1K1 和 2Kl 发出跳闸信号，掉牌未复归光字牌发光。因故障继保动作而使 QF1 跳闸后，

SA1 未动作，由表 1-10 可知 SA1 的触点 9～10 在"预备合闸"及"合闸后"位置均为闭合，这时 QF 辅助常闭点复位，因此 1HG 点亮而 2HG 闪光，表示 QF 事故跳闸。

事故跳闸还发出音响信号，图 1-15 是利用"合闸后"SA1 的触点 1～3 和 19～17 的接通完成的，但 QF 辅助常闭点合闸后是断开的，但事故跳闸后，QF 辅助常闭复位，SA1 保持原合闸后位置，这时事故掉闸音响回路接通启动，发出音响，表示事故跳闸。

掉闸回路断线报警信号，图 1-15 是利用"合闸后"SA1 的触点 9～10 的接通和 K5 的常开完成的，当事故发生时，如①、②、③回路不足以引起 YT 动作时，K5 吸合，这时 SA1 的 9～10 闭合、QF 闭合，只要 K5 吸合，便启动信号预告小母线 WPS，发生警告信号；在跳闸、合闸控制回路有时可用按钮 SBS、SB 来实现，直接将 YT、YC 接通，使 QF 跳闸、合闸。

思考题与习题

1. 电气图纸幅面及其格式是什么？
2. 电气图的基本构成是什么？
3. 常用电气图用图形符号的组成是什么？
4. 电气图的特点、分类与识图要求是什么？
5. 农村变配电站有哪几种？常用的主接线方式是什么？
6. 35kV 变配电所的主接线图例识图方法是什么？

第2章

农村变配电常用工具及测量仪表

2.1　农村供用电常用工具

2.1.1　电工绝缘安全用具

变电所的安全操作离不开安全用具。电工绝缘安全用具分为基本安全用具、辅助安全用具和带电作业安全用具。

1. 基本安全用具

绝缘拉杆，又称为令克棒。这是一种基本安全用具。主要用来操作 35kV 及 35kV 以下的高压跌落式熔断器和高压隔离开关等。

绝缘拉杆的绝缘强度能长时间承受电气设备的工作电压，直接用来操作带电设备。

（1）绝缘拉杆的组成。

绝缘拉杆主要有工作部分、绝缘部分和握手部分组成。

① 工作部分。一般由金属材料制成，主要完成操作功能，安装在绝缘部分的上面，其形状因功能而异。绝缘拉杆顶端有金属钩，以便操作时套入熔芯管或隔离开关的操作环内。金属钩的长度，在满足工作需要的情况下，不宜超过 5～8cm，以免操作时造成相间短路或接地短路。

② 绝缘部分。主要起到绝缘隔离作用，一般用电木、胶木、环氧玻璃布管等绝缘材料制成。护环的作用是使绝缘部分与握手部分有明显的隔离点。

③ 握手部分。供操作人员手抓的部分。为了保证人体与带电体之间有足够的绝缘距离，操作人员在操作时手不得超过护环。

（2）绝缘杆的使用与保养注意事项。

① 无特殊防护装置的高压绝缘拉杆不得在下雨或下雪时进行室外操作。雨雪天对倒闸操作来说是一种特殊气候，必须采取针对性的措施。绝缘拉杆的绝缘部分应加装喇叭口形的防雨罩。使用时应注意，防雨罩的上口必须和绝缘部分紧密接触无渗漏，使其有效地把绝缘拉杆上

流下来的雨雪水阻断而保持一定的安全距离，不至于形成对地闪路。增加了防雨罩，还可以保证绝缘拉杆不被雨雪水淋湿，以提高绝缘拉杆的湿闪电压。

② 绝缘拉杆每年应定期做预防性试验并合格，加盖合格章。到期未进行试验的绝缘拉杆严禁使用。

③ 不得在超过绝缘拉杆电压等级的线路、设备上进行工作。

④ 使用时操作人员要戴绝缘手套，穿绝缘靴，手拿握手部分，并注意手不得超出护环。

⑤ 高压绝缘拉杆应垂直存放在支架上，或吊挂在室内，但不得贴墙放置。

2. 辅助安全用具

不直接接触带电部位，而是通过绝缘杆或传动装置操作带电设备以防止工作人员遭受泄漏电流或接触电压、跨步电压的伤害所使用的绝缘工具。它的绝缘强度不足以承受电气设备的工作电压，只能加强基本安全用具的保安作用。

常用的辅助安全用具有绝缘手套、绝缘靴、绝缘垫和绝缘站台等。

（1）绝缘手套和绝缘靴。

绝缘手套和绝缘靴用橡胶制成。二者都作为辅助安全用具，但绝缘手套可作为低压工作的基本安全用具，绝缘靴可作为防止跨步电压的基本安全用具。绝缘手套的长度至少应超过手腕10cm。

（2）绝缘垫和绝缘站台。

绝缘垫和绝缘站台只作为辅助安全用具，绝缘垫用厚度 5mm 以上、表面有防滑条纹的橡胶制成，最小尺寸不宜小于 0.8m×0.8m。绝缘站台用木板或木条制成。相邻板条之间的距离不得大于 2.5cm，以免鞋跟陷入；站台不得有金属零件；台面板用支持绝缘子与地面绝缘，支持绝缘子高度不得小于 10cm；台面板边缘不得伸出绝缘子之外，以免站台翻倾，人员摔倒。绝缘站台最小尺寸不宜小于 0.8m×0.8m，但为了便于移动和检查，最大尺寸也不宜超过 1.5m×1.0m。

（3）辅助安全用具的使用与保养。

绝缘手套、绝缘靴是在电气设备上操作时的辅助安全用具，也是在低压电气设备上工作时的基本安全用具。其使用注意事项如下：

① 使用前应进行基本性能检查，检查时可将手套朝手指方向卷曲，检查有无漏气或裂口等；

② 戴手套时应将外衣袖口放入手套的伸长部分：

③ 绝缘手套、绝缘靴使用后必须擦干净，存放在封闭的专用柜内，上面不得堆压任何物件，更不能接触酸碱物质或在太阳下曝晒。

④ 绝缘手套、绝缘靴应定期进行预防性耐压试验。

3. 带电作业安全用具

进行带电作业时，间接地从事设备带电检修所使用的绝缘工具。

2.1.2　农村供用电验电操作

农村供用电验电操作是用来检查高压网络变配电设备、架空线、电缆头等电气设备是否带电的工具，是变电站值班人员经常用到的一种防护工具。主要根据轮盘指针转动，声响来发出有电信号，以防出现带电装设接地线或带电合接地刀闸等恶性事故的发生。

1. 常用验电仪器 35kV

（1）高压验电器。

验电器根据电压等级的不同分为高压验电器和低压验电器。

用于 6kV 以上电压的高压验电器，在结构上可分为指示器与支持器两部分。指示器是一个用绝缘材料做成的空心管，管内装有一个氖灯和一组电容，管的一端有一个金属触点。支持器是各种形式的绝缘杆或绝缘棒。

低压验电器又称验电笔或试电笔，笔管中有氖灯和一个固定电阻。当笔尖触及低压带电部分时，氖灯即发光。

（2）声光式验电器。

① 声光式验电器的组成。声光式验电器由验电触点、测试电路、电源、报警信号、试验开关等组成。

② 声光式验电器的工作原理。当验电器触点接触到被试部位后，被测试部分的电信号传送到测试电路，被测试部分有电的验电器发出音响和灯光闪烁信号报警，无电时没有任何信号指示。

声光式验电器可用于 6～10kV 及以上交流系统验电。

图 2-1 为 YDQ-2 型声光式验电器，综合了多种传统验电器的优点。其线路及功能先进实用。现场操作具备声光警示，安全可靠。电源用 4 粒 1.5V 纽扣式碱性电池，寿命长。伸缩拉杆绝缘体使用方便。

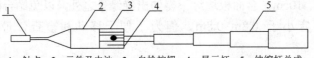

1—触点；2—元件及电池；3—自检按钮；4—显示灯；5—伸缩杆总成

图 2-1　YDQ-2 型声光式验电器

③YDQ-2 型声光式验电器参数表如表 2-1 所示。

表 2-1　YDQ-2 型声光式验电器参数表

电压等级（kV）	整机缩回长度（mm）	拉开长度（mm）	有效绝缘长度（mm）	绝缘杆节数
6～10	360	1000	800	5
35	460	1540	1320	5
110	600	2000	1600	5
220	800	3000	2500	5

④ YDQ-2 型声光式验电器使用和维护。

a. 在使用前必须进行自检，方法是用手指按动自检按钮。指示灯应有间断闪光，它散发出间断报警声。说明该仪器正常。

b. 进行 10kV 以上验电作业时，必须执行《电业安全工作规程》工作人员戴绝缘手套、穿绝缘鞋并保证对带电设备的安全距离。

c. 工作人员在使用时，要手握绝缘杆最下边部分，以确保绝缘杆的有效长度，并根据《电业安全工作规程》的规定，先在有电设施上进行检验，验证验电器确实性能完好，方能使用。

d. 验电器应定期做绝缘耐压试验、启动试验。潮湿地方三个月，干燥地方半年。如发现该产品不可靠应停止使用。

e. 雨天、雾天不得使用。

f. 验电器应存放在干燥、通风无腐蚀气体的场所。

2. 验电操作注意事项

（1）高压设备验电注意事项。

① 验电器必须是通过检验的合格产品，并按规定定期进行检验的合格产品。

② 验电前应首先在有电设备上进行试验，确保验电器良好。

③ 验电时应在检修设备进出线两侧各相分别验电，对不接地线不能指示者，如在木杆、木梯或木架构上验电，经值班负责人同意后可在验电器上接地线。

④ 高压验电必须戴绝缘手套。330kV 及以上的电气设备，在没有相应电压等级的专用验电器情况下，可用绝缘拉杆代替，根据绝缘拉杆有无火花或放电"啪啪"声来判断有无电压。

⑤ 验电后因故使操作中断了一段时间，接续操作时必须重新验电。

（2）声光式验电器的使用注意事项。

① 使用前，先检查验电器工作是否正常，此时按下试验按钮，观察验电器的声光指示是否正常。

② 进行线路（或设备）验电时，一定要确认该线路（或设备）的电压等级，从而选择与之电压相适应的验电器，禁止使用低电压等级的验电器去检验高电压等级的线路（或设备）。

③ 要戴好绝缘手套。

④ 触及带电点时，要尽量使验电器垂直，不可斜向触及，防止连接邻近带电设备。

⑤ 存放处固定、干燥，按电压等级不同进行分类摆放。存放处要牢固，不可造成掉落而造成损坏。

⑥ 高压验电器应定期校验并合格。

（3）验电操作。

① 要态度认真，克服可有可无的思想，避免因走过场而流于形式。

② 要掌握正确的判断方法和要领。验电操作是一项要求很高且很重要的工作，切不可疏忽大意。

③ 在现场检验验电器时，不必将验电器直接接触带电体。通常验电器清晰发光电压不大于额定电压的 25%。因此，完好的验电器只要靠近带电体（6kV、10kV、35kV 系统的靠近距离分别约为 150mm、250mm、500mm）就会发光（或有声光报警）。

④ 用绝缘杆验电时，使绝缘杆与带电体保持虚接或在导体表面来回蹭，如设备有电，则通过放电间隙就会产生火花和放电声。

（4）正确掌握区分有无电压是验电的关键。

在验电过程中，应注意区分是真正有电、还是静电或者是感应电。区分的方法是：

① 真正有电。验电器靠近导体一定距离就发光（或有声光报警），显示设备有工作电压：验电器离带电体越近，亮度（或声音）就越强；用绝缘杆验电，有"啪啪"放电声。这说明设

备带电。

② 静电。对地电位不高，电场强度微弱，验电时验电器不亮。与导体接触后，有时发光；但随着导体上静电荷通过验电器→人体→大地放电，验电器亮度由强变弱，最后熄灭。

③ 感应电。与静电差不多，电位较低，一般情况验电时验电器不亮。在低压回路验电，如验电笔亮，可借助万用表来区别是哪种性质的电压。万用表的电压挡放在不同量程上，测得的对地电压为同一数值，可能是工作电压；量程越大（内阻越高），测得的电压越高，可能是静电或感应电压。

2.2　接地线的装设和拆除

2.2.1　接地线的作用及技术条件

1．接地线的作用

挂接接地线是安全作业的必要条件。不能用短路线或单相接线替代三相短路接地线。这是由实际故障在防护上的特点决定的。

挂拆接地线操作必须使用操作票。挂接一组地线的操作项目有两项：①即在××设备上验电应无电；②在××设备上挂接地线。拆接地线的操作项目为一项：即拆除××设备的接地线。挂拆接地线操作是一项重要而慎重的操作，特别是挂接地线的操作，如发生错误，就会发生带电挂接地线，造成操作人触电或烧伤及电气设备的损坏事故。

2．接地线的技术条件

接地线应符合以下技术条件：

（1）截面积。接地线的作用是保持工作设备的等地电位。考虑到短路电流和接地线所产生的压降，应选择截面积足够大的导电性能良好的金属材料，按部颁标准规定，接地线应符合短路电流的要求，应选用不小于 $25mm^2$ 的裸铜软线制成。

（2）满足短路电流热容量的要求。发生短路时，通过接地线的电流应迅速作用于断路器跳闸。在断路器因故未跳闸或保护拒绝动作时，短路电流在接地线中产生的热量应不至于将它熔断。否则，工作区域将失去保护而使事故扩大。

（3）接地线必须具有足够的柔韧性和机械耐拉强度，耐磨且不易锈蚀。电力生产和电力工程上一般都选用多股软裸红铜线来制作接地。

2.2.2　装设接地线的要求和注意事项

装、拆接地线的操作是电气操作中危险性较大的操作，一旦发生事故，影响大、后果严重。因此确保装拆接地线必须按照有关要求进行。

1．停电设备装设、拆除接地线的要求

（1）操作人员在挂接地线时必须戴绝缘手套，穿绝缘靴，以免受到感应电压的伤害。

（2）必须验电，确保无电，防止带电挂接地线。

当验证所要检修的电气设备确无电压并将其放电后，应立即将该设备接地，并注意将三相短接。

（3）条件允许时，应尽量使用装有绝缘手柄的接地线，或以接地刀闸代替接地线，尽量减少操作人员与一次系统直接接触的机会，以防触电。

（4）拆接地线的部位如装有接地刀闸，应先合入，待拆、挂接地线的操作完毕再拉开，以保证操作人员的自身安全。

（5）必须使用合格的接地线，严禁将接地线缠绕在设备上。

（6）不得用三组单相接地线代替一组三相短路接地线。必要时单相接地线可用于重复接地。

（7）地线的接地端必须接在接地网的接头上。不允许将地线的接地端接在设备架构上或断路器、隔离开关的传动杆上。

（8）挂接地线的操作。

装设接地线一般应由两人操作。当单人值班时，只允许使用接地刀闸接地，而且必须用绝缘拉杆操作。接地线的装设顺序是先接接地端，后接导体端；在多层线路上挂接地线时，应先挂低压后挂高压，先挂"地"后挂"相"，先挂下层后挂上层。而拆除的顺序则与之相反。为了确保安全，操作人员必须使用安全用具，且应注意保持安全距离，人体任何部位都不得与电气设备接触。

（9）在停电导线上挂接地线，应采用专用线夹进行连接，不得缠绕。

2. 接地点和接地数量要求

（1）母线接地线数量的确定。

当 $L \leqslant 10\mathrm{m}$ 长度的母线检修时，包括连接在该母线上的电源联络线的隔离开关，为防止误合闸和感应电压，可以只装设一组接地线；在门型架构上装设接地线，而在架构外侧线路上与接地线距离不超过 10m 的地点工作，也可以不再装设接地线；当母线长度超过 10m 时，应在保证可靠安全的前提下，结合现场实际，综合考虑母线的布置结构及母线上电源进出线多少，确定接地线的数量。

（2）接地线装设地点。

为了保证接地电阻合格和便于对接地装置进行维护管理，接地线应在规定地点装设。所有规定的接地点的接地极上均应刮去油漆，减小接触电阻，并涂上黑色记号，作为接地极的统一标识。

（3）分段母线。

如果检修对象为分段母线，则各段应分别验电和接地短路。如果配电装置全部停电，可只将可能来电的各侧接地短路，不必每段都装接地线。

用断路器或隔离开关分段的母线，装设接地线时应注意以下几种情况。

① 长度不超过 10m 的各母线段（两侧均用隔离开关明显间隔开），其上分别挂一组接地线。在此范围内的设备直接连接，母线隔离开关可不再挂接地线。

② 对用隔离开关分段的母线，带电母线与检修母线之间，应在该检修侧隔离开关处施以接地，泄放感应电荷。

③ 为保证接地线在突然来电时能可靠地在短路处接地，接地线与检修部分之间不能装设

熔断器，以防止发生断路时使检修部分被孤立，失去保护。

（4）线路检修时接地线的装设。

检修线路时，验证线路无电后，应立即在作业地段两端挂接地线；对可能送电到停电线路的分支线要挂接地线；如果停电设备可能产生感应电，则停电线路应加挂接地线。停电线路与带电线路交叉跨越时，在下列地点应挂接地线。

① 停电线路在带电线路上方交叉，检修时又不松动导线，在交叉挡内挂一组。

② 停电线路在带电线路上方交叉，需要松动导线检修时，在交叉挡两侧各挂一组。

③ 停电线路在带电线路下方交叉，检修时需要松动导线，在交叉挡内挂一组。

④ 由于作业需要，必须将邻近的其他线路也停电时，该线路也应挂接地线。

3. 装设接地线的注意事项

为了保证装设接地线的规范、合格、正确，装设接地线时应注意以下几个问题：

（1）装设接地线前，应先根据设备接地处的位置选择合适的接地线，提前进行检查，保证接地线合格待用。

（2）准备好所使用的工器具和安全防护用具。

（3）现场应先理顺放好接地线。当验明确无电压后，操作人员应先将接地极装好。然后选择合适的站立位置，接好导体端。在接通导体端的整个过程中，操作人员身体不得挨靠接地线金属部分。

（4）在条件许可的情况下，应尽量使用接地隔离开关（刀闸）接地。尤其是对同杆架设的双回线、双母线、旁路母线等电气设备，停一回另一回运行及其他产生感应电压突出明显的设备，应尽量使用接地隔离开关（刀闸）接地。在无接地隔离开关的设备上所挂的地线，均应为带有长绝缘操作杆的地线，以减小操作人员的风险。

（5）挂设导体端时，应缓慢接近导电部分，待即将接触上的瞬间将线夹挂入，并应检查是否接触良好。

（6）高压回路上因特殊工作要求，需要拆除接地安全措施时，必须取得值班负责人或调度的许可，在保障安全的前提下进行。值班人员必须根据现场实际，在更动后的工作期间采取积极的反事故对策和措施，予以安全把关，保证该工作任务的顺利完成。特殊工作完毕后，应立即恢复接地设施。

4. 防止带电挂接地线或合接地刀闸的措施

为了严防带电挂接地线或合接地刀闸，在操作中应采取以下措施：

（1）验电和装设接地线应由两人进行。操作前要认真仔细地核对设备，防止走错间隔，在操作中要严格执行安全操作规程，监护人要认真负责。

（2）严格执行防误装置安装、维护、管理的规定，排除一切客观上可能引起的误操作。对运行中未达到防带电挂地线功能的隔离开关，应尽快完善或重新装置功能齐全的防误装置。运行中发现其失灵、失去闭锁的应按管理规定，设法检修消除缺陷，尽快投入运行。

（3）对已分断的断路器和隔离开关的实际位置应予实地检查、证实，从而使漏停、错停断路器能被及时发现，避免事故发生。

（4）在验电和挂接地线操作中必须按规定使用安全用具。

（5）应正确判断正常带电与感应电的区别，防止误把带电当静电。

（6）隔离开关拉开后，若一侧带电，一侧不带电，应防止将有电一侧的接地刀闸合入，造成短路。当隔离开关两侧均装有接地刀闸时，一旦隔离开关拉开，接地刀闸与主刀闸之间的机械闭锁即失去作用，此时任意一侧接地刀闸都可以自由合入。若疏忽大意，必将酿成事故。

2.3　常用测量仪表

电气测量仪表是保证电力系统安全经济运行的重要工具之一，是变电站值班人员监督电气设备运行状况的主要依据，是正确统计电力负荷、积累技术资料和计算生产指标的基本数据来源。

2.3.1　电气测量仪表的基本要求

电气测量仪表是用来监视电气设备的各种技术参数的重要仪器，为了保证测量结果的准确性和可靠性，测量仪表必须满足以下基本要求：

① 准确度应与规定的准确度相符；

② 要有足够的抗干扰能力，测量误差不应随外界因素而有很大变化；

③ 仪表本身的消耗功率应尽量低，以免在测量小功率电气设备时引起很大误差；

④ 应有足够的绝缘电阻和耐压强度，以保证使用中的安全；

⑤ 应有良好的、能直接读出的读数装置，表盘刻度应清晰明显和均匀；

⑥ 构造坚固，有一定的机械强度；

⑦ 使用、维护方便。

2.3.2　测量仪表的维护与保管

测量仪表应经常保持良好的工作状态。在维护和保管中一般应注意以下事项：

（1）按规定定期进行调整校验；

（2）经常保持清洁，定期擦拭；

（3）使指针保持在起始位置，指针需经常做零位调整；

（4）保存在干燥的柜内，仪表柜不得摆在环境温度过低或过高的场所，也不得置于潮湿污秽的地点；

（5）保存仪表的地点，不应有强磁场或腐蚀性气体；

（6）电表指针不灵活时，不可敲打仪表，而应按规定进行检修；

（7）必须指出，要使仪表工作性能稳定、使用寿命长，除了做好维修、保管工作外，最主要的是掌握正确的操作和使用方法，了解仪表的特点和性能，在使用中不损坏仪表。只有这样，才能经常保持仪表的良好工作状态。

2.3.3　手持式仪表

值班人员经常使用手持式仪表，常用的手持式仪表有钳形电流表、兆欧表（俗称摇表）、万用表、电桥等。

1. 钳形电流表

钳形电流表是电动机维修中最常用的测量仪表之一，使用方便。测量时，无须断开电路。常用钳形电流表如图 2-2 所示。

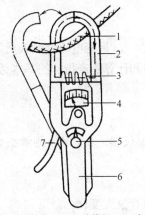

1—载流导线；2—铁芯；3—二次绕组；4—表头；
5—量程转换开关；6—胶木手柄；7—扳手

图 2-2　钳形电流表

（1）钳形电流表的测量原理。

由图 2-2 可以看出：钳形电流表是由一个穿心式电流互感器和一只磁电式电流表组成。互感器的二次绕组与电流表串联，互感器的铁芯像一把钳子的钳头，可由手柄处控制其张开导线夹入钳口内，使钳口关闭，被测电流导线便构成了互感器的一次绕组，铁芯便形成一闭合磁路。当被测电流导线中有电流通过时。二次绕组中便产生互感电流，并由电流表测出。

有的钳形电流表还能测电压，这种电流表的手柄上带有一转换开关，可根据不同要求选择不同测量项目和量程。

（2）钳形电流表的使用注意事项。

① 将手柄擦净，测量时最好戴上绝缘手套。

② 不得将低压表用于高压带电测量。

③ 为使钳形电流表读数准确，钳口铁芯两个表面应紧密闭合。如有杂声，将钳口重新分合一次；如铁芯仍有杂声，则应将钳口铁芯两表面的污垢擦净后再进行测量。

④ 有电压测量挡的钳形表，电流与电压要分别进行测量，不得同时测量。

⑤ 测量时，尽量使导体处于钳口中央：读数时要注意安全，切勿触及其他带电部分而引起触电或短路事故：测量母线时，最好用绝缘隔板隔开，以防钳口张开时引起相间短路。

⑥ 测量电流时为防止误用小量程挡测量大电流而损坏表计，测量前应估计被测电流大小，将量程和转换开关置于合适挡或先置于最高挡，根据读数大小逐次向低挡切换。并尽可能使指针在满量程的 70% 左右，以得到较准确的读数；若所测导线电流过小，可将导线在钳形铁芯上绕 N 圈，然后将表头读出的数除以圈数 N，即为被测导线中的电流。

⑦ 测量结束后，应将量程选择开关放在最大挡位上，避免再次测量时，由于未选好合适量程而损坏表头。

⑧ 测量过程中绝不能切换量程挡。

⑨ 严禁用导线从钳形电流表另接表计进行测量。

（3）用钳表测量高压电缆电流时应遵守的规定。

用钳形电流表测量高压电缆电流只能在电缆头处分相进行。测量时必须注意遵守以下规定：

① 所测电缆头相间距离必须在 300mm 以上，以保证钳形电流表介入时所形成的组合间距绝缘强度合格。

② 所测电缆绝缘无缺陷。要求它能够耐受中性点不接地系统出现单相接地时升高了 $\sqrt{3}$ 倍相电压的作用。当被测回路有一相接地时，严禁测量。测量中，一旦出现单相接地故障应立即停止测量，迅速退出工作。

③ 电缆头处不具备测量条件的，不得违章进行测量，可另找合适的地方进行。

（4）用钳表测量低压母线及元件电流时应注意的事项。

低压母线及元件电流的测量，虽然不像高电压测量那样存在强电场对人身的直接危害，但低压母线水平排列时线间隔距离裕度小，有的钳表外形尺寸大，测量时张开钳口就有可能引起相间短路或接地。所以必须遵守安全规定，根据现场实际条件在测量之前借助各种合格的绝缘工具，将相邻和相近或对测量有妨碍的熔断器和母线先行采取绝缘包裹、相间绝缘等隔离措施，并采取其他防止碰触带电部分的措施。

（5）使用钳表测量高压回路电流时的安全注意事项。

① 测量前仔细检查钳表型号、参数是否符合要求，确定额定工作电压不低于待测设备的电压等级，防止将低压钳表用于高压而发生事故。

② 检测人员自身应做好防护，戴绝缘手套并使用绝缘垫。为防止短路接地，人和仪表均不得接触其他人和设备。

③ 测量过程及读取表计时，监护人应特别注意及时提醒测量人始终保持头部与带电部分的安全距离。

【例 2.1】钳形电流表测量电流和电压时一挡或数挡无指示，其他挡指示正常的原因是什么？怎样排除？

（1）紧固螺钉的螺栓松动，应拧紧螺栓。

（2）分线开关上的连线被扭断，应拆开盖将线接好。

【例 2.2】钳形电流表各挡均无指示的原因是什么？怎样排除？

（1）表内整流二极管、表头、开关损坏。应更换损坏元件。

（2）线路接线断路，应接好断线。

2. 兆欧表（俗称摇表）

兆欧表俗称摇表，是一种测量电路和电气设备绝缘电阻的常用仪表。

（1）兆欧表的选择。

兆欧表的选择主要考虑它的输出电压及测量范围，兆欧表的常用规格有 100V、250V、500V、1000V、2500V 和 5000V 等几种等级。选用时要使兆欧表的输出电压高于被测设备的额定电压，但不能高得太多，否则，在测试中可能损坏被测电气设备的绝缘。其电压等级一般可参照表 2-2 选用。

表 2-2　兆欧表电压推荐值（V）

设备额定电压	小于 100	100～500	500～3000	3000～10000	10000 以上
兆欧表电压	250	500	1000	2500	2500 或 5000

注意：测量带有电子元件（二极管、三极管、晶闸管、集成电路、电脑及其终端）或电子成套设备回路的绝缘电阻时，应先将这些元件及设备从回路中断开或短接，再用兆欧表对线路或连接回路进行测量。

至于兆欧表的测量范围的选择，要注意不使其测量范围过多的超出所需测定的绝缘电阻值，以免读数产生较大误差。

（2）兆欧表的使用。

测量时，先将被测设备电源切断，并进行短路放电。然后将被测绝缘物体接在兆欧表（如图 2-3 所示）"L"、"E"之间，以 120r/min 转速均匀摇动手柄（切忌忽快忽慢，影响测量准确度），待指针稳定后，从表头读出的数值，即为被测物体的绝缘电阻值。

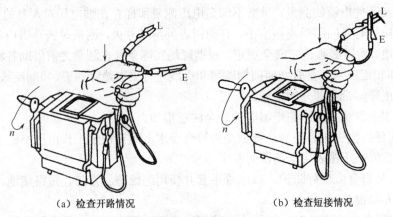

（a）检查开路情况　　　　　　　　（b）检查短接情况

图 2-3　兆欧表使用前的检查

但当被测绝缘体表面严重漏电时，必须将被测物的屏蔽端或不需测量的部分与"G"端相连接。这样漏电流经由屏蔽端"G"直接流回发电机的负端形成回路，而不再流过兆欧表的测量机构，从根本上消除了表面漏电流的影响。特别应该注意的是测量电缆线心和外表之间的绝缘电阻时，一定要接好屏蔽端"G"。

（3）使用兆欧表测量绝缘电阻时的注意事项。

① 使用前，先检查兆欧表是否良好，方法是：将兆欧表两线端分开，摇动手柄，指针应在无穷大处，如图 2-3（a）所示；再将两线端短接一下，指针应指在零处，如图 2-3（b）所示。这说明兆欧表是良好的。

② 测量时，应使兆欧表保持 120r/min 的转速，当被试品容量较大时，可适当提高转速，并延长测量时间；测量结束前，把兆欧表从测量回路断开再停兆欧表。

③ 测量高压设备绝缘电阻，应由两人进行。

④ 被测回路如果受到附近线路感应而带电，且电压又在 12V 以上，必须将另一回路停电，方可进行；雷电时，严禁测量线路绝缘。

⑤ 测量电容较大的设备时，如电容器、电缆、大型变压器等，要有一定的充电时间。通常，容量越大，充电时间应越长，一般以转动一分钟后的读数为准。绝缘电阻测量结束后，应将被测设备对地放电。

⑥ 被测对象的表面应保持清洁，不应有污物，以免漏电影响测量的准确性。

⑦ 兆欧表的引线不得使用双股绞线，或把引线随便放在地上，以免因引线绝缘不良引起错误结果。兆欧表测试导线应尽量避免互相缠绕，以免测试导线本身影响测试精度。屏蔽端子应与所测设备的金属屏端相接。

⑧ 测量绝缘电阻时，兆欧表及人员应与带电设备保持安全距离；同时，采取措施，防止

兆欧表的引线反弹至带电设备上，引起短路或人身触电。

⑨ 兆欧表应定期校验，方法为直接测量有确定值的标准电阻，检查其测量误差。

（4）使用兆欧表测量电容器的绝缘电阻的方法和注意事项。

测量低压电容器的绝缘电阻，应选用 500V 兆欧表；测量高压电容器的绝缘电阻，应选用 2500V 兆欧表。电容器的绝缘电阻分为两极间的绝缘电阻和两极对外壳的绝缘电阻。由于电容器的两极间及两极对外壳间均存在电容，如果使用不当，容易损坏兆欧表绝缘。测量时应按下列步骤进行。

① 摇测前应将电容器外壳及时充放电。

② 兆欧表先不接电容器端子，待摇至额定转速后才将其与电容器端子触碰，并同时记录，分别读取 15s 和 60s 时的绝缘电阻值。然后在继续保持额定转速的情况下，从电容器端子上取下兆欧表线，不得在接线未取下前就停止兆欧表，以免电容器放电烧坏兆欧表。

③ 摇测时指针开始因充电而下降，然后上升趋于平稳，此时的读数即为绝缘电阻值。

④ 测完后，应将电容器充分放电，以保证人身安全。

（5）使用兆欧表测量电缆绝缘电阻的方法和注意事项。

选用与电缆额定电压相适应的兆欧表。对额定电压为 500V 以下的电缆，选用 500V 兆欧表；对额定电压为 500～1000V 的电缆，选用 1000V 兆欧表；对额定电压为 1000V 以上的电缆，选用 2500V 兆欧表；对额定电压 35kV 及以上的电缆选用 5000V 兆欧表。

① 测量前应对兆欧表进行检查。

② 将电缆对地放电。

③ 擦净电缆头，并正确接线。将兆欧表的"L"端接电缆一相的线芯；"E"端接电缆外皮地线和另外两相线芯。根据需要可去除电缆表面漏电的影响，将"G"端接在电缆的外绝缘上。注意使与"L"端相连接的单根导线与大地绝缘，可将"L"导线吊在空中。

④ 按规定转速 120r/min 摇测 1min，表针稳定后读数。

⑤ 在不停止摇动的情况下，戴手套断开"L"连接线，再慢慢停止摇动，然后拆下"E"端和"G"端。

⑥ 将电缆相线芯对地放电。

（6）使用兆欧表测量线路绝缘电阻的方法和注意事项。

选用与线路额定电压相适应的兆欧表。对额定电压为 500V 以下的线路，选用 500V 兆欧表；对额定电压为 500～1000V 的线路，选用 1000V 兆欧表；对额定电压为 1000V 以上的线路，选用 2500V 兆欧表；对额定电压为 35kV 及以上的线路，选用 5000V 兆欧表。

① 测量前应对兆欧表进行检查。

② 将线路对地放电。

③ 正确接线。将兆欧表的"L"端接线路一相的线芯，"E"端接地线和另外两相线芯。

④ 按规定转速 120r/rain 摇测 1min，表针稳定后读数。

⑤ 在不停止摇动的情况下，戴手套断开"L"连接线，再慢慢停止摇动，然后拆下"E"和"G"端。

⑥ 将线路相线对地放电。

用兆欧表测得输电线路的绝缘电阻接近零，此时不一定是输电线路有接地故障，这是因为：

① 在雷雨天，输电线路的绝缘子潮湿，严重漏电。

② 输电线路长，绝缘子多，因多个绝缘子污秽而引起的泄漏电流很大。

③ 输电线路长，电容大，测量时充电电流较大，因而使兆欧表读数接近于零；通常，兆欧表摇动时间需长达 3min 以上才会有正确的读数。

④ 使用兆欧表的方法不正确，因采用较长的绞合线做两根引线而使绝缘电阻大大下降。

【例 2.3】兆欧表发电机摇不动或感觉很沉重是什么原因？怎样排除？

（1）发电机转子与磁极的极靴相擦。应拆下发电机，重新进行装配。

（2）转轴弯曲或与轴承间隙过小。应校直转轴或在小机盖固定螺钉填上一些胶木填片。

（3）增速齿轮啮合不良或损坏。应调整齿轮位置，使其良好啮合或更换新齿轮。

（4）发电机换向器或转子线圈短路。应对换向器进行修整或重绕转子线圈。

（5）换向器片间脏污。用汽油进行清洗。

（6）轴承脏污、润滑油失效，应清洗轴承并加适量润滑油。

【例 2.4】兆欧表"∞"与"0"调好后其余各刻度点误差较大的原因是什么？怎样排除？

误差较大的原因和排除方法为：

（1）轴尖、轴座偏斜，使动圈在磁极间的相对位置发生变化。应重新进行装配。

（2）两线圈间夹角发生变化。适当调整两组线圈的角度。

（3）线圈支持架与极掌产生位移。调整它们的相对位置。

（4）指针与线圈间夹角发生变化。适当调整指针与两组线圈的角度。

（5）电流或电压回路电阻值发生变化。更换电阻。

（6）导丝变形。更换导丝。

（7）机械平衡不良。应重新调整平衡。

3. 万用表

万用表又称为多用表，是一种多用途、多量程的电工仪表，可以测量电压、电流和电阻等多种参量。模拟式万用表由表头（模拟式电压表）、电路转换开关、电流/电压转换器、电阻/电压转换器、检波器等构成；数字万用表（DMM）由数字电压表表头配上上述各种转换器而构成。

（1）万用电表的构造。

万用表是由表头、测量线路和转换开关三部分构成。

① 表头。万用表的表头为一高灵敏度直流电流表，其性能可通过性能参数来确定。在表头的性能参数中，满偏电流和内阻是两项重要参数。满偏电流是指表针满刻度偏转时，流过表头的最小直流电流值，用 I_g 来表示。显然，满偏电流越小，表头对微小电流反应越灵敏，即灵敏度越高，因而通常用满偏电流来反映万用表的灵敏度。表头的内阻是表头线圈漆包线的直流电阻，表头的灵敏度越高，内阻越大，表的性能就越好。

② 测量线路。万用表的测量线路是为测量不同的电学参量和不同量程而设计的电路。

③ 转换开关。万用电表的转换开关是用来切换相应测量线路的，通常由两个活动触点和多个固定触点所组成。转动转换开关可使活动触点随之转动，在不同挡位上与相应的固定触点接触，使对应的测量电路接通。

（2）万用电表的使用。

这里结合 MF50 型万用表介绍其一般使用方法。

MF50-1 型万用电表的面板结构如图 2-4 所示：由转换开关设置的项目可知，其测量的参量主要有交、直流电压，直流电流，电阻等。其表头结构如图 2-5 所示。主要标度尺有以下几条：最上面一条非均匀标度尺的右端有个 Ω 符号，这是欧姆挡的测量刻度尺；第二条标度尺为测量交直流电压和直流电流时的共用标度尺，该尺共有两组读数，以便于选择不同量程时进行读数；第三条为测量 10V 交流电压的专用标尺；还有测 h_{FE} 值、负载电压、电流和音频电平的标度尺。

图 2-4　MF50-1 型万用电表面板结构

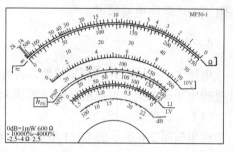

图 2-5　MF50-1 型万用表表头

① 电阻的测量。

a. 将转换开关打至 Ω 挡，（至于量程则可随便选一个）将两表笔短路，调节调零电位器使指针指在 Ω 标度尺的 0 点，如指针调不到零，则说明表内电池电量不足，需更换电池。而且每次换挡后都要重新调零后再进行测量。

b. 将待测电阻或电路元件串入两表笔之间，观察读数。

c. 选择适当的倍率，使表针尽可能指在标度尺几何中心，这样测量最精确。例如：某一被测电阻阻值在 100Ω 左右，若选择 R×1 挡，则指针偏转幅度太小（此时指针指在刻度 100 处）；而选择 R×100 挡，则指针偏转角度太大（指在标度尺 1 处），这样都会出现较大的测量误差；如选择 R×10 挡，则指针几乎指在标度尺中间，这时测量最精确。

d. 严禁进行带电测量！应将待测元件或电路与电源完全断开后再进行测量，更不允许直接测量电池的内阻。

② 电压和电流的测量。

a. 按正确的要求进行接线，测电流时，万用电表要与电路串联；而测电压时要并联在被测电路或元件两端。在测直流电压和直流电流时，注意正负极不可接错。

b. 转动转换开关，选择正确的参数挡位。即：如要测电压，必须选择电压挡，而绝不能选电流挡！不能用直流挡位测量交流参数。

c. 选择适当的量程，使表针尽可能地指在标度尺的 2/3 处，这样测量最精确。而且选择不同的量程要对应不同的标度尺，如要测 220V 交流电压，应选择交流电压 250V 挡，且观察 0～250 的标度尺。

【例 2.5】万用表表头不能正常摆动的原因是什么？怎样排除？

（1）游丝脱焊或变形，应重新将其焊好或更换游丝。

（2）表头动圈被卡住，应找出原因并排除。

（3）轴尖与宝石螺钉间锈蚀或配合过紧，应去除锈蚀并加入适量干净仪表油；调整配合间隙，使之适当。

（4）表头线圈脱开或分流电阻断开，应更换表头线圈或将分流电阻重新焊好。

【例 2.6】万用表表针不能调零的原因是什么？怎样排除？

万用表表针不能调零一般出在与表头并联的分流电阻上。分流电阻一般用康铜绕制，如果在绕制过程中康铜受到机械损伤，在使用时间久或损伤处受潮时，使其阻值发生变化或霉断，造成分流支路的电流变小甚至为零。这样势必使流经表头的电流增大，从而影响了表针的正常偏转角度。应在检修时用另一好表的电阻挡找出断路的电阻，并将断开处重新焊好或用相同类型阻值的电阻丝更换即可。

4. 电桥

电桥是一种比较式的测量仪器，在电动机修理中主要用于精确测量绕组或线圈的电阻值。常用的电桥有直流单臂电桥（测量范围 $1 \sim 10^7 \Omega$）和直流双臂电桥（测量范围 $10^{-6} \sim 11\Omega$）。

（1）直流单臂电桥。

这里按图 2-6 所示的 QJ23 型直流单臂电桥为例，介绍直流单臂电桥使用方法。

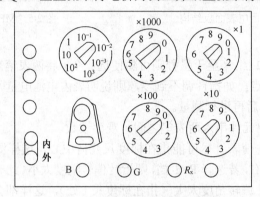

图 2-6　QJ23 型直流单臂电桥

① 校正零位。打开检流计开关，待稳定后，将指针校到零位。

② 线路连接。将被测电阻接到电桥面板上标有 "R_x" 的两个端钮上。

③ 倍率选择。先用万用表估计被测电阻值，然后选择倍率，以减少测量时间，获得准确的测量结果。

④ 电桥平衡调节。先按下按钮 B 接通电源，再按下按钮 G 接通检流计。若这时检流计指针向 "+" 方向偏转，应增加比较臂电阻；反之，减少比较臂电阻。这样反复调节，直至检流计指针指向零位，说明电桥已达到平衡。在平衡调节过程中，不能将按钮 G 锁住，只能在每次调节时短时按下，观察平衡情况。当检流计偏转不大时，才可锁住按钮 G 进行调节。

⑤ 测量后操作。应先松开按钮 G，再松开按钮 B。否则当被测电阻的阻值较大时，易损坏检流计。

⑥ 被测电阻计算。R_x=倍率×比较臂读数（Ω）。

⑦ 使用完毕后处理。先将检流计上的开关锁住，并将检流计连接线放在 "内接" 位置上。

（2）直流双臂电桥。

当电阻很小时，利用万用表和直流单臂电桥测量，对测量结果带来的误差较大，这时应采用直流双臂电桥进行测量。

直流双臂电桥使用方法，与直流单臂电桥基本相同，其差异在于：

① 直流双臂电桥在开始测量时，应将控制检流计灵敏度的旋钮放在最低位置上。在平衡调节过程中，若灵敏度不够，可逐步提高。

② 直流双臂电桥的 4 个接线端钮中，C_1、C_2 为电流端钮；P_1、P_2 为电位端钮。AB 间为被测电阻，如图 2-7 所示。

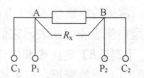

电桥所用连接线应尽量选择较粗的导线，且导线接头与接线端钮应接触良好。

图 2-7　双臂电桥被测电阻接法

【例 2.7】单臂电桥检流计偏向一边，当调节臂旋到某一指示值时指针又偏向另一边的原因什么？怎样排除？

比较臂中有一电阻圈不通，虚焊或旋臂电刷接触不良，应根据指针改变偏转方向的位置，找出电阻圈故障处并进行修复。

2.3.4　固定（测量）式仪表

变电站常用的固定（测量）式仪表主要有：电流表、电压表、功率表、功率因数表、有功电度表和无功电度表等。

1. 电流（压）表

从测量机构来看，电压表与电流表是完全相同的。但由于测量对象不同，其测量线路有所区别。电压表的测量对象是电压，因此它必须与负荷或被测线路并联，如图 2-8 所示，电流表的测量对象是电流，因此它必须串接在被测线路中，如图 2-9 所示。

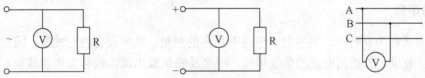

（a）单相交流电路中电压表的连接　　　（b）直流电路中电压表的连接　　　（c）三相电路中电压表的连接

图 2-8　电压表的连接

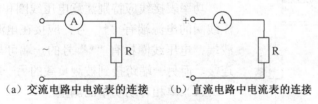

（a）交流电路中电流表的连接　　　（b）直流电路中电流表的连接

图 2-9　电流表的连接

用电压表和电流表进行测量时，应注意以下几点：

① 电压表应并联在电路中，电流表应串联在电路中。

② 被测值不应超出仪表的量程，所以测量前，应对所测电压、电流进行预估，如果无法预估，则将电压表或电流表置于最大量程，初测后，再根据具体情况改变量程。

③ 当需要测量高电压、大电流时，应选用具有一定变比的电压互感器、电流互感器，将电压、电流变换成低电压、小电流以后再接用电压表、电流表进行测量电压表。

④ 测量电压时要在小容量开关、熔丝的负荷侧进行。

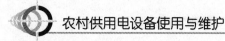

⑤交流表和直流表在使用前一定要分清电力线路和仪表标识，不可混用（交、直流两用仪表除外）。

常见的电磁仪表有：T_1 型电流表和电压表，1.5 级和 2.5 级，主要用于工业企业的设备中；T_2 型电流表和电压表，它们是 0.5 级交直流两用的便携式仪表。

【例 2.8】电压表和电流表指针不能回零的原因是什么？怎样排除？

（1）游丝变形，应更换游丝。

（2）轴承裂纹或轴承内有脏物，应更换轴承或清除轴承内的脏物，除去脏物后还要进行洗并加适量的润滑油。

（3）轴承与轴尖的配合过松或过紧，应调整轴承与轴尖的配合。

（4）刻度盘不平或表面有毛刺，应将表盘粘贴压平或用镊子清除毛刺。

【例 2.9】电压表和电流表指针指示误差大的原因是什么？怎样排除？

（1）测量机构中零件变形，应更换零件。

（2）电表中原有的调整位置发生变化，应仔细进行调试并加以纠正。

（3）附加电阻或分流电阻老化，阻值发生变化，应重新调整或更换电阻。

（4）电表的磁铁退磁，应进行充磁。

（5）指针与可动体的夹角或可动体与线圈的相对位置发生变化，应调整夹角和位置，经逐步试调后，根据标准表进行校正。

（6）轴尖损坏或错位，应研磨或更换轴尖，如果错位可进行调整。

（7）刻度盘位置发生变动，应调整刻度盘使之复位。

2. 功率表

功率表又称为瓦特计，主要用于电路中功率的测量。功率表有两套线圈，固定线圈用粗导线绕成，匝数少，与被测电流的负载串联，用来反映负载电流，也称为电流线圈。转动线圈用细导线，匝数多，串联一个倍压器，测量时与负载并联，用来反映负载电压，也称为电压线圈，如图 2-10 所示。

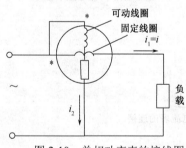

图 2-10　单相功率表的接线图

功率表接线应特别注意电压线圈和电流线圈的极性。电流线圈的电源端有"*"号，应接在电源端，另一端接在负载端；电压线圈标有"*"号的一端可与电流线圈的任一端连接，而另一端跨接到被测负载的另一端，如图 2-10 所示。

（1）单相有功功率的测量。

① 前接法。电压线圈有"*"号的一端与电流线圈有"*"号的一端连接。如果负载电阻比功率表电流线圈电阻大得多，则采用前接法，如图 2-11（a）所示。

② 后接法。电压线圈有"*"号的一端与电流线圈无"*"号的一端连接。如果负载电阻比功率表电流线圈电阻小得多，则采用后接法，如图 2-11（b）所示。

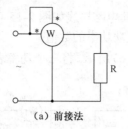
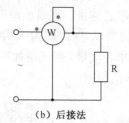

（a）前接法　　　　　　　　　（b）后接法

图 2-11　单相功率表的接法

在实际测量中，接线方法正确，但指针反向，这表明功率输送的方向与预期的相反，此时只要将电流线圈端钮换接即可。

（2）三相有功功率的测量。

① 三相四线制电路。若三相负载和三相电源对称，可用一个单相功率表进行测量（接在任一相线回路上均可），如图 2-12（a）所示，然后将功率表的读数乘以 3，即得出三相功率；若三相负载不对称，则用三个单相功率表进行测量，如图 2-12（b）所示，这时三相总功率为三表读数之和。

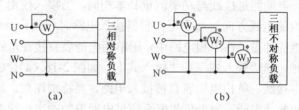

（a）　　　　　　　　　　　　　（b）

图 2-12　三相四线制功率测量线路的连接

② 三相三线制电路。这时可用两个单相功率表来测量三相功率，应用两瓦特计法测量三相电路功率时，两个电流线圈可以串联接入任意两相，此时线圈通过的是线电流，其"*"号端接电源；两个电压线圈的"*"号接该功率表电流线圈所在线上，另一端接到第三线上，其接线如图 2-13 所示。

也可用三相功率表进行测量，其接线如图 2-14 所示。

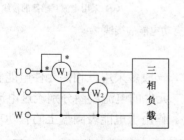
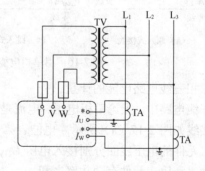

图 2-13　两瓦特计法测量三相功率　　　　　图 2-14　三相功率表的接线

（3）三相无功功率的测量。

① 用单相功率表测量。测量电路如图 2-15（a）所示。其实质是将单相功率表中电压 U 与电流 I 之间的相位差接成（$90°-\varphi$），这时该功率表的读数即为无功功率。功率表电压线圈接线电压 U_{VW}，与相电压 U_U 之间有 $90°$ 的相位差，其读数乘以 $\sqrt{3}$，即为三相电路无功功率的数值。

② 用两个单相功率表测量。测量原理同①，其电路接线如图 2-15（b）所示。用两表读数差（W_1-W_2）的绝对值乘以$\sqrt{3}$，即为三相电路无功功率的数值。

③ 用三个单相功率表测量。接线图如图 2-15（c）所示。将三个功率表的读数之和除以$\sqrt{3}$，即为三相电路无功功率的数值。

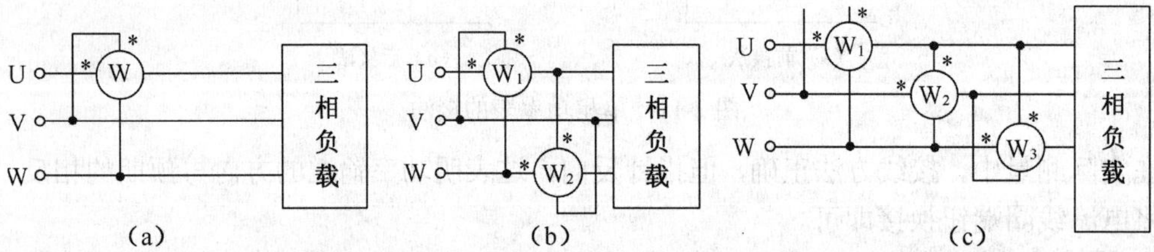

图 2-15　用单相功率表测量三相无功功率的接线图

3. 电度表

电度表又称为电能表，交流电能的测量一般均采用感应式电度表。其功能是用来累计某段时间内电能的消耗量。电能测量接线与功率测量基本相同，当接入仪用互感器时，要注意使其电压线圈和电流线圈内的电流方向，和不用互感器接入电路时相同。

（1）单相有功电能的计量。在单相电路中，用单相电能表直接在电路上计量有功电能，电度表的接线方式有两种，即“顺入式”和“跳入式”，如图 2-16（a）、（b）所示。一般国产电度表多采用“跳入式”接线。单相电能表直接接入电路，要特别注意，其相线与零线绝不能对调，否则会造成触电和漏计电能。如果负载电流超过电能表的额定电流时，电能表电流线圈须经电流互感器后接入电路。此时要注意，电能表的读数乘以电流互感器的电流比后才是实际消耗的电能数，其接线如图 2-16（c）所示。

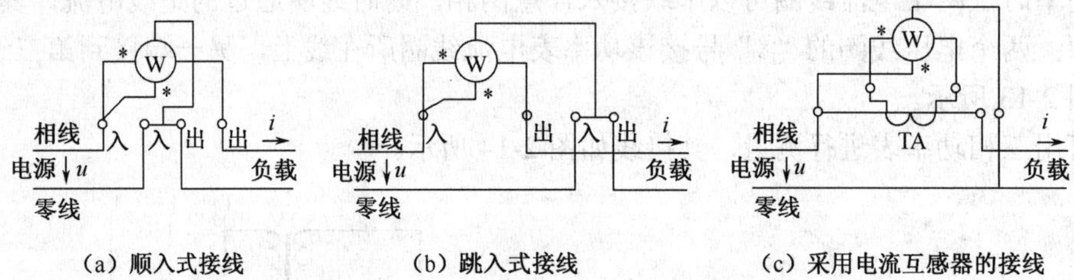

图 2-16　用单相电能表测量有功电能的接线

（2）三相三线电路电能的计量。

三相三线电路中，无论三相电压、电流是否对称，一般多采用三相两元件电能表计量有功电能，其接线如图 2-17（a）所示。电能表第一、第二元件的电流线圈分别流过电流 I_U、I_W，第一、第二元件的电压线圈分别接入电压 U_{UV}、U_{WV}。作用于电能表圆盘上的有功功率为第一元件有功功率和第二元件有功功率之和。

（3）三相四线电路有功电能的计量。

采用三相三元件电能表计量电能比较方便，其接线如图 2-17（b）、（c）所示。

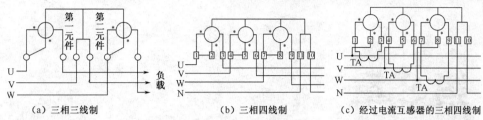

图 2-17　三相电路中电能表测量有功电能的接线

（4）有功电能表与无功电能表的联合测量。

如图 2-18 所示的是 DS8（D 表示电能表，S 表示三相三线制）型和 DX8（X 表示无功）型电能表经仪用互感器接入三相电路的接线图。

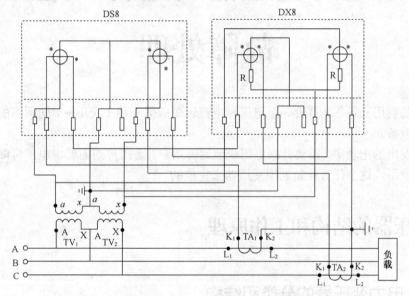

图 2-18　有功电能表与无功电能表的联合测量接线图

电能表的电压线圈或电流线圈有一个接反时，铝圆盘就会反转。电能表本身附有接线盒，只要按盒盖上说明图进行接线，就不会出现反转现象。

思考题与习题

1．农村供用电验电操作的作用？

2．接地线的作用及技术条件是什么？

3．兆欧表"∞"与"0"调好后其余各刻度点误差较大的原因是什么？怎样排除？

4．钳形电流表各挡均无指示的原因是什么？怎样排除？

5．万用表表针不能调零的原因是什么？怎样排除？

6．电压表和电流表指针指示误差大的原因是什么？怎样排除？

第3章

农用电力变压器的运行、维护与故障处理

变压器是利用磁场作为媒介，把电压和电流转变成另一种（或几种）同频率的不同电压和电流的电气设备。

发电机发出的电功率，需要升高电压送至远方用户，而用户则需要将电压再降至负载的额定电压才能使用，这个任务就是利用变压器来完成的。

3.1 变压器的结构和工作原理

3.1.1 电力变压器的分类和结构

1. 变压器的分类

变压器是一种静止的电器，借助磁电变换原理对初、次级线圈的电压进行变换、隔离或变换相序。变压器的分类方法很多。按相数不同，可分为单相、三相、多相变压器等。一般变压器可分为电力传输用的电力变压器和特殊变压器两大类，并按其结构不同、使用不同等进行分类，如表 3-1 所示。

表 3-1 电力变压器的分类

分 类 法	类　　别	细 分 类 别
按安装地点分	户内	干式、环氧浇注式
	户外	油式、柱上式、平台式、一般户外
按相数分	单相、三相	
	三相变两相或两相变三相	T 形接法、V 形接法
按调压方式分	无激磁调压、有载调压	

续表

分 类 法	类 别	细 分 类 别
按线圈数量分	双线圈、三线圈	
	单线圈自耦	特殊整流变压器其分离的线圈有多于三线圈者
按冷却方式分	油浸自冷	扁管散热或片式散热，瓦楞油箱
	油浸风冷	附冷却风扇
	油浸水冷	附油水冷却器
	强油循环	有潜油泵
	干式自冷	
	干式风冷	附风冷却器
按使用要求分	电力变压器	用于输配电系统中的升压或降压，普通常用变压器
		产生高压，对电气设备进行高压试验
	试验变压器	如电压互感器、电流互感器，用于测量仪表和继电保护装置
	仪用变压器	冶炼用电炉变压器、电解用整流变压器、焊接用电焊变压器、试
	特殊用途变压器	验用调压变压器

2. 变压器的结构

油浸入式电力变压器的外形结构如图 3-1 所示。这种变压器主要由铁芯、绕组、油箱和绝缘套管等部分组成。下面对变压器的主要结构部件作较详细的介绍。

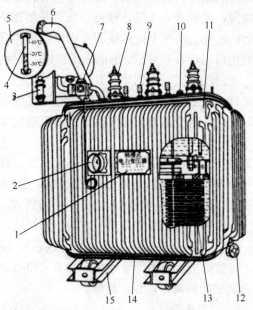

1—铭牌；2—信号式温度计；3—吸湿器；4—油表；5—储油柜；6—安全气道；7—气体继电器；
8—高压套管；9—低压套管；10—分接开关；11—油箱；12—放油阀门；13—器身；14—接地板；15—小车

图 3-1 油浸入式电力变压器

1）铁芯

变压器内部的磁场主要集中在铁芯部分。交变磁通从铁芯中经过形成闭合回路。为了降低铁损耗，铁芯通常采用 0.35 mm 厚且表面涂有绝缘漆的硅钢片叠压制成，称为叠片式铁芯。铁芯又分为铁芯柱和铁扼两部分，线圈套在垂直的铁芯柱上，铁芯柱上下通过铁扼连接起来，从而构成闭合的磁回路。图 3-2 和图 3-3 分别是单相变压器和三相变压器的铁芯及线圈的剖面图。

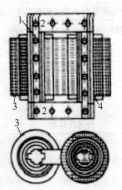 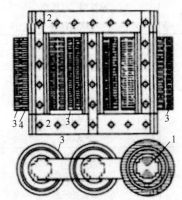

1—铁芯柱；2—铁轭；3—高压线圈；4—低压线圈   1—铁芯柱；2—铁轭；3—高压线圈；4—低压线圈

图 3-2　单相心式变压器　　　　　　图 3-3　三相心式变压器铁芯

2）绕组

绕组由线圈组成，是变压器的电路部分，一般用纸包的铜线或铝线绕成，也有用圆漆包线绕制的。

在变压器中，接高压电网的线圈为高压线圈，接低压电网的线圈为低压线圈。通常在一个铁芯柱上既套着一个高压线圈，又套着一个低压线圈。如果是单相变压器，如图 3-2 所示，有两个铁芯柱，分别套在两个铁芯柱上的两个低压线圈可以串联或并联，形成低压绕组；分别套在两个铁芯柱上的高压线圈也可以串联或并联，形成高压绕组。采用并联接法，额定电流较大，若串联，则额定电压较高。在三相心式变压器中，共有三个铁芯柱，如图 3-3 所示，每个铁芯柱上既有一个高压线圈，又有一个低压线圈，三个高压线圈可接成星形或三角形，三个低压线圈也可接成星形或三角形。对同一台变压器，通常高压绕组匝数较多，导线较细，而低压绕组匝数较少，导线较粗。

电力变压器的绕组有多种形式，如圆筒式、饼式、连续式等，其中最简单的是圆筒式。圆筒式线圈通常由一根或几根并在一起的绝缘导线沿铁芯柱高度方向连续绕制。一般用于 10～630kV·A 的三相变压器。圆筒式线圈的高压线圈常绕成多层圆筒式，当层数较多时，中间要留出轴向油道，以利散热。低压线圈常用扁线绕成单层或双层圆筒式。从绝缘性能考虑，套在同一个铁芯柱上的两个线圈一般都是低压线圈在里面（靠近铁芯），高压线圈套在低压线圈的外面，当然，高、低压线圈之间要留出足够的绝缘距离。对于三相心式变压器，相邻两个铁芯柱上的高压线圈之间也要留出足够的距离，以保证绝缘。

3）套管

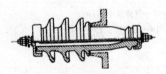

图 3-4　绝缘高压套管

变压器绕组的引出线从油箱内穿过油箱盖时，必须经过绝缘套管，使带电的引线和接地的油箱绝缘，绝缘套管的形状如图 3-4 所示。绝缘套管一般是瓷质的，其结构主要取决于电压等级，1kV 以下采用实心瓷套管，10～35kV 采用空心充油式套管。

3.1.2　电力变压器的额定数据

1. 电力变压器的型号及意义

1）电力变压器型号的表示及含义

电力变压器全型号的表示及含义如图 3-5 所示。

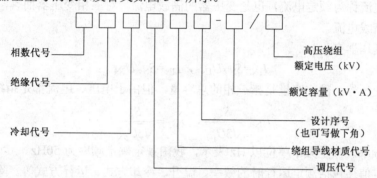

图 3-5　电力变压器全型号的表示及含义

2）电力变压器型号中各字母的含义

为便于读者查找对照，表 3-2 中列出了变压器型号中各字母的含义。

表 3-2　变压器的型号及含义

电力变压器		调压变压器		自耦变压器	
D	单相	T	调压器	O	自耦
J	油浸	O	自耦		注：O 在前为降压
G	干式	Y	移圈		O 在后为升压
C	干式浇注	A	感应	S、D、J、F、FP、Z	同电力
S	油浸水冷	C	接触		
F	油浸风冷	P	强油循环	干式变压器	
S	三绕组，三相	X	线端	G	干式
FP	强油风冷	Z	中点	Q	加强的
Z	有载	C	串联	H	防火
SP	强油水冷	S、D、G、F、J、Z	同电力	D、S	同电力
T	成套				

注：在电力变压器型号后面的数字部分，斜线的左面表示额定容量（kV·A），斜线的右面表示高压侧的额定电压（kV），例如有一台电力变压器 SJL-560/10，此变压器为三相油浸自冷式铝线电力变压器，额定容量为 560kV，高压侧额定电压 10kV。

2. 电力变压器的额定数据

制造厂按国家标准，根据变压器的设计和试验数据而规定的该种变压器的正常运行状态和条件，称为该种变压器的额定运行状况。表征额定运行状况的各种数值称为额定值。额定值一般都在铭牌上标明或写在产品说明书上，所以，额定值又被称为铭牌数据。

电力变压器的额定值主要有以下几项：

（1）额定容量 S_N。变压器的额定容量是指其额定视在功率，以 kV·A 表示。变压器效率高，设计时，通常认为原、副方额定容量相等。

（2）原方额定电压 U_{1N} 及副方额定电压 U_{2N}。额定电压单位以 kV 或 V 表示。变压器副方额定电压是指其原方加额定电压时副方的开路电压。对于三相变压器，铭牌上标出的额定电压都是指线电压。

（3）原方额定电流 I_{1N} 及副方额定电流 I_{2N}。额定电流单位以 A 表示。根据额定容量和额定电压算出的电流称为额定电流，也是变压器的满载电流。对三相变压器而言，铭牌上标出的额定电流都是指线电流。

例如单相变压器有：

$$I_{1N}=S_N /U_{1N} \quad , \quad I_{2N}=S_N /U_{2N}$$

例如三相变压器，额定容量是指三相的总容量，但由于电压、电流都是指线值，所以有：

$$I_{1N}= \frac{S_N}{\sqrt{3}U_{1N}} \quad , \quad I_{2N} = \frac{S_N}{\sqrt{3}U_{2N}}$$

（4）额定频率。额定频率单位以 Hz 表示，我国规定额定频率为 50Hz。

此外，额定值还包括额定运行时的效率、温升、冷却方式、运行方式等。除额定值外，铭牌上还标有变压器的型号、接线图、阻抗电压（短路电压）、三相变压器的连接组、变压器的总重量、变压器油的重量、变压器器身的重量等。

额定电压有一定的等级，国家标准规定的三相交流电网和用电设备的标准电压等级如下（单位 kV）：

0.22，0.38，3，6，10，35，63，110，220，300，500，750

为了生产和使用的方便，对电力变压器的额定容量也规定了一系列标准的等级。我国所用的标准容量等级如下（单位 kV·A）：

10，20，30，40，50，63，80，100，125，160，100，250，315，400，500，630，800，1000，1250，1600，2000，2500，3150……（后级近似为前级的 $\sqrt[10]{10}$ 倍）以及 30，50，75，100，135，180，240，320，420，560，750，1000……（后级近似为前级的 $\sqrt[8]{10}$ 倍）。

已知变压器的额定容量和原、副绕组的额定电压，就可以求出原、副绕组的额定电流来。例如一台三相双绕组变压器，额定容量 $S_N=100$kV·A，原、副绕组额定电压 $U_{1N}/U_{2N}=6/0.4$kV，于是，原、副绕组的额定电流为：

$$I_{1N}= \frac{S_N}{\sqrt{3}U_{1N}} = \frac{100 \times 10^3}{\sqrt{3} \times 6000} = 9.63 \text{ A} \quad , \quad I_{2N} = \frac{S_N}{\sqrt{3}U_{2N}} = \frac{100 \times 10^3}{\sqrt{3} \times 400} = 144\text{A}$$

变压器副边电流达到额定值时，这时变压器的负荷也叫做额定负荷（或额定负载）。

3.1.3　电力变压器的工作原理

图 3-6 所示是变压器空载运行时的示意图。变压器中，接电源的线圈为初级绕组（或称为一次绕组、原绕组），接负载的线圈称为次级绕组（或称为二次绕组、副绕组）。变压器初级接通交流电源后，通过电磁感应将电能传递到次级绕组，供给不同电压等级的负载。

1. 变压器的空载运行

当变压器次级空载（次级开路）时，初级绕组通过的电流称为励磁电流 $\dot{I}_0$。当变压器的初级绕组加上电压 $\dot{U}_1$ 时，通过初级绕组的电流为 $\dot{I}_0$。该电流在铁芯中就会产生交变磁通 $\dot{\Phi}_1$，该磁通的大部分既通过初级绕组，也通过次级绕组，称为主磁通。在主磁通的作用下，初级绕组和次级绕组分别产生感应电势 $\dot{E}_1$ 和 $\dot{E}_2$。

$$E_1 \approx 4.44 f N_1 \Phi_m \quad (\text{V}) \tag{3.1}$$

$$E_2 = 4.44 f N_2 \Phi_m \quad (\text{V}) \tag{3.2}$$

式中　E_1、E_2——初级绕组、次级绕组的感应电势有效值，单位为 V；

　　　f——电源频率，单位为 Hz；

　　　N_1、N_2——初级绕组、次级绕组的匝数；

　　　Φ_m——主磁通的最大值，单位为 Wb。

由于次级绕组和初级绕组匝数不同，显然 E_2、E_1 大小也不同，如果忽略漏磁感抗和线圈直流电阻的影响，变压器初级绕组和次级绕组的端电压 $\dot{U}_1$ 和 $\dot{U}_2$ 也不相同。

$$U_1 \approx 4.44 f N_1 \Phi_m \quad (\text{V}) \tag{3.3}$$

$$U_{20} = 4.44 f N_2 \Phi_m \quad (\text{V}) \tag{3.4}$$

$$\frac{U_1}{U_2} = \frac{N_1}{N_2} = k_u \tag{3.5}$$

式中　k_u——变压器的变压比。

由此可见，变压器的变压比等于初级线圈与次级线圈的匝数比。这就是变压器的变换电压功能。

2. 变压器的负载运行

当变压器的次级加上负载，此时通过负载的电流为 $\dot{I}_2$，该电流在铁芯中也产生磁通，力图改变主磁通，但当初级电压不变时，主磁通保持不变，这样初级线圈就要流过两部分电流，一部分为励磁电流 $\dot{I}_0$，一部分为用来补偿次级电流产生的磁通，所以这部分电流随着 $\dot{I}_2$ 变化而变化。

即　　　　　　　　　　　　$$\dot{I}_1 N_1 = \dot{I}_2 N_2 + \dot{I}_0 N_1 \tag{3.6}$$

电流乘以匝数，称为磁动势，则上述的平衡作用实质上是磁动势平衡作用。

由于变压器空载时的励磁电流 $\dot{I}_0$ 只占变压器额定负载时电流 $\dot{I}_1$ 的百分之几，因此在变压器正常负载时，忽略 $\dot{I}_0 N_1$，则有

$$\frac{I_1}{I_2} \approx \frac{N_2}{N_1} = \frac{1}{k_u} \tag{3.7}$$

即变压器初级、次级绕组中电流之比等于其匝数的反比，这就是变压器的变换电流功能。

当阻抗为 Z_L 的负载接到变压器次级绕组时（如图 3-6 所示），则

$$|Z_L| = \frac{U_2}{I_2}$$

而对电源而言，输入端子的右边可以看成一个无源二端网络，其等效阻抗为

$$|Z_L'| = \frac{U_1}{I_1} \approx \frac{k_u U_2}{I_2 / k_u} = k_u^2 |Z_L| \tag{3.8}$$

式中，Z_L' 称为负载阻抗 Z_L 在初级的等效阻抗，它等于实际负载阻抗 Z_L 的 k_u^2 倍，这就是变压器的变换阻抗功能。

除此之外，由于直流信号不能通过电磁感应方式从原绕组传递到副绕组中去，因此变压器还具有隔离作用。

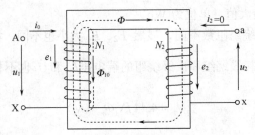

图 3-6 变压器空载运行时的示意图

3.2 电力变压器的极性、接线组别和并联运行

3.2.1 电力变压器的极性、接线组别

1. 变压器同极性端的定义

在使用变压器时，要注意绕组的正确连接方式。否则变压器不仅不能正常工作，甚至会烧坏变压器。如图 3-7（a）所示，变压器的原边有两个完全相同的绕组，当电源为 220V 时，需将两个绕组串联，即 2 和 3 端短接，1 和 4 端接电源，如图 3-7（b）所示；当电源为 110V 时，需将两个绕组并联，即 1 和 3 端短接，2 和 4 端短接，从两个短接点分别引线接电源，如图 3-7（c）所示。如果绕组连接错误，会发生事故。例如，在图 3-7（a）中，将 2 和 4 端短接，1 和 3 端接电源，则两个绕组在铁芯中产生的磁通就相互抵消，绕组中没有感应电动势，将流过很大的电流，把变压器烧毁。因此，要确定绕组（或线圈）的同极性端，以便于对绕组正确连接。

所谓线圈的同极性端，是指当电流从两个线圈的同极性端流入（或流出）时，产生的磁通方向相同；图 3-7 中如 1 和 3 或 2 和 4 是同极性端，用"*"表示,；而 1 和 4 或 2 和 3 为异极性端。

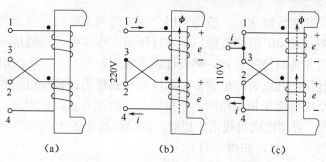

图 3-7　变压器绕组的正确连接组别

2. 变压器的极性测量

如果变压器同极性端的"*"已辨认不清或消失，此时应对变压器的同极性端进行测量确认，而不能盲目乱接。首先用万用表的电阻挡确认同一个绕组的两个端子，然后再辨别绕组的同极性端。绕组同极性端的辨别一般有两种方法：直流测定法和交流测定法。

（1）直流测定法。

如图 3-8 所示，首先用万用表确认同一个绕组的两个端子后（这里假设 1、2 为一个绕组的两个接线端，3、4 为另一个绕组的两个接线端），然后通过一个开关将直流电源接在任一绕组上，如图中接在 1-2 绕组上，另一绕组接直流电流表，当开关突然闭合时，注意观察电流表的摆动，如果电流表顺时针摆动，则接电流表"+"端的接线端与 1 端是同极性端；如果电流表逆时针摆动，则接电流表"–"端的接线端与 1 端是同极性端。

（2）交流测定法。

如图 3-9 所示，仍然先用万用表确认同一个绕组的两个端子后（这里假设 1、2 为一个绕组的两个接线端，3、4 为另一个绕组的两个接线端）。然后在任一绕组两端加上已知的交流电压 U_{12}，用电压表测量出另一绕组两端的电压 U_{34}，如图 3-9（a）所示。撤除电源后重新接线如图 3-9（b）所示，将 2、4 端用导线连接起来，将电压表接在 1、3 之间，然后接通原电压 U_{12}，注意观察电压表读数。如果电压表读数为 $U_{12}-U_{34}$，则 1 端与 3 端为同极性端（或 2、4 端）；如果电压表读数为 $U_{12}+U_{34}$，则 1 端与 4 端为同极性端（或 2、3 端）。

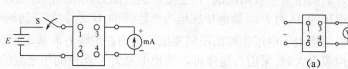

图 3-8　直流法测定绕组极性

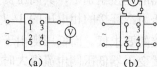

图 3-9　交流法测定绕组极性

3. 变压器的接线组别

三相变压器的一、二次绕组，可以各自分别接成星形（Y）或三角形（△）。为了表明变压器一、二次绕组线电压之间的相位关系，可将变压器的接线分为若干组，称为接线组别。三相变压器可以构成 12 种接线组别，其中 6 个是单数组，6 个是双数组。凡是一次绕组和二次绕组接法相同的，如 D，d、Y，y，都属于双数组 2、4、6、8、10、0。凡是一次绕组二次组接法不一样的，如 Y，d、D，y，都属于单数组 1、3、5、7、9、11。

表示变压器不同的接线组别,一般均采用上述的时钟表示法。因为一、二次绕组对应的线电压之间的相位差总是 30°的整数倍,正好与钟面上小时数之间的角度一样。方法就是把一次绕组线电压相量作为时钟的长针,将长针固定在 12 点上,二次绕组对应线电压相量作为时钟短针,看短针指在几点钟的位置上,就以此钟点作为该接线组别的代号。例如,若二次绕组电压与一次绕组线电压相位相同,则短针也应指在 0 点的位置上,其接线组别为 Y,yn0,如图 3-10 所示。若二次绕组线电压超前一次绕组线电压30°,则短针应指在 11 点的位置上,其接线组别为 Y,d11,如图 3-11 所示。

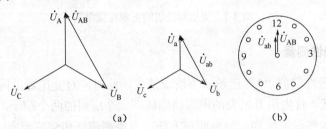

图 3-10 Y,yn0 组别的相量图和钟向图

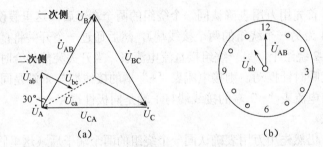

图 3-11 Y,d11 组别的相量图和钟向图

为了制造和使用方便,我国规定 Y,yn0;Y,y0;YN,yn0;Y,d11 和 YN,d11 五种为标准接线组别。在接线组别的符号中,大写字母表示一次绕组的连接方法,小写字母表示二次绕组的连接方法,符号中的数字即为变压器的接线组别代号,它说明三相变压器中一、二次绕组线电压之间的相位关系。我国常用的接线组别有 Y,yn0;Y,d11;YN,d11 三种接线方式。

变压器的连接组别中,其高压侧一般均接成 Y 连接。这是因为在相同的线电压下,Y 连接的相电压为△连接的相电压的 $1/\sqrt{3}$,匝数也相应地为△连接的 $1/\sqrt{3}$。故匝间绝缘 Y 连接的比△连接的要求低。而低压侧由于电压相对高压侧要低,因而在绝缘方面基本不存在矛盾;有时大容量变压器低压侧电流很大时,采用△连接可以使相电流为 Y 连接的相电流的 $1/\sqrt{3}$(在线电流相同时),绕组导线截面就小,节约了有色金属。同时,在三相变压器中,只要有一侧△连接,就可以得到正弦波形的电势,因此成为广泛采用的连接组别。

3.2.2 电力变压器的正常运行方式

在变电所中,电力变压器通常有三种运行方式:单台运行、分列运行和并列运行。

1. 单台运行方式

所谓单台运行,是指一台变压器单独向负荷供电。变电所中采用单台运行方式的为数不少,特别是在边远山区、一些负荷不太重要的小容量变电所或在规划负荷没有增长到一定数量之前，常常采用这种运行方式。这种运行方式的主要缺点是供电可靠性差。在变压器故障、检修或停运时，所有负荷的供电都会中断。

（1）变压器的容许温度与容许温升。

目前，我国电力系统大量使用的是油浸式变压器。由于油浸式变压器在运行中油温既低于铁芯温度，又低于线圈温度，且上层油温高于下层油温，所以对油浸式变压器在运行中的容许温度按上层油温来检验。对自然油循环自冷、风冷变压器油温应低于 95℃，为防止变压器油劣化过速，一般上层油温不宜经常超过 85℃；对强油导向风冷式变压器最高不能超过 80℃；对强迫油循环水冷却变压器最高不得超过 75℃。

变压器在规定的冷却条件下可以按铭牌规范运行。对空气冷却的变压器，冷却空气最大容许 40℃；对水冷却变压器，冷却水温度最大容许 30℃。冷却介质在规定温度或在其以下时，变压器可以带满负荷而各部分温度不会超过其限值。当冷却介质温度超过规定值以后，由于散热困难，所以此时带满负荷会使线圈过热。

为了真正反映变压器线圈的温度，除了规定容许温度外，还应规定上层油的容许温升。对自然油循环自冷、风冷的变压器规定温升是 55℃；而对强迫油循环风冷变压器规定为 40℃。

（2）变压器电源电压的允许变化范围。

由于系统运行方式的改变、负荷的变动，电网电压也是变化的。因此运行中的变压器初级绕组的电源电压也是变化的。而变压器电源电压的变化将影响系统的供电质量。因此必须对电源电压的变化有一定限制。

供电规程规定：变压器电源电压变动范围应在其所接分接头额定电压的±5%范围内，其额定容量也不变，即当电压升高 5%时，额定电流应降低 5%；当电压降低 5%时，额定电流允许许可升高 5%。变压器电源电压最高不得超过额定电压的 10%。

（3）变压器的过负荷运行。

① 变压器的正常过负荷。

由于变压器在一昼夜内的负荷，有高峰、有低谷，在低谷时，变压器是在较低的温度下运行；其次在整个年度内，由于季节性温度的变化，如冬季变压器周围冷却介质的温度较低，变压器的散热条件优于制造厂规定的数值，因此在不损害变压器绕组的绝缘和不降低变压器使用寿命的前提下，变压器可以在高峰负荷及冬季过负荷运行。其允许的过负荷倍数及允许的数值对室外变压器来讲，不得超过 30%，对室内变压器来讲，不得超过 20%。

对于自然冷却或吹风冷却的油浸式电力变压器，正常过负荷的允许数值和允许时间规定如下。

a. 如果变压器的昼夜负荷率小于 1，在高峰负荷期间变压器的允许过负荷倍数和允许的持续时间则可按年等值环境温度、变压器的冷却方式和容量等因素确定。若事先不知道负荷率，则可按表 3-3 的规定确定过负荷倍数和允许持续时间。

b. 如果在夏季（6、7、8 月），根据变压器典型负荷曲线，其最高负荷低于变压器的额定容量时，若每低 1%，可在冬季过负荷 1%，但以 15%为限。

上述因夏季负荷降低而冬季增加的过负荷和根据负荷曲线确定的过负荷倍数可以迭加使用，但过负荷总数对油浸自冷和油浸风冷变压器不超过 30%；对强迫冷却变压器不超过 20%。

c. 在过负荷运行前，应投入全部冷却器，必要时还应投入备用冷却器。对吹风冷却油浸式电力变压器在风扇停止工作时的允许负荷和持续时间应按照制造厂的规定执行，如无制造厂规定，对于在额定冷却空气温度下风扇停止运行时允许带额定负荷的 70%，连续运行的变压器可参照表 3-4 执行。

表 3-3　过负荷倍数与允许持续时间

过负荷倍数	过负荷前上层油的温升（℃）为下列数值时的允许过负荷持续时间（时:分）						
	18	24	30	36	42	48	54
1.0							
1.05	5:50	5:25	4:50	4:00	3:00	1:30	—
1.10	3:50	3:25	2:50	2:10	1:25	0:10	
1.15	2:50	2:25	1:50	1:20	0:35	—	
1.20	2:05	1:40	1:15	0:45	—		
1.25	1:35	1:15	0:50	0:25	—		
1.30	1:10	0:50	0:30	—			
1.35	0:55	0:35	0:15				
1.40	0:40	0:25	—				
1.45	0:25	0:10	—				
1.50	0:15	—	—				

表 3-4　吹风冷却油浸式电力变压器风扇停运时的允许过负荷倍数和持续时间

过负荷倍数	吹风停止时变压器上层油的温升（℃）为下列数值时的允许过负荷持续时间（时:分）						
	18	24	30	36	42	48	54
0.7							
0.75	12:20	11:40	10:55	10:00	8:40	7:00	4:00
0.8	7:40	7:00	6:20	5:25	4:20	3:00	0:50
0.85	5:30	5:00	4:20	3:25	2:40	1:30	
0.90	4:20	3:50	3:15	2:35	1:45	0:45	
0.95	3:25	2:55	2:25	1:45	1:08	0:15	
1.00	2:45	2:20	1:50	1:20	0:40		
1.05	2:15	1:50	1:25	0:55	0:20		
1.10	1:50	1:25	1:00	0:35	0:06		
1.15	1:30	1:10	0:45	0:20			
1.20	1:10	0:50	0:30	0:08			
1.25	0:50	0:35	0:15				
1.30	0:35	0:20					

② 电力变压器的事故过负荷。

事故过负荷造成的温升对变压器绝缘会带来负面影响，但在电力系统中，在保证安全的前提下对负荷的供电是最为重要的，并且变压器事故的概率较低，因此允许变压器在事故情况下过负荷运行。

电力变压器事故过负荷的允许值应遵照制造厂的规定。如无制造厂规定，对于自然冷却和吹风冷却的油浸式电力变压器，可参照表 3-5 执行。

表 3-5　自然油循环冷却电力变压器事故过负荷及允许持续时间

过负荷倍数	环境温度　（℃）　下的允许持续时间（时:分）				
	0	10	20	30	40
1.1	24:00	24:00	24:00	19:00	7:00
1.2	24:00	24:00	13:00	5:50	2:45
1.3	23.00	10:00	5:30	3:00	1:30
1.4	8:00	5:10	3:10	1:45	0:55
1.5	4:00	3:10	2:10	1:10	0:35
1.6	3:00	2:05	1:20	0:45	0:18
1.7	2:05	1:25	0:55	0:25	0:09
1.8	1:30	1:00	0:30	0:13	0:06
1.9	1:00	0:35	0:18	0:09	0: 05
2.0	0:40	0:22	0:11	0:06	—

2. 电力变压器运行方式

（1）电力变压器分列运行。

电力变压器分列运行是变电所典型的运行方式。图 3-12 是变压器分列运行方式的典型接线。这种运行方式用容量相等或不相等的两台（每组几台）变压器，在正常供电的情况下，将二次母线的联络开关 QF5 分断，两组变压器各自供给自己的负荷（负载 1 和负载 2）。在分列运行条件下，由于两台变压器在二次侧没有电气连接，因此在短路故障条件下的短路电流比并列运行方式小，在选择同等设备的情况下，开关的动稳定性和热稳定性要好，这是分列运行方式的突出优点。其缺点是在供给相同负荷的条件下，变压器损耗较大。

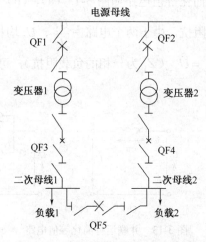

图 3-12　变压器分列运行方式接线

（2）共同运行。

当负荷较轻时，可以将一组变压器停运，接通二次母线的联络开关 QF5，所有负载由一台（一组）变压器供电。这种运行方式称为共同运行方式。

分列运行方式通常是为降低故障状态下的短路电流而设计的。采用分列运行或共同运行方式，应充分考虑变压器分列运行的临界容量、共同运行的临界容量和变压器参数对运行区的影响。

3. 并列运行方式

我国大多数 220kV、110kV 变电所的变压器大多采用并列运行方式。变压器并列运行时，当带上负荷后，其负荷的分配按照各台变压器本身的特性（短路电压和变比）自行分配，并不是按照变压器的容量成正比进行分配，因此变压器并列运行时，如果不满足一定条件，容易造成各变压器之间负荷分配不合理，使设备容量不能得到充分利用。所以变压器并列运行必须满足三个条件：

（1）并列运行各台变压器的变比不应超过±5%。

（2）短路电压百分比 $U_k\%$ 不应超过±10%。

（3）变压器连接组别必须相同。

并列运行方式的接线图仍如图 3-12 所示。在并列运行方式下，二次母线的联络开关 QF5 总是接通的，只是将停运变压器的断路器和隔离开关断开即可，这时只有一台（一组）变压器通过二次母线供给全部负荷，在检修二次母线时，才断开联络开关以及与该二次母线相连的变压器的断路器和隔离开关，在这种情况下，与检修二次母线相连的负荷，供电中断。

采用并列运行方式，在供给相同负荷的情况下，其损耗比分列运行方式要低。

3.2.3 电力变压器的并联运行时的负载分配

假定两台变压器已经满足条件（1）和条件（2），现研究它们并联运行时，负载容量在这两台变压器之间如何分配。

两台变压器从副方看入的简化等值电路如图 3-13（a）、（b）所示，图中 Z_{kI}'、Z_{kII}' 分别为两台变压器从副方看入的短路阻抗，由于两个电路中 $\frac{\dot{U}_1}{k}$、$\dot{U}_2$ 均相等，同时考虑到两台变压器共同承担负载，即 $(\dot{I}_{2I}+\dot{I}_{2II})Z_L=\dot{U}_2$（$Z_L$ 为一相的负载阻抗），可得图 3-13（c）中所示的等值电路。

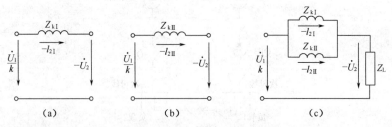

图 3-13 并联运行简化等值电路

根据图 3-13（c）可得：

$$\dot{I}_{2I}Z_{kI}'=\dot{I}_{2II}Z_{kII}'$$

式中，Z_{kI}' 和 Z_{kII}' 都是复数阻抗，设它们的阻抗角相等，并仍用符号 Z_{kI}' 和 Z_{kII}' 代表它们的模，则应有：

$$I_{2I}Z_{kI}^{'} = I_{2II}Z_{kII}^{'}$$

对上式进行变换并令

$$\beta_{I} = \frac{I_{2I}}{I_{2NI}} = \frac{mU_{2N}I_{2I}}{mU_{2N}I_{2NI}} = \frac{S_{I}}{S_{NI}}$$

$$\beta_{II} = \frac{I_{2II}}{I_{2NII}} = \frac{mU_{2N}I_{2II}}{mU_{2N}I_{2NII}} = \frac{S_{II}}{S_{NII}}$$

可得

$$\frac{\beta_{I}}{\beta_{II}} = \frac{I_{2I}/I_{2NI}}{I_{2II}/I_{2NII}} = \frac{Z_{kII}I_{2NII}/U_{2N}}{Z_{kI}I_{2NI}/U_{2N}} = \frac{u_{kII}}{u_{kI}} \qquad (3.9)$$

式（3.9）表明，两台并联运行的变压器，其负载系数与阻抗电压百分数 （或短路阻抗标么值）成反比。特别要注意：负载系数与阻抗电压成反比，而不是负载本身与阻抗电压百分数成反比。

如果希望负载在两台变压器之间合理分配，那就要求两台变压器的负载系数相等，根据式（3.9），这种要求只有在两台变压器阻抗电压相等时才能达到，并且这时两台变压器所能承担的最大负载等于它们的额定容量之和。

在实际工作中，并联运行的变压器阻抗电压稍有偏差也还是允许的，但它们共同承担负载时，负载系数会不等。运行时，通常不允许变压器长期过载，如果以任一台都不过载为前提来考虑它们总的承载能力，那么，当承担最大负载时，应是阻抗电压小的那台满载，而阻抗电压大的那台不满载。显然，它们能共同承担的最大容量将小于它们的额定容量之和。在实际工作中，还有可能碰到多台变压器并联运行的问题，这时，仍是阻抗电压小的负载系数大。按照类似的思路和步骤，可求得 n 台压器并联运行时其负载分配的计算公式：

$$\beta_{i} = \frac{S}{Z_{ki}^{*}\sum_{i=1}^{n}\frac{S_{Ni}}{Z_{ki}^{*}}} \qquad (3.10)$$

上式中 S 为全部并联变压器的总负载，β_{i} 为第 i 台变压器的负载系数，S_{Ni}、Z_{ki}^{*} 分别为第 i 台变压器的额定容量和短路阻抗标么值。

【例3.1】两台变压器并联运行。$S_{NI} = 1800\text{kW}$，Y，d11 连接组，$U_{1N}/U_{2N} = 35/10\text{kV}$，$u_{kI} = 8.25\%$；$S_{NII} = 1000\text{kW}$，$u_{kII} = 6.75\%$，Y,d11 连接组，$U_{1N}/U_{2N} = 35\text{kV}/10\text{kV}$。总负载为 2800kW 。求：

（1）每台变压器分担的负载是多少？

（2）不使任何一台变压器过载时，最多能提供多大负载？

解：（1）设第一台变压器分担的负载是 S_I，则第二台分担的负载为 $S_{II} = 2800 - S_I$，因为

$$(S_I/S_{NI}) / (S_{II}/S_{NII}) = (u_{kII}) / (u_{kI})$$

所以

$$(S_I/1800) / ((2800 - S_I)/1000) = 6.75\%/8.25\%$$

解得

$$S_I = 1668\text{kW}, \quad S_{II} = 1132\text{kW}$$

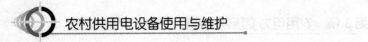

（2）这时，第二台变压器先满载（$u_{kⅡ} < u_{kⅠ}$），设 $\beta_Ⅱ=1$，则

$$\beta_Ⅰ : \beta_Ⅱ = u_{kⅡ} : u_{kⅠ} = 6.75\% : 8.25\%$$

解得 $\beta_Ⅰ = 0.818$

所以，任何一台都不过载时能提供的最大负载为

$$S_{\max} = 0.818 \times 1800 + 1 \times 1000 = 2472kW$$

即能提供的最大负载容量为 2472kW 。

3.2.4 电力变压器的并联运行注意事项及最佳并联台数

1. 电力变压器并联运行注意事项

（1）新投入运行和检修后的变压器，并联运行前应进行核相，并在空载状态时试验并联运行无问题后，方可正式并联运行带负载。

（2）变压器的并联运行，必须考虑并联运行的经济性，不经济的变压器不允许并联运行。同时还应注意，不宜频繁操作。

（3）进行变压器并联或解列操作时，不允许使用隔离开关和跌开式熔断器。要保证操作正确，不允许通过变压器倒送电。

（4）需要并联运行的变压器，在并联运行前应根据实际情况，预计变压器负载电流的分配，在并联后立即检查两台变压器的运行电流分配是否合理。在需解列变压器或停用一台变压器时，应根据实际负载情况，预计是否有可能造成一台变压器过负载。而且也应检查实际负载电流，在有可能造成变压器过负载的情况下，不准进行解列操作。

2. 并联变压器最佳台数的确定

并联变压器最佳台数的确定是一个复杂的技术经济问题。如果考虑到建设初期，用电量较少，随着生产和经济的发展，用电量不断增加，则可在建设初期单台运行，并预计日后增加并联台数。但如果总负载变化不大的情况下，到底是用单台，还是多台并联？多台并联时到底用几台？仍值得研究。这里要考虑多种因素并进行技术经济比较，例如设备成本，运行维护费用等。其中很重要的一条是要看不同方案下总损耗的大小，下面就总损耗大小的比较问题做一简单分析。

变压器总损耗要小，也就是以所有变压器的总空载损耗和总负载损耗（即短路损耗）之和为最小来确定变压器的合理台数。

变压器负载损耗 p_k 等于变压器额定负载损耗 P_{kN} 与负载系数 β 平方的乘积（β 有时也被称为负载率），即

$$p_k = \beta^2 p_{kN}$$

式中 p_k——变压器负系数为 β 时的负载损耗；

β——变压器负载系数，它等于变压器实际运行时所承担的负载与额定容量之比；

p_{kN}——变压器额定负载损耗。

负载损耗大小随负载大小而变，当变压器空载时，$\beta=0$；变压器带满载时，$\beta=1$，负载损耗在 $\beta=0$ 到 $\beta=1$ 之间变化。$\beta=0$ 时，$p_k=0$；$\beta=1$ 时，$p_k=p_{kN}$。

空载损耗 p_0 在所有情况下总是不变的，不管 $\beta=0$，还是 $\beta=1$。变压器不管负载大小，总损耗内总要包含 p_0，因此希望 p_0 越小越好。采用冷轧硅钢片，可以降低单位重量损耗（在 $B=1T$ 时，0.5W/kg 以下）。

下面分析一台变压器单独运行、两台相同变压器并联运行在同一总负载下的两种情况。

一台变压器总损耗为 $p_0+\beta^2 p_{kN}$；两台变压器并联工作在同一负载下的总损耗为 $2p_0+2(\beta/2)^2 p_{kN}$。当一台变压器和两台变压器的总损耗相等时，则有

$$p_0+\beta^2 p_{kN}=2p_0+2(\frac{\beta}{2})^2 p_{kN}$$

由上式解出 β 值为：$\beta=\sqrt{\dfrac{2p_0}{p_{kN}}}$

设 β_2 为两台变压器并联运行时的实际负载率，一台变压器运行损耗小于两台变压器并联运行的损耗时，则有 $\beta<\beta_2$。

一台变压器运行损耗大于两台变压器并联运行的损耗时，则有 $\beta>\beta_2$。

如果并联变压器是三台时，可写出下列平衡方程式。

$$2p_0+2(\frac{\beta}{2})^2 p_{kN}=3p_0+3(\frac{\beta}{3})^2 p_{kN}$$

所以

$$\beta^2=\frac{6p_0}{p_{kN}}$$

即

$$\beta=\sqrt{\frac{6p_0}{p_{kN}}}$$

设 β_3 为三台变压器并联运行时的实际负载率，当 $\beta>\beta_3$ 时，采用三台变压器并联运行有利。

同理，当四台变压器并联运行时，有

$$3p_0+3(\frac{\beta}{3})^2 p_{kN}=4p_0+4(\frac{\beta}{4})^2 p_{kN}$$

所以

$$\beta=\sqrt{\frac{12p_0}{p_{kN}}}$$

设 β_4 为四台变压器并联运行时的实际负载率，当 $\beta>\beta_4$ 时，采用四台变压器并联运行有利。

当有 n 台变压器并联运行时，可得到 $\beta=\sqrt{\dfrac{n(n-1)p_0}{p_{kN}}}$。

设 β_n 为 n 台变压器并联运行时的实际负载率，当 $\beta>\beta_n$ 时，采用 n 台变压器并联运行有利。

3.3 电力变压器的安装和调压

3.3.1 电力变压器的安装

电力变压器的安装要求与方法，取决于具体变压器的结构特点、容量大小、电压等级。对于中小型配电变压器是整体组装好后运输的，安装工作相对地比较简单，主要包括基础施工、变压器的吊装、变压器的高低压接线、接地线的连接等。

1. 室内电力变压器的安装要求与方法

（1）安装要求。

① 变压器宽面推进时，低压侧应向外，如图 3-14 所示；变压器侧面推进时，油枕侧向外，便于带电巡视检查，如图 3-15 所示。

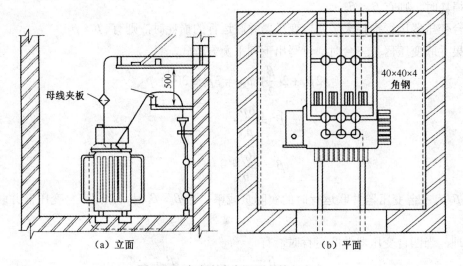

（a）立面	（b）平面

图 3-14 室内电力变压器安装方式 1

② 变压器室的安全距离：室内变压器外壳，距门不应小于 1m，距墙不应小于 0.8m；额定电压为 35kV 及以上的变压器，距门不应小于 2m，距墙不应小于 1.5m；变压器二次母线的支架，距地面不应小于 2.3m，高压母线两侧应加遮栏；变压器室设有操作用的开关时，在操作方向上应留有 1.2m 以上的操作宽度。

③ 变压器室属于一、二级耐火等级的建筑，其大门，进、出风窗的材料应满足防火要求。

④ 压器室应用铁门，采用木质门应包镀锌冷轧钢板（俗称铁皮），门的宽度和高度应根据安装设备情况而定，一般宽为 1.5m，高为 2.5～2.8m，门应向外开。较短（不超过 7m）的配电室，允许有一个出口，超过 7m 时不得少于两个出口。

⑤ 变压器室顶板高度按设计的要求，一般不低于 4.5～5m。

⑥ 变压器母线的安装，不应妨碍变压器吊心检查。

⑦ 进出风百叶窗的内侧要装有网孔不大于 l0mm ×10mm 的防动物网。基础下的进风孔不

安百叶窗，但网孔外要安装直铁条，防止网格外的机械损伤，直铁条可采用直径为 10mm 的圆钢，间距为 100mm。

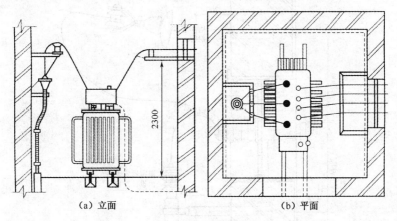

(a) 立面　　　　　　　　　(b) 平面

图 3-15　室内电力变压器安装方式 2

⑧ 变压器室出风窗顶部须靠近屋梁，自然通风排风温度不应高于 45℃，一般出口的有效面积应大于风口有效面积的 1.1～1.2 倍。

⑨ 当自然通风的进风温度为 30℃时，变压器地坪距离室外地坪的高度为 0.8m；进风温度为 35℃时，变压器地坪距离室外地坪的高度为 1m。

⑩ 变压器室内不应有与电气无关的管道通过，有关电缆内要采取防小动物进入的措施。

⑪ 变压器地基上的轨梁安装，要按不同变压器的轮距固定，基础轨距和变压器的轮应吻合。

⑫ 单台变压器的油量超过 600kg 时，应设储油坑。

⑬ 变压器室混凝土地面不起沙，路面抹灰刷白。

⑭ 各金属部件应涂防护漆。

（2）变压器的吊装。

安装变压器时，首先进行基础施工，基础施工完成后，复查各种基础施工项目是否和本变压器室设计相符，确认无误后可进行变压器的吊装。

吊装时将变压器搬运至基础就位，如有底架的，则连底架一起就位于基础的轨道上，此时应注意，为使运行中变压器内产生的气体能全部流向气体继电器，箱盖和气体继电器的连通管都必须具有向上有 1%～1.5%高起的坡度。为使变压器顶能有规定的坡度，可用千斤顶将变压器储油柜一端顶起，用垫铁垫在储油柜一端的两轮下。垫铁厚度可由变压器中心距乘以 1%～1.5%求得。如两轮中心距为 1m 时，垫铁片厚 10～15mm。

在变压器就位完成，其滚轮应用可拆卸的制动装置加以固定，并在滚轮上涂以防锈油。

（3）变压器的接线。

变压器的接线主要有引入电源线与变压器的一次侧连接；二次侧与低压引出线的连接；变压器接地的连接。

① 变压器电源引入线的连接。

a. 高压架空线引入接线。图 3-15 中的变压器高压侧采用架空线引入接线，额定电压为 10kV 高压架空引入线穿墙方法如图 3-16 所示。图 3-15 中的变压器的高压架空引入线采用图 3-16 所示的方法。

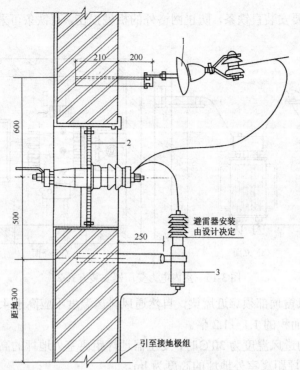

1—进户线绝缘子支架平面安装位置；2—高压穿墙套管及穿墙板安装位置；3—10kV 阀式避雷器安装位置

图 3-16　10kV 高压架空引入线穿墙安装图

b. 变压器高压侧采用电缆引入接线。

② 低压母线与变压器低压端子的连接。

低压母线与变压器低压端子的连接有竖连和横连两种，由于低压母线电流大，所以较少采用横连。无论采用哪种连接方法，连接前都要对母线的接触面进行处理。通常，铜母线钻孔后要搪锡，铝母线钻孔后要做好铜、铝过渡接触面的处理，以使接触面接触良好。

室内变压器低压母线的引出，多数是经低压绝缘子支架穿墙引出。支架固定前，首先根据设计要求做好绝缘子的固定；或先在墙壁上固定好支架，组装母线时再顺便装绝缘子。如果母线截面积大于 $1000mm^2$ 时，支架下面要加支撑。

③ 变压器的接地。

在三相四线制供电线路中，变压器低压侧有一相中性母线，也称变压器的零母线，此端子的引出线除把供电系统中的中性线（零线）连成一体构成工作零母线外，还要把从此端子的引出线与本变电所的接地线（接地极）连接，从而构成一体。

2. 室外变压器的安装要求与方法

（1）室外变压器台安装的一般要求。

① 变压器台一般设在接近负载中心的地点，以减小低压供电线路的功率损耗和电压降。也可以设在较大用电设备附近，同时兼顾最远用电设备的电压降在允许范围以内。装设地点应便于维修，并且要避开车辆和行人较多的繁华场所。

② 室外变压器容量为 320kW 及以下时，可采用柱上变压器台安装方式；容量超过 320kW

时，可采用地上变压器台安装方式。

③ 在空气中含有易燃易爆气体，或对绝缘有破坏作用粉尘的地区，不宜装设变压器台，而应将变压器装于室内。

④ 为便于变压器运行和维修，下列电杆不宜装设变压器台：转角电杆、分支电杆、装有线路开关的电杆、装有高压进线和高压电缆的电杆、交叉路口的电杆、低压进户线较多的电杆。

⑤ 柱上变压器应安装平稳、牢固、腰栏应采用直径为 4mm 的冷拉普用钢丝（俗称铁丝）缠绕四圈以上。铁丝不应有接头，缠绕应紧固。腰栏距带电部分不应小于 0.2m。

⑥ 地上变压器台应有坚固的基础。基础一般用砖、石砌成，并用 1：2 水泥砂浆抹面。基础表面距地面的高度不应小于 300mm。为了安全，变压器台周围应设置高度不小于 1.7m 的围墙或栅栏，变压器外壳至围墙或栅栏的净距离不得小于 1m，距门的净距离不应小于 2m。围墙或栅栏的门应向外开。栅栏的栅条间距和下面横栏距地面的净距离均不得大于 200mm。

变压器台的引下线杆应在围栏内。隔离开关或熔断器断电后，带电部分距地面高度不应小于 4m，有遮拦时不应小于 3.5m。变压器台的门应加锁，门上应悬挂"止步，高压危险！"的警告牌。只有切断电源，才可进入围栏。

⑦ 柱上变压器台离地面不应小于 2.5m，变压器台上所有裸露带电体离地面应在 3.5m 以上，在离地面 2.5～3m 的明显部位应悬挂"禁止攀登，高压危险！"的警告牌，地面应装设围栏。

⑧ 柱上及地上变压器台的所有高、低压侧引线，应采用绝缘导线，所有铁件均需镀锌。

⑨ 变压器高压跌开式熔断器安装倾斜角度为 25°～30°，间距不应小于 0.7m。

⑩ 变压器低压侧熔断器的安装，应符合下列条件：低压侧有隔离开关时，熔断器应装于隔离开关与低压绝缘子之间；低压侧无隔离开关时，熔断器安装于低压绝缘子外侧，并用绝缘线跨接在熔断器台两端的绝缘线上。

（2）室外柱上变压器台的安装方法如图 3-17 所示。

（3）室外地上变压器安装方式如图 3-18 所示。

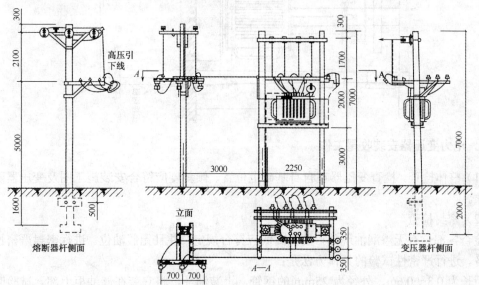

图 3-17　室外柱上变压器安装方式

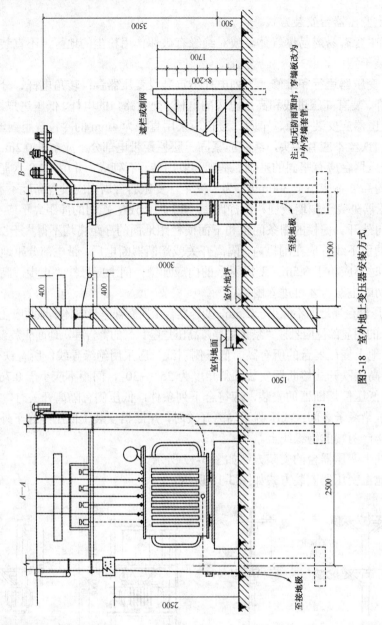

图3-18 室外地上变压器安装方式

3. 电力变压器安装收尾工作

（1）整体检查。检查变压器在自身基础上位置、倾斜度应符合安装施工图及变压器随机文件要求。

（2）密封检查。

检查各部位有无渗漏油现象，油位高低应符合规定，并且无假油位。进行密封严密性试验应合格。进行严密性试验的具体方法是：

用长为0.3～0.6m，外径为25mm的钢管，上装漏斗，将它装在储油柜上部。试验时，先将储油柜的排气孔关闭，然后往漏斗中加入与变压器中的油相同的油。试验要求如下：对于管状和平面油箱，采用0.6m的油柱压力；对于波状油箱和有散热器的油箱，采用0.3m的油杆压力，试验持续时间为 15min。试验时应仔细检查散热器、法兰盘接合处、套管法兰、储油柜、油箱密封处等是否有渗漏油现象。如有渗油和漏油，应及时处理。试验完毕，应将油面降到标准油面，并将排气孔打开。

（3）取油样试验。取油样按规定进行试验，所试项目指标符合变压器油质量标准要求。

（4）检查气体继电器。对有气体继电器的变压器，应检查其内部有无气体残存，如有则应先放尽，并应试验其动作准确性。

（5）清理安装现场。

变压器安装完毕后，应将安装所用机械拆除运走；安装工具及剩余材料也要运走；场地应清理干净，使道路通畅；现场照明完好；消防设施齐全，放置位置符合规定要求。

4. 电力变压器的安装交接验收

电力变压器的安装交接验收的检查项目应符合如下规定：

（1）油箱本体和附件无缺陷、外表清洁、油漆完整。攀登检查的扶梯、护栏符合安全要求。

（2）高、低压套管无裂纹、破损或松动；高、低压引线连接良好，相色表示漆完整正确；接线组别符合铭牌规定；接地线牢固可靠，接地电阻合乎要求。

（3）各部密封完好严密，无渗漏油现象；油位应正常；油箱与气体继电器的坡度应符合规定。

（4）吸湿器的气道应通畅；硅胶未变色失效；下部的油封罩内已注入变压器油；吸湿器安装牢固，不受变压器振动影响。

（5）分接开关的手动、电动操作均应灵活、准确，三相分接开关的位置应一致。

（6）冷却装置完好，油泵、风扇、水泵运转正常，信号指示无误。

（7）温度计密封良好；信号触点动作正确；水银温度计安装妥帖，指示读数的方位便于值班人员在变压器带电时进行监视。

（8）防火安全设施齐全；照明装置完好，亮度足够，照明开关安装地点符合运行人员要求。

交接验收应提供如下的资料及测试数据：

① 绕组与套管的绝缘测试数据

主要有：绕组的绝缘电阻及吸收比数据；绕组连同套管的介质损失数据；绕组连同套管的泄漏电流数据；绕组连同套管的交流耐压试验数据；非纯瓷质套管的介质损失数据；铁芯、铁轭与夹紧螺钉对地（夹件）的绝缘电阻数据等。

② 变压器的特性试验资料

主要有：绕组的直流电阻测试值，必须在所有分接位置上测量的数值；绕组各分接头的电压比；三相变压器的组别测试数据及标志；空载电流及空载损耗数据；相位检定资料；冲击合闸时录示的电流与电压波形图等。

③ 绝缘油试验有关资料

主要有：油的击穿强度试验单；油的介质损失角正切值（ $\tan \delta$ ）；含水量及含气量测试数据单（超高压变压器必须测试）；油的色谱分析试验报告单（35kV 及以下可不测试）。

3.3.2　电力变压器的有载调压器

有载调压分接开关，也称带负荷调压分接开关。装有这种分接开关的电力变压器，称为有载调压变压器。有载调压变压器在电力系统中有着重要作用，它不仅能稳定负载中心电压，而且也是联络电网、调整负载潮流、改善无功分配等不可缺少的重要设备。

1. 电力变压器的有载调压器的工作原理

有载调压的基本原理，就是在变压器的绕组中，引出若干分接抽头，通过有载调压分接开关，在保证不切断负荷电流的情况下，由一个分接头切换到另一个分接头，以达到改变绕组的有效匝数，即改变变压器变压比的目的。

由于有载分分接开关是在带负载的状态下变换分接位置，因此它必须满足两个基本条件：

（1）在变换分接过程中，应保证电流的连续性，即不能开路；

（2）在变换分接过程中，应保证分接间不能短路。

因此在切换过程中需要过渡电路，过渡电路目前大多采用电阻式有载分接开关。电阻式有载分接开关具有材料消耗少、体积小、电弧时间短、弧触点寿命长等优点。

有载调压分接开关的结构、原理如图 3-19 所示。其主要部件的作用为：

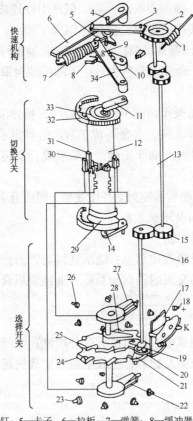

1—蜗杆；2—蜗轮；3—连杆；4、9—拨钉；5—卡子；6—拉板；7—弹簧；8—缓冲器；10—拐臂；11—上曲柄；12—绝缘支筒；13—传动杆；14—下曲杆；15—齿轮；16—传动件；17—范围开关动触点；18—范围开关静触点；19—范围开关拐臂；20—扇形拨块；21—槽轮拨盘；22—选择开关双数动触点；23—选择开关双数静触点；24—槽轮（双数用）；25—槽轮（单双数用）；26—选择开关单数静触点；27—选择开关单数动触点；28—范围开关拨杆；29—底部扇形齿；30—切换开关静触点；31—切换开关动触点；32—内啮合齿轮；33—顶部扇形齿；34—摆杆

图 3-19　有载调压分接开关的结构原理图

（1）有载分接开关。它是能在变压器励磁或负荷状态下进行操作的分接头切换开关，是用于调换线圈分接头运行位置的一种装置。通常它由一个带过渡阻抗的切换开关和一个带（或不带）范围开关的分接选择器所组成。整个开关通过驱动机构来操作。在有些分接开关中，切换开关和分接选择器的功能被结合成为一个选择开关。

（2）选择开关。它把分接选择器和切换开关的作用结合在一起，是一种能承载接通或断开电流的装置（即复合开关）。

（3）分接选择器。它是能承载但不能接通或断开电流的一种装置，与切换开关配合使用，以选择分接头的连接位置。

（4）切换开关。它是与分接选择器配合作用，以承载、接通或断开已选电路中的电流的一种装置。

（5）范围开关。它具有通电能力，但不能切断电流。它可将分接绕组的一端或另一端接到主绕组上。

（6）驱动机构。它是驱动分接开关的一种装置。

（7）过渡阻抗。在切换时用以限制在两个分接头间的过渡电流，以限制其循环电流。由于过渡时间短，其电流密度很大（约 $80A/mm^2$）。

（8）主触点。它承载通过电流的触点，是不经过过渡阻抗而与变压器绕组相连接的触点组，但不用于接通或断开任何电流。

（9）主通断触点。它不经过过渡阻抗而与变压器绕组相连接，是能接通或断开电流的触点组。

（10）过渡触点。它是经过串联的过渡阻抗而与变压器绕组相连接的，是能接通或断开电流的触点组。

2. 电力变压器的有载分接开关的运行与操作要求

1）电力变压器有载分接开关的运行

电力变压器有载分接开关的运行维护一般要求为：

（1）运行现场技术资料应齐全。包括：使用说明书、技术图纸、自动控制装置整定书、绝缘油试验记录、检修记录、缺陷记录、分接变换记录及分接变换次数运行记录等。

（2）有载调压装置及其自动控制装置，应经常保持在良好运行状态。故障停用，应立即汇报，同时通知检修单位检修。

（3）有载调压装置的分接变换操作，由运行人员按调度部门确定的电压曲线或调度命令，在电压允许偏差范围内进行。

（4）正常情况下，一般使用远方电气控制。当检修、调试、远方电气控制回路故障和必要时，可使用就地电气控制或手摇操作。当分接开关处在极限位置又必须手摇操作时，必须确认操作方向无误后方可进行。就地操作按钮应有防误操作措施。

2）有载调压器的操作要求

（1）分接变换操作不得连续进行。即必须在一个分接变换完成后方可进行第二次分接变换。操作时应同时观察电压表和电流表的指示，不允许出现回零、突跳、无变化等异常情况，分接位置指示器及动作计数器的指示等都应有相应变动。

（2）每次分接变换操作应做好记录。应将操作时间、分接位置、电压变化情况及累计动作次数记录在有载分接开关分接变换记录簿上，每次投停、试验、维修、缺陷与故障处理，都应做好记录。

（3）分接开关的分接变换次数。分接开关每天分接变换次数可按检修周期分接变换次数、检修周期与运行经验兼顾考虑。一般平均每天分接变换次数可参考在下列范围内：35kV 电压等级为 30 次，60～110kV 电压等级为 20 次，220kV 电压等级为 10 次。

（4）分接开关检修超周期或累计分接变换次数达到所规定的限值时，由主管运行单位通知检修单位，按有关规定进行维修。

（5）运行中分接变换操作频繁的分接开关，宜采用带电滤油或装设"在线"净油器，同时应加强带电或"在线"净油器的运行管理与维护并正确使用。

（6）两台有载调压变压器并联运行时，允许在 85%变压器额定负荷电流及以下的情况下进行分接变换操作。每进行 1 次分接后，都要检查电压和电流的变化情况，防止误操作和过负荷。升压操作，应先操作负荷电流相对较小的一台，再操作另一台，以防止过大的环流。降压操作时与之相反。操作完毕，应检查并联的两台变压器的电流大小与负荷分配情况。

（7）有载调压变压器与无载调压变压器并联运行时，应预先将有载调压器分接位置调整到与无载调压器相应的分接位置，然后切断操作电源再并联运行。

（8）有载调压器可按批准的现场运行规程的规定过载运行。但过载 1.2 倍以上时，禁止分接变换操作。

（9）当变动分接开关操作电源后，在未确定电源相序是否正确前，禁止在极限位置进行电气控制操作。

（10）分接开关的油流控制继电器或气体继电器应有校验合格有效的测试报告。若使用气体继电器替代油流控制继电器，运行中多次分接变换后动作发信，应及时放气。若分接变换不频繁而发信频繁，应做好记录，及时汇报并暂停分接变换，查明原因。若油流控制继电器或气体继电器动作跳闸，必须查明原因。按《电力变压器运行规程》的有关规定办理。在未查明原因消除故障前，不得将变压器及其分接开关投入运行。

（11）当有载调压变压器本体绝缘油的色谱分析数据出现异常（主要为乙炔和氢的含量超标）或分接开关油位异常升高或降低，直至接近变压器储油柜油面时，应暂停分接变换操作，并及时汇报，进行追踪分析，查明原因，消除故障。

（12）运行中分接开关油室内绝缘油的击穿电压应不低于 30kV。当击穿电压低于 30kV 时，应停止自动电压控制器的使用。当击穿电压低于 25kV 时，应停止分接变换操作，并及时处理。

3. 电力变压器的有载分接开关的巡视检查与维修

1）电力变压器的有载分接开关巡视检查
（1）电压指示应在规定电压偏差范围内；
（2）控制器电源指示灯显示正常；
（3）分接位置指示器应指示正确；
（4）分接开关及其附件各部位应无渗漏油；
（5）计数器动作正常，及时记录分接变换次数；
（6）分接开关储油柜的油位、油色、吸湿器及其干燥剂均应正常；
（7）电动机构箱内部应清洁，润滑油位正常，机构箱门关闭严密，防潮防尘，防小动物密封良好；

（8）分接开关加热器应完好，并按要求及时投切。

2）电力变压器的分接开关运行中的维修

（1）运行中的分接开关的维修、调试应按安全工作规程、检修工艺及制造厂使用说明书和本标准所规定的有关内容、项目、标准进行工作与验收。

（2）检修前的检查、测试及其他事项。

① 根据检修目的，检查有关部位，查看有关缺陷情况，测量必要的数据并进行分析。

② 检查各部分密封及渗、漏油情况，并做好记录。

③ 进行手动和电动分接变换操作，检查各部分动作的正确性。

④ 记录分接位置，建议调整至整定工作位置。

（3）分接开关维修周期。

① 有载调压变压器大、小修的同时，相应进行分接开关的大、小修。

② 运行中分接开关油室内绝缘油，每 6 个月至 1 年或分接变换 2000～4000 次，至少采样 1 次。

③ 分接开关新投运 1～2 年或分接变换 5000 次，切换开关或选择开关应吊芯检查一次。

④ 运行中的分接开关，每 1～2 年或分接变换 5000～10000 次或油击穿电压低于 25kV 时，应开盖清洗换油或滤油 1 次。

⑤ 运行中分接开关累计分接变换次数达到所规定的检修周期分接变换次数限额后，应进行大修。如无明确规定，一般每分接变换 1～2 万次，或 3～5 年也应吊芯检查。

⑥ 运行中分接开关，每年结合变压器小修，操作 3 个循环分接变换。

（4）分接开关电动机构的维护。

① 每年清扫 1 次，清扫检查前先切断操作电源，然后清理箱内尘土。

② 检查机构箱密封与防尘情况。

③ 检查电气控制回路各接点接触是否良好。

④ 检查机械传动部位连接是否良好，是否有适量的润滑油。

⑤ 使用 500～1000V 兆欧表测量电气回路绝缘电阻值。

⑥ 刹车电磁铁的刹车皮应保持干燥，不可涂油。

⑦ 检查加热器是否良好。

⑧ 值班员验收：手摇及远方电气控制正反两个方向至少操作各 1 个分接变换。

（5）放尽分接开关油室及其储油柜内的绝缘油，关闭分接开关头部所有阀门，抽去油室内绝缘油，打开顶盖，按说明书的视图要求，拧出螺钉。

（6）小心吊出切换开关本体（建议在整定工作位置进行），并逐项进行如下检查与维修。

① 清洗切换开关油室与芯体：排尽污油，用合格绝缘油冲洗，清除内壁与芯体上的游离碳，再次用合格绝缘油进行冲洗。

② 切换开关的检查与维修包括：

a. 检查各紧固件是否松动；

b. 检查快速机构的主弹簧、复位弹簧、爪卡是否变形或断裂；

c. 检查各触点编织软连接有无断股；

d. 检查切换开关动、静触点的烧损程度；

e. 检查过渡电阻是否断裂，同时测量直流电阻，产品出厂铭牌数据相比，其偏差不大于±10%；

f. 测量每相单、双数与中性引出点间的回路电阻，其阻值应符合要求；

g. 测量切换动、静触点的动作顺序，全部动作顺序应符合产品技术要求。必要时应将切换开关解体检查、清洗、维修与更换零部件，然后测试动作顺序与测量接触电阻，合格后置于起始工作位置。

将切换开关吊回油室，复装注油。

打开分接开关头部所有油阀门，从储油柜补充绝缘油至规定油位。

③ 选择开关的吊芯检查：检查动、静触点间的磨损情况，各部位接头及其紧固件是否松动，拨盘、拨钉、定位钉、绝缘传动轴是否弯曲，测量各分接位置触点间的接触电阻。

分接选择器、转换选择器的检查与维修仅在变压器大修时或必要时进行（检查项目参照选择开关）。

4. 电力变压器的有载调压开关故障处理举例

【例3.2】 电力变压器的开关连动处理

现象：开关调压时，发出一个指令只进行一级分接升或降的变换。而开关连动（调）是发出一个调压指令后，连续转动几个分接位置，甚至达到极限位置。这种故障以 SYXZ 型机构较为多见。

原因与处理：

（1）交流接触器铁芯剩磁的影响，使触点粘住或触点间烧毛，当断电后接触器铁芯不能马上分离，造成调压机构动作。

处理方法：选用质量好的接触器，临时处理时可在动、静触点接触面用砂布打磨和汽油清洗。

（2）限位开关处的上下凸轮片调整不当，绿区红色标志不在窗口中心。因此上下凸轮片的调整必须以绿带红色标志停在窗口中央为准。

处理方法：调时松开凸轮上的紧固螺钉，用于转动凸轮，反复试转几次，以调好为准。

（3）行程开关小轴下面有一个弹簧，弹簧的作用是当凸轮转动后，弹簧绷紧储能；当涨上的滚轮快速掉到凹处，切断操作电源。当弹簧疲劳过度失去弹性后，行程开关不能马上切断电源、造成连动。

处理方法：由于弹簧失去弹性，因此需要更换新弹簧，如有轻微变形可互换调整，使其恢复弹性。

（4）电动机所带的变速箱出口处有一牛皮碗，在电动机短路制动后，由于惯性作用，轴会继续旋转，用它来刹车阻尼。当牛皮碗浸上油渍，摩擦力降低，惯性使行程开关触点接通，也可造成连动。

处理方法：定期用汽油清洗牛皮碗。

【例3.3】 电力变压器的开关拒动处理

现象1：两个方向均拒动。

原因：造成升降两个方向均不能调压的原因是公共线路部分出现故障。常见的原因有：无三相电源，空气开关跳闸或转换开关未合上（SYXZ 型）；或三相电源缺相不能启动电动机；或无操作电源，或电压值不对（如中性点位移）；连锁开关因弹簧片未复位造成闭锁开关触点未能接通。如检查以上四项均正常但不能运转，则认为是控制电路构造问路，一般情况下是零线开路。

处理方法：此时可用两种方法进行验证。一是用另外一条绝缘线代替零线在机构箱上直接接地，进行调压试验，如运转正常，则可判断为零线开路。另一种方法是用改锥等工具直接强迫主回路接触器吸合，如能运转也可说明是零线回路开路。此时应查找端子排接线头至主控室回路是否有熔丝熔断、导线断头、零件拆除等情况，并加以处理。

现象 2：一个方向可以运转、另一方向拒动。

原因：一般情况下由于极限开关动作没有复位，或拒动回路接触烧毁，或方向记忆凸轮开关位移的原因等使拒动回路形不成通路。

处理方法：可以排除主回路及操作回路公共部分故障，应在拒动操作回路上检查，逐一查找消除故障。

有载分接开关故障处理如表 3-6 所示。

表 3-6　有载分接开关故障处理

故障特征	故障原因	处理方法
连动	交流接触器剩磁或油污造成失电延时，顺序开关故障或交流接触器动作配合不当	检查交流接触器失电是否延时返回或卡滞，顺序开关触点动作顺序是否正确。清除交流接触器铁芯油污，必要时予以更换。调整顺序开关顺序或改进电气控制回路，确保逐级控制分接变换
手摇操作正常，而就地电动操作拒动	无操作电源或电动机控制回路故障，如手摇机构中弹簧片未复位，造成闭锁开关触点未接通	检查操作电源和电动机构回路的正确性，消除故障后进行整组连动试验
电动机构动作过程中，空气开关跳闸	凸轮开关组安装移位	用灯光法分别检查 $1 \to n$ 及 $n \to 1$ 的分合程序，调整安装位置
电动机构仅能一个方向分接变换	限位机构未复位	用手拨动限位机构，滑动接触处加少量润滑脂
分接开关无法控制操作方向	电动机电容器回路断线、接触不良或电容器故障	检查电动机电容器回路，处理接触不良、断线或更换电容器
电动机构两个方向分接变换均拒动	无操作电源或缺相，手摇闭锁开关触点未复位	检查三相电源应正常，处于手摇闭锁开关触点接触应良好
远方控制拒动而就地电动操作正常	远方控制回路故障	检查远方控制回路的正确性，消除故障后进行整组联动试验

5. 防止电力变压器的有载分接开关故障扩大的措施

在电力变压器有载分接开关的使用过程中，应充分注意到造成有载分接开关故障扩大的原因，采取措施，防止事故扩大。

故障原因：

（1）有载分接开关因机械故障发生卡挡，过渡电阻烧毁。

（2）开关的动、静触点之间接触不良，引起触点过热或动、静触点间放电。

（3）开关密封不良受潮内部绝缘击穿而引起闪络。

处理措施：以上故障的主要特征是开关油温升高，油中析出气体。处理措施主要包括：

（1）在开关顶部最高处设置气体收集装置，该装置便于随时了解开关运行过程中气体析出的情况，及时作出开关可否继续运行的决定。同时，可在开关油室上方设置油温测量装置，监视油温是否异常，也可加装油温超出范围的报警装置。

（2）对储能机构位于切换开关下方的开关，储能机构上应有足够大的排气通道，确保油室有足够的机械强度与密封强度，能承受较大的压力。

（3）开关投运前应拆去开关爆破盖上方的保护盖。同时注意检查气体继电器外壳上的箭头方向应指向储油柜，还应检查轻、重瓦斯接点回路是否正常，接法是否符合 DL/T574-1995（有载分接开关运行维修导则）中 4.1.3 节的要求。

（4）注意检查储油柜至气体继电器之间的阀门是否打开，以免影响保护继电器的动作。

3.4 电力变压器的运行、维护和检修

3.4.1 电力变压器的试运行及投入运行时的操作

1. 变压器的空载试运行

（1）试运行时，先将分接开关放在中间挡位置上空载试运行，然后再切换到各挡位置，观察其接触是否良好、工作是否正常。

（2）若变压器与发电机作单元连接时，在第一次投入运行时，应从零逐渐升压；不论新装或大修后的变压器，均要以全电压冲击合闸试验 3～5 次，以考验变压器绕组的绝缘性能、机械强度、继电保护、熔断器等装置是否合格，是否会发生误动作。

（3）变压器第一次带电后，运行时间不应少于 10min，以便仔细监听变压器内部有无不正常杂声（可用干燥细木棒或绝缘杆一端触在变压器外壳上，一端放耳边细听变压器送电后的声响是否轻微和均匀）。若有断续的爆炸或突发的剧烈声响，应立即切断变压器电源，停止试运行。

（4）对于强风或强油循环冷却的变压器，要检测空载下的温升。具体做法是：在不开启冷却装置的情况下，使变压器空载运行 12～24h，记录环境温度与变压器上部油温；当油温升至 75℃时，启动 1～2 组冷却器进行散热，继续测量并记录油温，直到油温稳定为止。

2. 变压器的负载试运行

变压器空载运行 24h 无异常后，可转入负载试运行。

（1）负载的加入要逐步增加，一般从 25%负载开始投运，接着增加到 50%、75%，最后满负载试运行，这时各密封面及焊缝不应有渗漏油现象。

（2）在带负载试运行中，随着变压器温度的升高，应陆续启动一定数量的冷却器。

（3）带负载试运行的时间，当达到满负载时起，运行 2h 即可。

（4）在带负载试运行中，尤其是满负载试运行中，检查变压器本体及各组、附件均正常时，即可结束带负载试运行工作。

（5）新带负载的变压器，应增加检查次数，同时注意观察油面温升，超过规定时应发出警告信号。

3. 变压器投入运行时的操作步骤

（1）强油循环冷却的变压器在投运前应先启用冷却装置，对强油循环水冷变压器，应先投入油系统，再启用水系统。水冷却器冬季停用后应将水全部放尽。

（2）如有断路器时，必须使用断路器进行投运；如无断路器时，在规定容量范围内可用隔离开关进行投运。

（3）变压器的充电，应当由装有保护装置的电源侧进行。

（4）在 110kV 及以上中性点直接接地的系统中，投运变压器时，必须事先将中性点接地。

（5）上述条件满足后，开始做投入操作，首先合上保护压板及操作电源开关。然后合一、二次隔离开关，先合一次断路器，检查变压器一切正常后，再合二次断路器。

（6）合闸后，仔细观察变压器运行情况，检查各仪表指示是否正常。所有开关位置指示牌及指示灯都应正常。

（7）及时收集气体继电器的气体，因为变压器初投运 24h 内，气体继电器动作是正常的，对收集的气体化验，是否可燃。要求挡板式气体继电器的重瓦斯触点应用于断路器分闸，无故障冲击电流时，不应动作。

（8）并列运行变压器在并列后，要注意各变压器负载分配情况，如果两台变压器负载分配的不平衡度超过 20% 时，应解列运行。

3.4.2　电力变压器运行前的检查

在变压器投运之前，值班人员应仔细检查并确认变压器处于完好状态，当具备投运条件时，才允许投入运行。

（1）变压器检查。

① 检查储油柜油位计、充油套管的油位计中油位、油色应正常，并无渗漏油现象；

② 检查套管外部应清洁，无裂纹和破损，无放电痕迹及其他异常现象；

③ 温度计指示应正常，温度计毛细管无硬弯和压扁、裂开等现象；

④ 呼吸器应完好，油封呼吸器不应缺油，呼吸应畅通，硅胶应干燥；

⑤ 储油柜、散热器与箱体的联结阀门应处于开启位置；

⑥ 安全气道及其保护膜应完好无损；

⑦ 气体继电器内应无残余气体，其与储油柜之间联结的阀门应打开；

⑧ 箱壳接地良好；

⑨ 带有风冷设备的 10MW 变压器，其风机完好率应在 90% 以上；

⑩ 一、二次绕组引线头螺钉应牢固可靠。

（2）检查一、二次断路器、隔离开关应清洁完好，瓷绝缘子应无损伤。要求断路器指示正常，所有动触点及连接点无烧伤痕迹。

（3）拆除变压器一、二次断路器及隔离开关上的临时接地线、隔板、护栏和工作标示牌。

（4）了解变压器各项试验数据，其各试验项目应合格。

（5）注油变压器，在试投运前应静置一段时间。20MW 及以上变压器，注油后应静置 16h，最低也不少于 12h；5600kW 及以上变压器要静置 8h；1000kW 以下变压器要静置 4h，最少也不能少于 2h。

（6）检查相序应正确、通风设备完好，各阀门位置正确。

（7）试操作时断路器保护装置及操作回路均应准确无误，才能试运行。

在进行上述检查并符合要求后，变压器才能投入试运行。

3.4.3　电力变压器允许运行方式

变压器通常有：额定运行方式、变压器过负载运行方式。变压器过负载运行方式分为：变压器正常过负载运行和事故过负荷运行。

实践证明，良好的保养可以使变压器寿命延长。因此制定维护保养程序的经济意义就是延长变压器寿命。

1. 有值班人员的变电所（站）

（1）值班人员随时监视控制盘上的仪表指示，并且每 1h 抄表一次，如果控制盘不在控制室，可酌情减少抄表次数，但每班至少两次。当变压器过载运行时，要增加抄表次数，加强监视。

（2）变压器容量为 315kW 及以下者，每天检查一次；容量在 560kW 及以上者，每班检查一次；容量在 1800kW 及以上者，每 2h 检查一次。

2. 无值班人员的变电所（站）

（1）安装在变压器室的 315kW 及以下的变压器和柱上变压器，每两个月至少检查一次。

（2）3150kW 以下变压器，每月至少检查一次，容量在 3150kW 及以上的变压器，每 10 天至少检查一次。

（3）大修后的变压器在投运后的前三天时，应每 1h 要检查一次。

（4）在大风、大雨可能危及安全运行的环境下，随时注意监视。发现异常情况及时向上级报告。

（5）日常巡视检查内容。

① 温度检查。油浸式电力变压器运行中的允许温升应按上层油温来检查。用温度计测量，上层油温升的最高允许值为 55K，为了防止变压器油劣化变质，上层油温升不宜长时间超过 45K。对于采用强迫循环水冷和风冷的变压器，正常运行时，上层油温升不宜超过 35K。

巡视时应注意温度计是否完好；由温度计查看变压器上层油温是否正常或是否接近或超过最高允许限额；当玻璃温度计与压力式温度计相互间有显著异常时，应查明是否仪表不准或油温确有异常。

温度计指示与变压器箱体温度应接近，油温应正常（用手摸能停 10s，约为 55℃以下；手摸能停 3s，约为 70℃）。

② 油位检查。变压器储油柜上的油位是否正常，是否假油位，有无渗油现象；充油的高压套管油位、油色是否正常，套管有无漏油现象。油位指示不正常时必须查明原因。必须注意油位表出入口处有无沉淀物堆积而阻碍油的通路。

③ 注意变压器的声响。变压器的电磁声与以往比较有无异常。异常噪声发生的原因通常有下列几种：

a. 因电源频率波动大，造成外壳及散热器扳动。

b. 铁芯夹紧不良，紧固部分发生松动。

c. 因铁芯或铁芯夹紧螺杆、紧固螺栓等结构上的缺陷，发生铁芯短路。

d. 绕组或引线对铁芯或外壳有放电现象。

e. 由于接地不良或某些金属部分未接地，产生静电放电。

④ 检查漏油。漏油会使变压器油面降低，还会使外壳散热器等产生油污。应特别注意检查各阀门各部分的垫圈。

⑤ 检查引出导电排的螺栓接头有无过热现象。可查看示温蜡片及变色漆的变化情况。

⑥ 检查绝缘件。出线套管、引出导电排的支持绝缘子等表面是否清洁，有无裂纹、破损及闪络放电痕迹。

⑦ 检查阀门。各种阀门是否正常，通向气体继电器的阀门和散热器的阀门是否处于打开状态。

⑧ 检查防爆管。防爆管有无破裂、损伤及喷油痕迹，防爆膜是否完好。

⑨ 检查冷却系统。冷却系统运转是否正常，如风冷油浸式电力变压器，风扇有无个别停转，风扇电动机有无过热现象，振动是否增大；强迫油循环水冷却的变压器，油泵运转是否正常，油压和油流是否正常，冷却水压力是否低于油压力，冷却水进口温度是否过高，冷油器有无渗油或渗漏水的现象。阀门位置是否正确。对室内安装的变压器，要查看周围通风是否良好，是否要开动排风扇等。

⑩ 检查吸湿器。吸湿器的吸附剂是否达到饱和状态。

⑪ 检查外壳接地。外壳接地线应完好。

⑫ 检查周围场地和设施。室外变压器重点检查基础是否良好，有无基础下沉，检查电杆是否牢固，木杆、杆根有无腐朽现象。室内变压器重点检查门窗是否完好，检查百叶窗铁丝纱是否完整。照明是否合适和完好，消防用具是否齐全。

（6）运行人员与维修人员定期外部检查项目。

① 变压器外壳温度应正常，外壳接地线应完好。

② 检查各油门的铅封应完好。

③ 标志和相色应清楚明显。

④ 消防设施应齐全、完好。

⑤ 变压器通风设备应完好。

⑥ 强油循环变压器应作冷却装置自动切换试验，保证动作正确。

⑦ 击穿保险器应完好。

⑧ 有载分接开关动作应正常。

⑨ 净油器、吸湿器工作正常；油封吸湿器的油位正常、干燥剂有效。

⑩ 储油柜油位计指示正常，集泥器清理干净。

（7）特殊巡视检查内容。

变压器的特殊检查，除正常巡视检查内容外，还应重点检查以下各项：

① 过负载的巡视。应监视负载电流、变压器上层油面温度、油位的变化；检查示温蜡片有无熔化现象；导电排螺栓连接处接触是否良好；冷却系统工作是否正常，应保证变压器有较好的冷却状况，使其温度不超过额定值。

② 大风天气的巡视。重点检查变压器的引线摆动情况以及周围环境，相间距离是否合乎规定，有无搭挂杂物，以免造成外力破坏事故。

③ 雷雨天气的巡视。重点检查变压器的瓷绝缘，有无闪络放电现象。检查避雷器是否完好无损，动作指示器是否工作正常。若出现高压、低压阀式避雷器放电破裂或短路接地时，应及时停电并仔细检查避雷器及其引接线。

④ 大雾天气的巡视。高、低压侧各瓷套管有无放电闪络现象，尤其是高压侧各相瓷套管有无拉弧与裂纹。

⑤ 大雪天气的巡视。检查变压器积雪熔化情况以及引线和接头等部位，对有可能危及安全运行的结冰要及时处理。

⑥ 冰雹、冰冻及气候急剧变化的巡视。检查瓷套管有无因被砸而出现破损或裂纹；防爆膜、吸湿器和油位表等部件的玻璃壳是否完好；各侧母线上的电瓷元件是否完好无损，有否松动。

⑦ 地震时的巡视。变压器及各部件构架基础是否出现沉陷、断裂、变形等情况；有无威胁安全运行的其他不良因素。

（8）气体继电器的运行检查。

① 变压器运行时，挡板式气体继电器保护应投入，重瓦斯触点始终在断路器跳闸回路，轻瓦斯触点在信号回路。备用变压器的继电器保护应投入信号，以便监视油面。

② 变压器在运行中进行滤油、加油及换硅胶时，应先将重瓦斯改接信号，其他保护仍应接入跳闸位置。轻瓦斯在 24h 内动作发出信号是正常现象。添油、滤油和排气完毕后，重瓦斯仍要改接回跳闸位置。

③ 当气体继电器的油位计指示的油面异常时，或油路系统有异常现象时，为查明原因，先将重瓦斯改接信号，检查吸湿器是否堵塞，更换失效的硅胶。如果不能排除，可报告检修人员或停电试验查明原因。

3.4.4　电力变压器运行常见故障及解决方法

电力变压器在运行中如果一旦发生异常情况，将会影响系统的运行方式及对用户的正常供电，甚至造成大面积停电。电力变压器的常见故障、原因和处理方法如表 3-7 所示。

表 3-7　电力变压器的常见故障、原因和处理方法

异常运行情况	可能故障原因	处理方法
变压器油温升高	由于涡流，使铁芯长期过热，引起硅钢片间的绝缘破坏，铁损增大，造成温升过高	需停电吊芯检查
	穿芯螺栓绝缘破坏，造成穿芯螺栓与硅钢片短接，有很大的电流流过穿芯螺栓使变压器发热，温升过高	
	绕组层间或匝间有短路点，造成温升过高，气体继电器动作	

异常运行情况	可能故障原因	处 理 方 法
	分接开关接触不良，使得接触电阻过大，甚至造成局部放电或过热，导致变压器温升过高	需停电吊芯，检修分接开关
	超负载运行	需减轻负载
	三相负载严重不平衡，使低压中线内的电流超过额定相电流的 25%，使温升过高	需调整三相负载
	温度测量系统失控误动作	需检修
	变压器冷却条件破坏，如风扇或其他冷却系统发生故障，变压器室通风道阻塞，使环境温度升高等	需检修冷却设备
变压器运行声音异常（大幅度的负载变动，如有大设备启动、电弧炉炼钢、晶闸管整流器等负荷时，由于高次谐波分量很大，也会有异常声响，这属正常现象，无须处理）	外接电源电压过高	需要想法降低电源，将分接开关接到相应电压的位置上
	过负载运行，会使变压器发生很高而且很重的"嗡嗡"声	适当降低负载
	当系统短路或接地时，变压器承受很大的短路电流，因此变压器会发出很大的噪声	对短路点停电检修
	变压器内部接触不良，或绝缘击穿，发出放电的"啪啪"声	需停电吊芯检查
	系统发生铁磁谐振，变压器发出噪声	调换变压器或调整负载性质
油位不正常，油质变坏	漏油	查出漏油部位，然后作相应的修复处理
	油中有气体溶解	取样做化验检查，如有问题，应做净化处理
防爆薄膜破裂	变压器内部发生严重故障，油及绝缘物分解产生大量气体，容器内部压力加大，压破防爆管上的薄膜，严重时油喷出	停电吊芯检查，并更换合适的薄膜
气体继电器动作	变压器换油、加油随滤油机打入变压器空气	及时放气，经运行 24h 无问题后，方可将气体继电器接入跳闸位置
	系统密封不好，气体随油泵打入变压器内	检修冷却系统
	保护装置的二次线路发生短路	检修二次线路
	变压器内部发生故障，局部产生电弧或严重发热，使油分解产生气体，引起气体继电器动作	吊芯检修
三相电压不平衡	三相负载不平衡，引起中性点位移，使三相电压不平衡	调整负载使三相电压平衡
	系统发生铁磁谐振，使三相电压不平衡	调整负载性质
	绕组局部发生匝间或层间短路，造成三相电压不平衡	检修变压器绕组
分接开关故障	分接开关触点弹簧压力不足，触点滚轮压力不匀，使有效接触面积减小以及镀银层的机械强度不够而严重磨损等会引起分接开关烧毁	吊芯检修分接开关

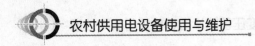

续表

异常运行情况	可能故障原因	处 理 方 法
	分接开关接触不良，经受不起短路电流而发生故障	吊芯检修分接开关
	倒分接开关时，由于分头位置切换错误，烧毁分接开关	
	相间绝缘距离不够或绝缘材料性能下降，在过电压时短路	
绝缘瓷套管闪络和爆炸	套管内的电容芯制造不良，内部游离放电	更换新套管
	套管积尘过多，有裂纹或机械损伤	
	套管密封不严，漏水，使绝缘降低	检修后重新密封
运行时熔丝烧断	高压侧一相熔丝烧断：主要原因是外力、损伤造成；中性点不接地系统的高压侧发生一相弧光接地或系统中铁磁谐振过电压时也可能造成高压侧一相熔丝烧断	停电检查，若没有异常则更换熔丝，在变压器空载情况下送电，经监视变压器运行正常，可带负荷
	高压侧两相熔丝烧断：变压器内部或外部短路	停电检查高压引线及瓷绝缘有无闪络现象，注意观察变压器有无过热、变形、喷油等异常现象通过摇测绝缘电阻、取油化验、测量绕组直流电阻等来确定故障性质，通过检查、鉴定、修复和处理故障后，方可更换熔丝然后送电
	低压侧熔丝烧断：主要是低压母线、断路器、熔断器等设备发生短路故障	中点检查负荷侧的设备，发现故障并进行相应处理后，方可更换熔丝然后送电

3.4.5 电力变压器的检修

1. 变压器铁芯的检修

1）变压器铁芯的技术要求

（1）铁芯的绝缘有两种，即铁芯片间的绝缘以及铁芯片与夹件结构间的绝缘。硅钢片间绝缘的作用是减少片间的涡流损耗和组间电压的过高。

（2）铁芯必须接地。铁芯及其金属结构件在线圈电场的作用下，具有不同的感应电位，若不接地会产生间歇性静电放电，破坏绝缘结构并使油分解。因此，铁芯及其金属结构件必须接地。

铁芯必须是一点接地，铁芯中存在多点接地时，会产生环流，使铁芯局部过热而烧坏，对变压器安全运行不利。

2）变压器铁芯常用的检修方法

变压器铁芯常用的检修方法如表3-8所示。

表 3-8　常见铁芯接地故障类型、原因及处理方法

序号	故障类别	故障原因	处理方法
1	穿心螺杆与铁芯接触	绝缘垫位移，造成穿心螺杆碰铁芯	更换合适的绝缘垫圈，并紧固可靠
2	穿心螺杆绝缘套损伤、破裂	由于螺母松动或配合间隙不合理，在吊器身或运输时遭受机械损伤	抽出穿心螺杆后更换新绝缘
3	铁芯对地绝缘受潮（如夹件绝缘、穿心螺杆的绝缘套、方铁绝缘等）	变压器油受潮，进入水分，或油，化学分解产生为水，使绝缘材料受潮	（1）器身干燥处理 （2滤油或换油
4	铁芯底部或箱底之间发生低电阻不稳定接触	因铁芯底部垫脚绝缘受损或积存油污和水分、杂质过多	（1）油箱底部要清理干净 （2）必要时更换垫脚绝缘
5	铁夹件与油箱壁相碰造成多点接地	铁芯定位装置松动或铁夹件长度过长，及器身于遭受振动时发生位移	校正器身位置，夹件与油箱壁距离应大于10mm
6	穿心螺杆与钢座套相碰，造成铁芯多点接地	吊器身时，穿心螺杆发生位移，挤破穿心螺杆绝缘套	（1）更换挤破的绝缘套 （2）处理穿心螺杆位移部位
7	铁芯表面积落导电异物，造成硅钢片短路	脱落的螺母、电焊渣等积落在铁芯表面，造成硅钢片短路	（1）清理导电异物 （2）清理铁芯片并涂漆
8	硅钢片与铁夹件或钢座套相碰	铁芯表面的硅钢片局部变形呈波浪状突起在夹件油道与铁夹件或钢座套相碰	（1）将凸起的硅钢片打平 （2）在夹件相碰处垫入绝缘板
9	铁夹件支板与铁芯相碰	铁夹件与铁芯距离不当，经运输振动使铁芯或铁夹件发生位移，造成铁夹件支板与铁芯相碰故障	在相碰处垫入2~3层2mm厚的绝缘板，并固定好

2. 变压器绕组的检修

1）变压器绕组的技术要求

绕组在电力变压器中是最重要和复杂的导电部件，它基本上决定了变压器的容量、电压、电流和使用条件。各种结构形式的绕组都必须满足如下要求。

（1）绝缘强度要求。

由于变压器在运行中要受到大气过电压和操作过电压的冲击，还要受到运行电压的长时期作用，电气强度至关重要，应该绝对保证在变压器运行中不发生任何部位的绝缘击穿（闪络放电）。这就要求绕组的设计和制造在主绝缘和从绝缘上都必须留有足够的裕度。

（2）动稳定要求。

变压器在运行中，负载时刻都在变化着，当发生短路故障时，绕组承受强大的短路电流的冲击。在磁场与电流的作用下，因此，绕组必须具有足够的机械强度，必须能够承受住强大的冲击力而结构不发生损坏。

（3）散热能力要求。

在绝缘结构中，分布了很多油道，这些油道既起到绝缘的作用，还必须满足绕组的散热要求。作为绕组的冷却油道，应尽量减小油流的阻力，避免有"死油区"。短路时不考虑散热，通常采用的绕组内部油道及油流方向如图 3-20 所示。

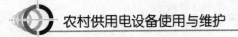

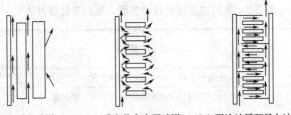

(a) 垂直油道　　(b) 垂直兼有水平油道　　(c) 强迫油循环导向油道

图 3-20　绕组内部油道及油流方向

2）变压器绕组的常用检修方法

（1）修理过程中的检测和记录。

如属绕组局部故障与修理，首先正确判断故障类别、故障部位及故障损伤程度，再采取相应的修理方法，如属更换绕组大修，则对绕组各项数据和绝缘距离与尺寸，进行测量和记录；在上述基础上做好绕组电磁核算技术工作，绘制绕组施工图、编制绕制、浸烘工艺。

（2）修理步骤。

① 排油重新吊开钟罩；

② 检查绕组损坏情况；

③ 处理外绕组时，将绕组的完好部分在松开压钉的情况下吊起，彻底清除金属屑等杂物，而后采用大回旋的盘绕方法，按图纸要求绕补线段并焊接好连接线；

④ 处理内（中）绕组时，需拆开铁扼，拔下各绕组和端绝缘，对故障绕组进行整体的或是局部的更换。其后则是套装各绕组及端、主绝缘，插铁扼片、紧固铁扼及接头焊接，并进行电气测试，扣回钟罩，准备并实施绝缘干燥和绝缘处理。

（3）修理注意事项。

① 按施工图要求及绕制工艺进行绕组缠绕、整形工作；

② 根据"10kV 级变压器绕组可以浸漆，35kV 级变压器可以考虑浸漆，110kV 级及以上变压器不予浸漆"的原则，按规定的浸烘工艺要求进行绕组预烘、浸漆、烘干及套包工作。

（4）修理后的检查和试验。

① 检查项目及内容。

a. 按变压器大、中、小修质量标准要求，检验绕组各部几何尺寸及外观；

b. 对更换绕组的要检查核对绕组匝数、缠绕层数、绕组导线规格是否符合图纸规定或同旧绕组一样；

c. 检查绕组绝缘不得有破裂及短路，不应有烘烤焦糊的痕迹；

d. 检查油道不应有堵塞处；

e. 检查焊接质量及接线有无错误。

② 有关试验。

绕组及变压器整体绝缘电阻测定；三相绕组直流电阻的测定。

3. 变压器引线的检修

1）变压器引线的技术要求

在变压器运行中引线承载变压器的相电流或线电流，在选定引线截面形状时除考虑在额定工作状态下的电流密度外，还必须考虑由引线本身表面形状对电场的影响，在突然短路时瞬时的短路电流对引线间的影响，引线的机械强度及由引线电流引起的磁场对周围零件相引线本身的影响等。

按标准要求，铜引线承载瞬时短路电流时，温度不得超过 250℃（铝引线不得超过 200℃）。引线的绝缘包括引线对引线，引线对线圈，引线对油箱壁及其他接地零件之间的绝缘。对大型变压器来说，引线的机械强度是一个必须充分考虑的重要问题，高压引线因绝缘包扎很厚，本身重量较大，在引线支架上必须考虑短路力的大小和方向。对大电流引线，不仅要考虑电的绝缘距离，还要注意磁场的影响，有时在其附近要装设磁屏蔽。

2）变压器引线常用检修方法

（1）选择引线时要考虑以下原则。

① 由于短路时持续的时间极短，通常不考虑它的散热。对于裸铜导线，取电流密度≤4.8A/mm²；对于裸铝导线，取电流密度≤4.5A/mm²；纸包引线应以长期负载温升为选取截面的主要条件。

② 考虑引线机械强度和电场集中情况，如 35kV 级的引线，最小直径不可小于 4.1mm。

③ 引线绝缘太厚不利于散热，一般按电压等级和绝缘距离选择厚度。

（2）引线绝缘距离和厚度选择。

引线绝缘距离取决于连线的绕组电压等级和绝缘材质以及试验电压等。

思考题与习题

1. 试说明电力变压器的分类和结构。

2. 已知一台三相双绕组变压器，额定容量 S_N=100kW，原、副绕组额定电压 U_{1N}/U_{2N}=6kV/0.4kV，于是，原、副绕组的额定电流是多少？

3. 我国变压器的标准接线组别有哪几种？

4. 试说明电力变压器分列运行是农村变电所典型的运行方式。

5. 电力变压器的安装方法是什么？

6. 简述电力变压器有载调压分接开关的结构和工作原理。

7. 电力变压器有载调压器的操作要求是什么？

8. 电力变压器的有载分接开关运行中的维修方法是什么？

9. 防止电力变压器的有载分接开关故障扩大的措施是什么？

10. 农村电力变压器投入运行时的操作方法是什么？

11. 农村电力变压器运行常见故障及处理方法是什么？

第4章

高压断路器的运行、维护与故障处理

在各种电压等级的变电所中,高压断路器是最为重要的电气设备之一。由于在结构上高压断路器本身具有强力消弧装置,因此不但可以带负荷切断或接通各种电气设备和输、配电线路的电源,而且可以快速、可靠地切断各种短路故障。所以断路器广泛地应用于各电厂、变电所和输、配电线路中。国产高压断路器按灭弧方式,可分为多油断路器、少油断路器、空气断路器、SF₆断路器和真空断路器等。我国目前广泛采用的是真空断路器和 SF₆ 断路器,少油断路器作为过渡产品,使用虽然逐渐减少,但在电厂、变电所等仍有很大的使用量。

4.1 少油断路器的结构

少油断路器主要有户外(SW)式和户内(SN)式两大类。在少油断路器中,油主要用来灭弧,而载流部分的绝缘是利用空气、瓷或有机绝缘材料。

1. SW₆ 系列少油断路器的结构

SW₆ 系列高压少油断路器采用多断口积木式结构,基本单元是一个 Y 形。110~145kV 一极为单柱双断口,呈单 Y 形布置;三极由一台液压机构操作,220~245kV 一极为二柱四断口,呈双 Y 形布置;330kV 一极为三柱六断口,呈三 Y 形布置,每极由一台液压机构,由电气实现三极联动。

SW₆ 系列采用机械传动的方式。液压机构工作缸活塞的运动方向同断路器底架下的极间(或柱间)的水平连杆的运动方向一致,这样的传动布置称为水平布置,其特点是传动元件少,但在水平连杆方向的长度尺寸大。液压机构工作缸活塞的运动方向同断路器底架下的相间的水平连杆的运动方向垂直,这样的传动布置称为垂直布置,其特点是传动元件多、在水平连杆方向的长度小,更适用于户内布置使用。图 4-1 为 SW₆-220 型少油断路器外形图(单相)。

(1)断路器的导电系统。

灭弧室单元及中间机构箱如图 4-2 所示,电流从一侧铝帽上的接线端引入,经静触点、导电杆中间触点,传至下法兰,再由中间导电板传至另一铝帽接线端引出。静触点结构见图 4-2 注 20,导电杆结构如图 4-3 所示,中间触点结构见图 4-2 注 25。静触点采用插入式指形触点,还有铜铝合金保护环。动触点端部也由铜钨合金制成,使静触点接触面不被分合闸的电弧烧伤。

(2)断路器的灭弧装置。

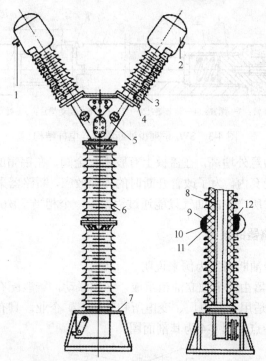

1—引线端头；2—铝帽；3—均压电容；4—灭弧装置；5—中间机构箱；6—支持瓷套；

7—底架；8—提升杆；9—弹簧；10—密封衬垫；11—铁法兰；12—防雨橡皮

图 4-1　SW$_6$-220 型少油断路器外形图（单相）

　　SW$_6$系列少油断路器采用多油囊式纵吹灭弧室，如图 4-2 所示。装置的主体是一个高强度的玻璃钢绝缘筒，绝缘筒内有很多隔弧板、衬环组成多油囊纵吹式灭弧室。开断短路电流时，由于电弧分解变压器油，在灭弧室内形成高压力，通过纵吹口形成强烈吹弧而使电弧熄灭。隔弧板上有很多空气垫，用以调节断开大、小电流的压力，改善熄弧性能。在静触点座里装有压油活塞，它在分闸过程中向灭弧室内喷油，有助于开断小电流及重合、分，特别对于开断空载或不重燃起重要作用，同时也对静触点起保护作用。

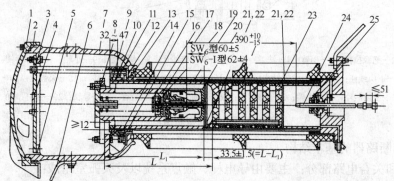

1—铝盖；2、13、17—密封圈；3—排气管；4—安全阀片；5—小孔；6—接线板；7—铝帽；8—导向件；

9—铜压圈；10—铝法兰；11—铁法兰；12—铝压圈；14—M12 螺母；15—逆止阀；16—压油活塞弹簧；

18—压油活塞；19—上衬筒；20—静触点；21、22—调节垫；23—灭弧室；24—动触点；25—中间触点

图 4-2　灭弧室单元及中间机构箱

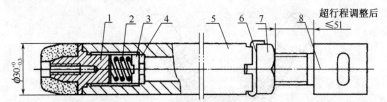

1—触点；2—弹簧；3—螺塞；4—调节垫；5—导电杆；6—制动垫片；7—螺母；8—调节杆

图 4-3 SW$_6$ 系列少油断路器导电杆结构

为了防止铝帽内压力意外增高，在盖板上有胶木安全阀，在铝帽的下部还有一逆止阀，保证开断时高压力不传到瓷套内。为了改善开断时的外观效应，断路器采用封闭式二级膨胀的油气分离结构，正常开断时所产生的油气只能通过铝帽上一个相当于 ϕ6mm 孔的缝隙逸出。

2. SN 系列少油断路器的结构

下面以 SN$_{10}$-10 型少油断路器为例来说明。

SN$_{10}$-10 型少油断路器由三个独立油箱组成，三相联动，一般配有 CD$_{10}$ 电磁式或 CT-7、CT-8 弹簧式操作机构，适用于发电厂、变电所和其他工矿企业。具有体积小，开断电流大，动作次数多，寿命长等特点。图 4-4 为其剖面图。

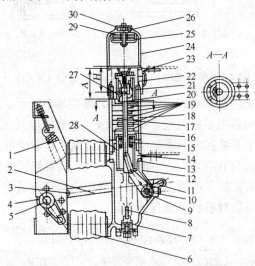

1—分闸弹簧；2—绝缘拉杆；3—拐臂；4—法兰；5—主轴；6—绝缘子；7—缓冲器；8—小轴；9—弹性销；10—弹性销；11—主拐臂；12、13—油封；14—下出线座；15—中间滚动触点；16—压环；17—导电杆；18—玻璃网筒；19—灭弧室；20—铁片；21—法兰；22—油柱；23—上出线座；24—上帽；25—分离器；26—加油孔；27—静触点；28—导轨；29—螺杆；30—定向喷气孔

图 4-4 SN$_{10}$-10 型断路器结构图

（1）少油断路器的基本结构。

① 开断和关合电路部分：主要由导电杆、触点系统以及灭弧室组成；

② 操动和传动部分：主要由能源操动机构、传动机构组成；

③ 绝缘部分：主要由绝缘套、绝缘拉杆等组成，用于导电杆和触点系统等对地绝缘。

（2）少油断路器的工作原理。

① 该断路器的灭弧室采用了三聚氢胺玻璃丝压成的耐弧材料，具有很高耐弧强度的隔弧

板做成的灭弧室。采用纵横气吹和机械油吹联合作用灭弧。分闸时，触点间产生电弧，高温电弧使油分解出气体。此时，逆止阀钢球在气体压力作用下，迅速上升堵住中心孔，灭弧压力迅速提高，随着动触杆向下运动，依次打开三个横向吹弧通道，压力气体进行横吹，触点继续向下，油与气体混吹物又以纵吹方式强烈地吹弧，使电弧熄灭。

② 断路器的动触点和静触点中对着横吹口的四片静触指均镶有铜钨陶制合金，具有很高的耐弧能力，可提高断路器开断能力，且可增加动作次数，延缓检修周期，增加使用寿命。

③ 在底罩上边装有滚动架，架上装有滚动中间触点，使合分闸时中间触点在轨道上滚动，减小摩擦。

④ 分闸时采用了逆流原理，静触点在上，动触点在下，并向下运动，使得灭弧时有利于冷却电弧根部，并使油蒸汽与导电部分分离出的铜末迅速向上排出弧道。此外向下运动中会把新鲜油向上挤进灭弧室对熄灭小电弧有利。

4.2　真空断路器的结构

真空断路器用真空作为灭弧介质和绝缘介质。目前，在世界范围内真空断路器的研制和应用都达到了相当高的水平，成为中压领域中竞争能力最强的断路器之一。目前，我国已生产 10～35kV 电压等级的真空断路器。

1. 真空断路器的特点

真空断路器受到广大用户青睐，因为它有如下特点：

（1）真空介质的绝缘强度高，触点间距离可被大大缩短，所以分合时触点行程很小，对操动机构的操动功率要求较小。

（2）灭弧过程是在密封的真空容器中完成的，电弧和炽热的金属蒸气不会向外界喷溅，因此不会污染周围环境。

（3）介质不会老化，介质不需要更换。

（4）电弧开断后，介质强度恢复迅速。

（5）电弧能量小，使用寿命长，且适合于频繁操作。

（6）开断可靠性高，无火灾和爆炸的危险，能适用于各种不同的场合，可以频繁操作。

（7）结构简单、操作简便、维护工作量小，维护成本低，仅为少油断路器的 1/20 左右。

2. 真空灭弧原理

采用图 4-5 所示的真空灭弧室为例说明电弧熄灭的情况。

所有的灭弧部件都密封在一个绝缘的玻璃外壳内，动触点与静触点都以金属波纹管密封，在触点外部四周装有金属屏蔽罩，屏蔽罩的作用是为了防止电弧生成物（金属蒸气、金属液滴等）玷污玻璃外壳，并通过热传导向外散热以利灭弧。

当触点分离时，电弧在触点间燃烧，电流过零前，金属蒸气向四周快速运动，被金属屏蔽罩凝聚，触点间电流过零时恢复真空，形成高介质强度、电弧熄灭。触点的中部是一个圆环状的接触面，接触面周围开有螺旋槽。当开断电流时，电流在电流磁场作用下径向向外缘快速移动，因受螺旋线限制，电流路径是螺旋形的，在电磁力作用下，电弧在外缘不断旋转，避免了电弧固定某处烧损触点，同时提高了真空断路器的开断能力。如直径 46mm 的铜—铋—铈触点，10kV 电压级采用螺旋槽后开断电流提高一倍左右。

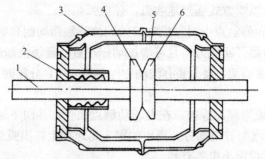

1—动触杆；2—波纹管；3—外壳；4—动触点；5—屏蔽罩；6—静触点

图 4-5 真空灭弧室原理结构图

3. ZN-10 型真空断路器的结构

图 4-6 是 ZN-10/600 型真空断路器的外形图。其主要有三个真空灭弧室、CD-25 直流电磁操作机构、相间隔板和底架构成。

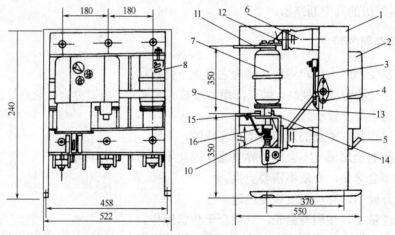

1—底架；2—机构；3—机构与开关联动部分；4—缓冲器；5—调整用合闸杆；6—绝缘瓷瓶；7—真空灭弧室；8—分闸用弹簧；9—隔板；10—螺杆；11—上导电板；12—上支架；13—托盘；14—导向套；15—下导电板；16—导电夹（及导电带）

图 4-6 ZN-10/600 型真空断路器

4.3 六氟化硫（SF₆）高压断路器的结构

六氟化硫 SF₆ 断路器利用 SF₆ 气体来吹灭电弧。

1. SF₆ 气体特性

SF₆ 气体是一种无色、无味、无毒、不可燃的惰性气体，其化学性能稳定，具有良好的灭弧和绝缘性能。

　　纯净的 SF_6 气体是稳定和无毒的介质，但是在制造过程中可能产生的其他氟化物杂质却是剧毒物，因此对使用的 SF_6 气体纯度及各种杂质含量应严格控制。国际电工协会（IEC）推荐用于断路器的 SF_6 气体的纯度标准，如表 4-1 所示。

表 4-1　SF_6 气体的纯度标准

杂　　质	允许含量（质量比）
SF_4	0.05%
空气（N_2+O_2）	0.05%
水分	15ppm
游离酸	0.3ppm
可水溶的氟化物	1.0ppm

　　（1）SF_6 气体的绝缘性能。

　　SF_6 气体的绝缘性能稳定，不会老化变质。当气压增大时，绝缘能力随之提高。如当 SF_6 在 0.3MPa 时，其绝缘强度达到变压器油，而空气要达到变压器油的绝缘强度，则要达到 $0.6 \sim 0.7$MPa，所以只要提高 SF_6 气体的使用压力就可以缩小绝缘尺寸和断路器的体积。

　　（2）SF_6 气体的灭弧性能。

　　SF_6 气体具有很强的灭弧能力，在静止 SF_6 气体中的灭弧能力达到空气的 100 倍以上。利用 SF_6 气体吹弧时，气体压力和吹弧速度都不需要很大，就能在高电压下开断很大的电流。SF_6 气体灭弧性能好的主要原因在于：

　　① SF_6 气体分子在分解时吸收的能量多，对弧柱的冷却作用强；

　　② SF_6 气体分子的负电性强。所谓负电性，就是 SF_6 气体分子吸附自由电子而形成负离子的特性；

　　③ SF_6 气体在高温时分解出的硫、氟原子和正负离子，与其他灭弧介质相比，在同样的弧温时有较大的游离度。

　　2. SF_6 断路器的特点

　　（1）由于 SF_6 电气性能好，断口电压可较高。在相同电压等级、开断电流和其他相近条件下，SF_6 断路器串联断口较少。

　　（2）设备的操作，维护和检修都很方便，检修周期长。

　　（3）开断性能好。开断电流大，燃弧时间短，无论开断大电流或小电流，开断性能均优于空气和少油断路器。

　　（4）占地面积小，特别是发展 SF_6 封闭组合电器（GIS）可大大减少变电所的占地面积。

　　（5）SF_6 断路器要求加工精度高，密封性能好，对水分子与气体的检测控制更严（SF_6 水分较多时，在 2000℃ 以上可水解形成有毒的腐蚀性气体，水分对绝缘也造成危害）。

　　3. SF_6 断路器结构

　　（1）SF_6 断路器结构按照对地绝缘方式不同分为两种类型：

　　① 罐式型。这类断路器对地绝缘方式的特点是触点和灭弧室装在充有 SF_6 气体并接地的

金属罐中，触点与罐壁间的绝缘采用环氧支持绝缘子，引出线靠绝缘瓷套管引出，如图 4-7 所示。可以在套管上装设电流互感器，在使用时不需要再配专用的电流互感器。

②绝缘套支柱型。绝缘套支柱型断路器的灭弧室可布置成"T"形或"Y"形，220kV 的 SF$_6$ 断路器随着灭弧室开断电流增大，制成单断口断路器可以布置成单柱式，如图 4-8 所示。灭弧室 4 位于高电位，依靠支柱绝缘套对地绝缘。

断路器的外绝缘，对罐式来说，主要是指套管的对地间隙、爬距、进出套管的间距。对支柱型来说，是指灭弧室绝缘套两端间隙、绝缘套爬距、支柱绝缘套对地间隙及爬距，这些安全距离一定要保证。

（2）SF$_6$ 断路器灭弧室的结构。

SF$_6$ 断路器灭弧室的结构有单压式和双压式。

① 单压式灭弧室的结构与特点。

单压式灭弧室的结构分为定开距和变开距两种。这两种结构的特性比较如表 4-2 所示。

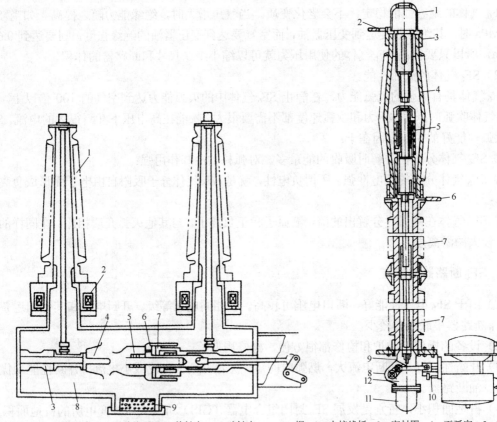

1—套管；2—电流互感器；3—绝缘子；4—静触点；5—动触点
6—压气缸；7—压气活塞；8—SF$_6$ 气室；9—吸附剂

1—帽；2—上接线板；3—密封圈；4—灭弧室；5—动触点
6—下接线板；7—支柱绝缘套；8—轴；9—操作机构传动杆；
10—辅助开关传动杆；11—吸附剂；12—传动机构箱

图 4-7　单压式变开距灭弧室罐式 SF$_6$ 断路器　　　图 4-8　单压式定开距灭弧室绝缘套支柱型断路器

表 4-2　定开距和变开距灭弧室的特性比较表

	变 开 距	定 开 距
气吹情况	气吹时间充裕，压气缸内气体利用较充分	吹弧时间短促，压气缸内气体利用较差
断口情况	开距大，断口间电场均匀度差	开距短、断口间电场均匀、绝缘性能稳定
电弧能量	电弧较长，电弧能量大	电弧长度一定，电弧能量小
行程	可动部分行程短，超行程与金属短接时间也短	可动部分行程长，超行程与金属短接时间也较长

② 双压式灭弧室的特点。

双压式灭弧室有高压和低压两个气压系统。灭弧时，高压室控制阀打开，高压 SF_6 气体经过喷嘴吹向低压系统，然后再吹向电弧使其熄灭。这种形式的灭弧室具有吹弧能力强、开断容量大、熄弧时间短的特点，但结构较为复杂。

4. SF_6 断路器密封措施

为了尽可能减少 SF_6 断路器的漏气量及防止潮气侵入，提高 SF_6 断路器的密封性，其密封措施主要从以下几个方面来考虑：

（1）从材料的硬度、耐温特性、压缩量、抗老化性和耐受 SF_6 分解物的能力等方面综合考虑选择合适的"O"形密封圈；

（2）选择合适的密封脂（注意凡是带硅元素的密封脂，只能涂在"O"形圈的外侧与法兰密封面，禁止涂在内侧）；

（3）法兰密封结合面的加工，其表面粗糙度应达到 $Ra1.6 \sim 0.2$；对密封槽的加工，必须符合公差要求；

（4）在活动密封处应加装双套密封；

（5）可以利用瓷套端面作为密封面，防止浇装法兰由于浇注质量不好出现砂眼等渗漏点。

4.4　操动机构

1. 操动机构的分类

高压断路器的分、合闸动作是靠操动机构来实现的。按操动机构所用操作能源的能量形式不同，可分为：

（1）手动机构（CS）。依靠人力合闸的操动机构。

（2）电磁机构（CD）。用电磁铁合闸的操动机构。

（3）弹簧机构（CT）。事先用人力或电动机使弹簧储能实现合闸的弹簧合闸操动机构。

（4）电动机机构（CJ）。用电动机合闸与分闸的操动机构。

（5）液压机构（CY）。用高压油推动活塞实现合闸与分闸的操动机构。

（6）气动机构（CQ）。用压缩空气推活塞实现合闸与分闸的操动机构。

2. 操动机构的特性要求

操动机构既然是断路器的组成部分，它的动作性能必须满足断路器的工作性能和可靠性的要求，这些要求如下。

（1）有足够的短路关合能力。操动机构不仅在断路器正常工作的情况下能顺利合闸，而且当断路器关合到有预伏短路故障的电路时，操动机构必须能克服短路电动力的阻碍，顺利合闸。

（2）合理的输出特性以保证断路器动触点的分、合闸速度，并在分、合闸终了时，其剩余能量不致造成断路器的过分振动和零部件的撞击。

（3）能使断路器可靠地保持在合闸位置，操动机构在合闸过程中，合闸信号维持的时间很短，操动机构的操作力也只在短时间内提供。因此，操动机构必须保证在合闸信号和操作力消失以后，使断路器能可靠地保持在合闸位置。

（4）操动机构应保证能源（电压、压液、气压）在一定变化范围内可靠动作，如在额定值的 85%～110%的范围内可靠合闸，在额定值的 65%～120%的范围内可靠分闸。

（5）具备自由脱扣和防跳跃功能。

（6）具有分合闸位置联锁和高低气、液压联锁。

（7）动作快速、机械寿命长和便于维修等。

3. 手动操动机构（CS）

用手直接合闸的操动机构称手动操动机构。一般用来操作电压等级较低、开断电流较小的断路器，如 10kV 及以下配电装置的断路器。手动操动机构的优点是结构简单。缺点是不能自动重合闸，只能就地操作。在手动操动机构上可以安过载脱扣器、失压脱扣器和分励脱扣器。

以下结合图 4-9 来说明 CS$_2$ 型手动式操动机构的工作原理。

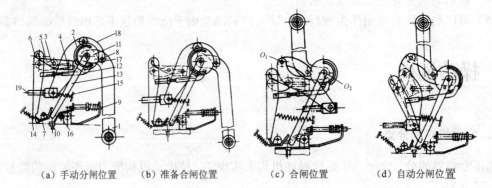

(a) 手动分闸位置　　(b) 准备合闸位置　　(c) 合闸位置　　(d) 自动分闸位置

1—手柄；2—拐臂；3、4—轴；5—锁钩；6—扣板；7—脱扣杠杆；8—轴；9—推杆；10—顶杆；11—圆盘；12—拉杆；13—分闸板；14、15—弹簧；16—角板；17—摩擦螺钉；18—连杆；19—输出拉杆

图 4-9　CS$_2$ 型手动式操动机构的工作原理图

1）合闸操作

（1）合闸准备。先把手柄 1 落到下方支持螺钉上，让圆盘 11 和手柄连接，并与拉杆 12 一起向顺时针方向转动，引导扣板 6 到脱扣杠杆 7 的左边，锁钩 5 的末端扣在扣板 6 的下面，使操动机构由图 4-9（a）进到图 4-9（b）的准备合闸位置。如果操动机构附装有失压脱扣器，在把手柄 1 落到支持螺钉上的同时，还要用手柄 1 压住推杆 9 把失压脱扣器扣住。

（2）合闸。从下向上转动手柄，通过连杆 18 使拐臂 2 绕轴 4 旋转，于是连接在拐臂下端的输出拉杆 19 也跟着旋转，使断路器合闸。如图 4-9（c）所示的合闸位置。轴 8 处于轴 O_1 和 O_2 连线的下面，形成死点，使操动机构保持在合闸位置。

2）分闸操作

（1）手动分闸。由图 4-9（c）所示合闸位置，从上向下转动手柄 1，拐臂 2 和圆盘 11 也随着向顺时针方向转动，再通过摩擦螺钉 17 的作用，分闸板 13 转动一个角度使脱扣杠杆 7 扭转，把扣板 6 的末端从扣住的位置释放出来。弹簧 15 使被释放的扣板 6 和半圆轴向逆时针方向旋转，到达一定角度，锁钩 5 也从扣住位置释放。于是轴 8 向下滑动，拐臂 2 脱离死点。在断路器分闸弹簧的作用下，断路器分闸，进到图 4-9（a）所示的分闸位置。

（2）电动分闸。分励脱扣器动作时，顶杆 10 直接作用在脱扣杠杆 7 上，使其扭转，以后的动作程序与手动分闸相同，只是电动分闸后，操动机构的位置如图 4-9（d）所示。

手动操动机构在合闸位置或在合闸过程中的任一位置时，都可以进行手动或电动分闸。由于脱扣器的顶杆 10 使脱扣杠杆 7 扭转，并把扣板 6 和锁钩 5 释放，所以拐臂 2 便不能绕轴 4 转动而实现合闸操作。因此，CS_2 型手动操动机构具有自由脱扣的功能。

4. 电磁操动机构（CD）

电磁操动机构依靠电磁力合闸。电磁操动机构的优点是结构简单，工作可靠，制造成本低。缺点是合闸线圈消耗的功率太大，机构结构笨重，合闸时间较长。由于合闸线圈消耗的功率大，一般可用来操作 10kV 和 35kV 的断路器，很少在 35kV 以上的断路器上使用。

这里以 CD_{10} 型电磁操动机构为例来说明电磁操动机构的工作，CD_{10} 型电磁操动机构其结构由做功元件、连板系统、合闸维持和脱扣装置等几个部分组成，其动作过程如图 4-10 所示。

（1）合闸。合闸前连杆 2 和 3 接近 180°，如图 4-10（a），合闸信号发出，合闸电磁铁线圈受电、铁芯向上运动推动滚轮轴 7 上移，通过连杆机构使输出轴 4 顺时针转动，使断路器合闸，如图 4-10（b），与此同时断路器的分闸弹簧被拉伸储能。当铁芯达到终点时，滚轮轴 7 与托架出现 1～1.5mm 的间隙，如图 4-10（c），此时由于输出轴的转动带动了辅助开关，使合闸回路接点打开，合闸信号消失、合闸线圈断电，铁芯下落，滚轮轴被托架支撑住，使断路器保持在合闸位置，如图 4-10（d）。

（2）分闸。分闸信号发出，分闸电磁铁线圈受电，铁芯 9 向上运动，撞击连杆 2 和 3，使连杆 2 和 3 的中间轴向上移动并越出"死区"，如图 4-10（e），滚轮轴 7 脱离托架、在断路器分闸弹簧的作用下，输出拐臂逆时针转动，断路器分闸，与此同时，输出轴带动辅助开关运动，切断分闸回路，分闸信号消失，线圈失电，铁芯回落。

（3）自由脱扣。合闸过程中，合闸铁芯顶住滚轮轴 7 向上运动，如果接到分闸信号，分闸铁芯向上撞击连杆 2 和 3，使其中间轴越出"死区"，这时临时固定中心不固定，四连杆机构变成五连杆机构，在断路器分闸弹簧力的作用下，滚轮轴 7 即从合闸铁芯顶杆 8 的端部滑下，实现自由脱扣，如图 4-10（f）。

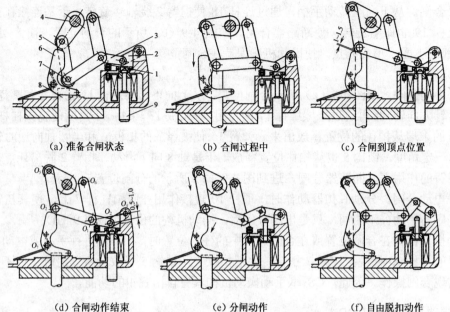

(a) 准备合闸状态　　　　(b) 合闸过程中　　　　(c) 合闸到顶点位置

(d) 合闸动作结束　　　　(e) 分闸动作　　　　(f) 自由脱扣动作

1—止钉；2、3—连杆；4—输出轴；5—连杆机构；6—支架；7—滚轮轴；8—合闸铁心顶杆；9—分闸铁芯

图 4-10　CD₁₀ 机构动作过程

5. 弹簧储能操动机构（CT）

利用已储能的弹簧为动力使断路器动作的操动机构称为弹簧操动机构。弹簧操动机构主要由储能机构（包括交直流两用储能电动机、变速齿轮离合器、蜗杆、蜗轮、连杆、拐臂、合闸弹簧或皮带轮、棘爪、棘轮等）、电磁系统（合闸线圈、分闸线圈、辅助开关、联锁开关和端子板等）和机械系统（分、合闸机构与输出轴等）组成，如图 4-11 所示。

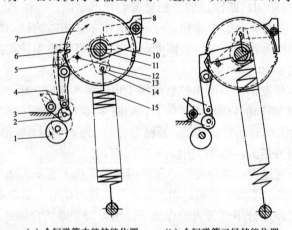

(a) 合闸弹簧未能储能位置　　　(b) 合闸弹簧已经储能位置

1—偏心轮；2、13—滚轮；3—操动块；4—操动块恢复弹簧；5—驱动棘爪；6—靠板；7—棘轮；
8—定位件；9—保持棘爪；10—驱动板；11—储能轴；12—销；14—挂簧拐臂；15—合闸弹簧

图 4-11　储能机构示意

未储能和储能过程如图 4-11 所示。储能时，由电动机带动偏心轮 1 顺时针方向转动，如

图 4-11（a）所示。通过紧靠在偏心轮上的滚轮 2 推动操动块 3 作上下摆动，带动驱动棘爪 5 也上下摆动，从而推动棘轮 7 按顺时针方向转动，由于棘轮 7 与储能轴 11 是空套的，因此在储能初始时，电动机只带动棘轮空转，当转到固定在棘轮上的销 12 与固定在储能轴上的驱动板 10 顶住时，棘轮 7 就通过驱动板 10 带动储能轴 11 作顺时针方向转动，挂簧拐臂 14 与储能轴 11 采用键连接，储能轴的转动带动了挂簧拐臂也按顺时针方向转动，从而将合闸弹簧 15 拉长，当储能轴转到将合闸弹簧拉至最长位置，再向前转约 3°，储能轴就会被合闸弹簧带动自行过中，这时固定在与储能轴连为一体的凸轮上的滚轮 13 就靠紧在定位件 8 上，将合闸弹簧的储能状态保持住，如图 4-11（b）所示。在储能轴和挂簧拐臂自行过中的同时，一方面挂簧拐臂推动一行程开关，切断储能电机电源，另一方面驱动棘爪通过储能轴上驱动板的推动，将驱动棘爪抬起，使驱动棘爪与棘轮可靠脱离，避免电机由于惯性作用将驱动棘爪和棘轮顶坏。

6. 液压操动气动机构（CY）

液压操动机构是利用液压油作为动力传递的介质，常用储能驱动方式。

液压操动机构由储能元件（储压器、油泵、电动机等）、控制元件（阀门）、执行元件（工作缸）、辅助元件（低压油箱、连接管道以及油过滤器、压力表、继电器辅助开关等）等几个主要部分组成。

断路器液压操动机构为储能式液压机构，其操作力大，动作速度高。与断路器动触点之间连接方式为液压—连杆混合传动。液压机构的工作缸活塞经过连杆机构再推动触点系统。这种结构的液压元件，包括工作缸活塞，都可以远离断路器的高电压部分，而处于地电位上。油系统结构比较简单。整个传动系统刚度大，操作时同步性能较好。但机械连杆部分的运动质量大，操作时冲击较大，一般要有缓冲装置。

在液压机构中，油主要起传递能量的作用。液压机构的优点是：

（1）体积小，操作力大，需要的控制能量小。液压机构的工作压力高，一般在 20～30MPa 左右，比气动机构高 10 多倍。在同样的储压器容积下，其能量密度也就比气动机构高 10 倍多。因此液压机构的储压器容积不大，可获得很大的操作力，而且控制比较方便。

（2）操作平稳无噪声。

（3）油具有润滑、保护作用。

（4）容易实现自动控制。

1）储能式液压机构（CY3 型）

CY3 型是一种简易液压操动机构，差动式工作缸，液压—连杆混合传动，控制部分仅用一个主控阀和两个分合闸控制阀，元件少，结构简单。CY3 液压机构的工作原理图如图 4-12 所示，其工作过程如下。

（1）储能。启动油泵 8，液压油经滤油器 9 进入油泵，经压缩将高压油送到储压器 5 的下部、推动活塞 4 上升压缩氮气，当活塞杆 4 上升到一定位置，微动开关将切断电动机电源，储能完成。在储能过程中，高压油除进入储压器之外，同时通过管道 21 进入合闸一级阀和二级阀下口及工作缸 32 的分闸腔，做好合闸准备。

（2）合闸。当合闸线圈 HQ 接受合闸信号后，合闸电磁铁的动铁芯 30 推动合闸一级阀的推杆 29，堵死通道（泄油孔）28，打开一级阀 27 阀口，从控制油路通道 26 来的高压油经一级阀 27 阀口并打开逆止阀 17、推动二级阀的活塞 25 向下运动、活塞堵死泄放孔 24，同时打开二级阀 23 阀口，活塞的锥面将油箱 3 中的油与高压油隔开，从逆止阀 17 过来的高压油，一方面推动二级阀活塞向下运动，另一方面经油路 18 进入分闸阀 12，即使逆止阀 17 关闭，这部分高压油也可使二级阀活塞维持在打开位置，形成自保持。由于二级阀的打开，从通道 21 来的高压油经合闸管道 33 进入工作缸 32 的右端（合闸腔），利用差动工作原理，使工作缸活塞 34 向左运动，断路器实现合闸并一直保持在合闸位置。

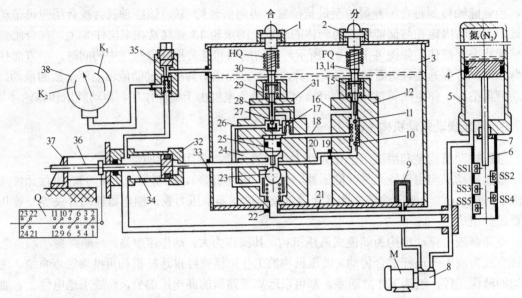

1—手动合闸按钮；2—手动分闸按钮；3—油箱；4—活塞；5—储压器；6—杆；7—密封圈压板；8—油泵；
9—滤油器；10、11—阀；12—分闸阀；13—静铁芯；14、30—动铁芯；15、29—推杆；16、24、28—泄放孔；
17—逆止阀；19—接头；18、20、21、26—通道；22—接头；23—二级阀；25—活塞；27—一级阀；31—合闸阀；
32—工作缸；33—合闸管道；34—工作缸活塞；35—放油阀；36—传动拉杆；37—导向支架；38—电接点压力表（YX 型）；
HQ—合闸线圈；FQ—分闸线圈；M—电动机；SS—微动开关 Q—辅助开关；K₁—高压力电接点；K₂—低压力电接点

图 4-12 CY3 型液压操动机构工作原理

（3）分闸。当分闸线圈 FQ 接到分闸信号后，分闸电磁铁动铁芯 14 推动分闸阀 12 的推杆 15，打开阀 11，使油路 18 内的高压油从分闸阀泄放孔 16 排入油箱 3 中，合闸二级阀活塞因无高压油保持而复位，使二级阀关闭，并同时打开泄放孔 24，使工作缸活塞 34 右侧（合闸腔）的高压油从泄放孔 24 排入油箱 3 中，工作缸活塞在左侧（分闸腔）高压油的作用下迅速向右移动，带动断路器分闸。

（4）合闸保持。断路器在合闸状态、分闸阀 12 中的阀 10 和具有节流孔的接头 19 与通道 20 中的高压油相通，当二级阀上部的油有泄漏时，油路 20 中的高压油可通过接头 19 和阀 10 予以补充，使二级阀始终保持打开位置，以保证断路器的可靠运行。

除此之外，断路器本身还有合闸保持弹簧，防止机构油压突然消失而影响断路器的运行状态。

（5）慢分慢合操作。断路器在调试时需要进行慢分慢合操作，其操作方法是将储压器中油放至零压，启动油泵电动机打压，当液压系统油压刚达到储压器中予充氮气压力时，即按动分闸或合闸电磁阀，即可实现慢分慢合。

2）弹簧储能式液压机构（AHMA 型）

弹簧储能液压机构采用差动式工作缸，弹簧储能，液压—连杆混合传动。控制部分用一个主控阀和一个合闸控制阀，两个分闸控制阀。它兼顾了弹簧储能和液压机构的优点。使用寿命长，稳定性、可靠性好，其性能不受温度变化影响，结构简单。液压回路与外界完全密封，从而能保证液压系统不会渗漏。

　　AHMA 型弹簧储能式液压机构的结构工作原理图如图 4-13 所示，其工作过程如下。

　　（1）储能。电动机 9 接通电源，液压泵 21 将低压油箱 13 内的液压油打入高压油储压腔 14，将储能活塞 5 向上推动，通过储能活塞 5 上的拉紧螺栓 2，使储能盘形弹簧 1 压缩储能。由储能活塞 5 上的压力开关控制连杆 10 切换行程开关，切断电动机 9 电源，液压泵 21 停。当高压油储压腔 14 内油压过高时，安全阀 12 自动打开，高压油释放到低压油箱 13 内。储能结束后，如图 4-13（b）所示，此时工作缸活塞 3 连杆的一侧常充高压油，而另一侧与低压油箱接通，断路器在分闸位置。

　　（2）合闸。合闸电磁铁通电，合闸电磁阀 7 打开，主控阀 6 向上动作，隔断工作缸活塞 3 下面与低压油箱 13 的通路，同时通过主控阀 6，将高压油储压腔 14 与工作缸活塞 3 下面合闸侧接通。这样，工作缸活塞下两侧都接入高压系统，由于工作缸活塞合闸侧面积大于分闸侧面积，于是，差动式工作缸活塞 3 向上运动，断路器合闸。由辅助开关 11 切断合闸电磁铁电源，合闸电磁阀 7 关闭。盘形储能弹簧释放能量，由液压泵补充。机构状态如图 4-13（a）所示合闸位置。

　　（3）分闸操作。分闸电磁铁通电，分闸电磁阀 8 打开，主控阀 6 向下动作，接通了工作缸活塞 3 下面合闸腔与低压油箱通路，工作缸活塞 3 合闸腔高压油被排放，工作缸活塞向下运动，断路器分闸。辅助开关 11 切断分闸电磁铁电源，分闸电磁阀关闭。机构状态如图 4-13（b）所示分闸位置。

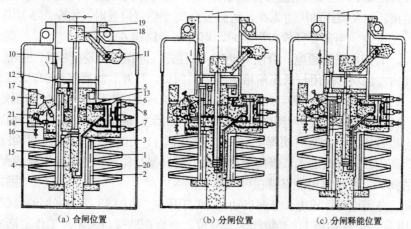

(a) 合闸位置　　　　　　　　(b) 分闸位置　　　　　　　　(c) 分闸释能位置

1—盘形储能弹簧；2—拉紧螺栓；3—工作缸活塞；4—高压筒；5—储能活塞；6—主控阀；7—合闸电磁阀；
8—分闸电磁阀；9—电动机；10—压力开关控制连杆；11—辅助开关；12—安全阀；13—低压油箱；14—高压油储压腔；
15—合闸位置闭锁；16—低压放油阀；17—高压油释放阀；18—联轴器；19—连接法兰；20—机构外壳；21—液压泵

图 4-13　弹簧储能式液压机构结构工作原理

　　分、合闸速度调整，主要依靠调节进入主控阀 6 的高压或低压油路中的节流阀，借助节流阀可改变管道通流截面积。

　　（4）合闸位置闭锁装置。合闸位置闭锁装置 15 也是防"慢分"装置，利用压力油来控制，当液压油释压而低于工作压力时，合闸位置闭锁装置在弹簧作用下，将活塞杆插入工作缸活塞槽内，使断路器保持在合闸位置。此时油泵打压时，断路器不会"慢分"，当油压建立起来后，合闸闭锁装置活塞杆复位。

7. 3AQl 型液压操动机构

3AQl 型 SP_6 断路器操动机构是液压机构，单相操作。

3AQl 型液压机构结构的工作原理如图 4-14 所示，其工作过程如下。

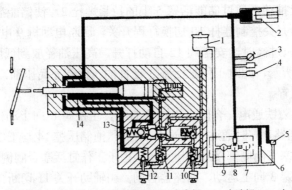

1—低压油箱；2—储压器；3—压力表；4—压力开关；5—安全阀；6—旁路阀；7—电动机；8—液压阀；
9—滤网；10—分闸启动阀；11—逆止阀；12—合闸启动阀；13—二级阀（中间阀）；14—工作缸活塞

图 4-14 3AQl 液压机械结构原理

（1）储能。储能时断路器应在分闸位置。接通液压泵电动机电源，液压泵启动，将低压油箱 1 中油打入储压器 2，当高压油达到工作压力时，压力开关 4 动作，切断电动机电源，液压泵停，储能结束。如果高压油压力太高，达到安全阀 5 整定位置时，安全阀 5 动作，将高压油放回到低压油箱 1 内。当需要释放高压油时，可开启旁路阀 6 放油。

（2）合闸。合闸电磁铁通电，合闸启动阀 12 打开，高压油经逆止阀 11 进入二级阀 13 活塞尾部，使其向左运动，关闭与低压油箱 1 的通道阀口，打开二级阀组合钢球阀口，高压油经二级阀 13 进入工作缸活塞合闸腔。此时工作缸活塞 14 两侧已有同样压力的高压油，但由于工作缸活塞 14 合闸侧面积大于分闸侧面积，因此工作缸活塞 14 向左运动，断路器合闸。辅助开关切断合闸电磁铁电源，合闸启动阀 12 关闭，逆止阀 11 关闭，合闸结束。二级阀 13 组合钢球阀口打开，高压油同时也进入二级阀活塞尾部，起自保持作用，使二级阀继续保持关闭与低压油箱通道的阀口，断路器也能保持在合闸位置。

（3）分闸。分闸电磁铁通电，分闸启动阀 10 打开，二级阀 13 活塞尾部的自保持高压油经分闸启动阀 10 回到低压油箱 1，二级阀活塞复位，组合钢球阀口关闭，工作缸活塞 14 合闸腔高压油经二级阀回到低压油箱。在工作缸活塞 14 分闸腔的高压油作用下，工作缸活塞向右运动，断路器分闸。辅助开关切断分闸电磁铁电源，分闸启动阀关闭。分闸结束。

（4）防慢分装置。当断路器在合闸位置，由于某种原因使液压系统发生渗漏时，可能使高压油压力降到零。此时液压泵启动打压，断路器应仍能保持在合闸位置，不应发生慢分。

二级阀的球形阀是采用四个钢球组合而成的特殊结构，就是防慢分的装置。当二级阀的球形组合阀打开时，两边两个小钢球被挤入小槽内，当高压油压力降至零时，两个小钢球均被小槽卡住，使二级阀的球形组合阀保持在打开位置。当液压泵启动时，高压油同时进入工作缸活塞的两侧，则断路器便能始终保持在合闸位置，不发生"慢分"。

8. 气动操动机构（CQ）

利用压缩空气作为操作能源的操动机构称为气动操动机构。气动操动机构可以设计成用气动合闸和气动分闸形式，如 PKA 型气动操动机构（用于 SF_6 断路器），空气断路器的气动机构；也可以设计成用气动分闸、弹簧储能合闸；还可以设计成用气动合闸，分闸弹簧分闸的形式。

与电磁机构相比，气动机构有两个优点：①气动机构以压缩空气作为能源，不需要大功率的直流电源，也不需要敷设大截面的直流电源电缆；②气动机构具有独立的储气罐。当短时失去电源时，储气罐内的压缩空气仍能供给气动机构多次操作。

下面以 PKA 型操动机构为例来说明其工作原理。PKA 气动操动机构如图 4-15 所示，其工作过程如下。

（1）充气。机构充气前，工作阀 2、中间阀 6 应在分闸位置，分闸启动阀 9、合闸启动阀 8 应在关闭位置。中间阀 6 保持在分闸位置。此时，分闸阀口 J 关闭，而合闸阀口开启，由储气筒经管道向气动机构 5 充气。经管道、中间阀 6 向工作阀 2 分闸气室 A 充气，使工作阀 2 保持在分闸位置。同时，压缩空气从分闸气室进气孔 h 进入中间阀 6 的分闸气室 H，使中间阀 6 保持在分闸位置，分闸阀口 J 关闭。同时压缩空气经管道进入合闸位置闭锁装置 4，在压缩空气压力作用下，合闸位置闭锁阀向左运动，使合闸位置闭锁解除。充气过程完成后，断路器具备合闸条件。

（2）合闸。合闸电磁铁通电，合闸启动阀 8 打开，中间阀 6、分闸气室 H 内压缩空气经合闸启动阀 8 排入大气。同时，压缩空气从合闸气室进气孔 g 进入中间阀 6 的合闸气室 G，推动中间阀活塞 7 向下运动，关闭合闸阀门 F，打开分闸阀口 J，并由分合闸保持器将中间阀 6 保持在合闸位置。同时，工作阀 2、分闸气室 A 的压缩空气经中间阀 6 的排气孔排入大气。气动机构凭合闸气室 E 内压缩空气压力，推动工作阀 2 向上运动，使断路器合闸，并保持在合闸位置，如图 4-15 所示 "C" 侧。

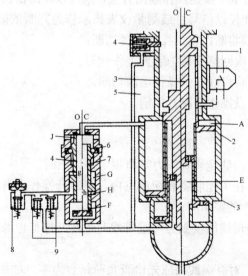

1—辅助开关；2—工作阀；3—缓冲阀；4—合闸位置闭锁装置；5—气动机构；
6—中间阀；7—中间阀活塞；8—合闸启动阀；9—分闸启动阀；A—分闸气室；E—合闸气室；
F—合闸阀门；J—分闸阀口；G—合闸气室；g—合闸气室进气孔；H—分闸气室；h—分闸气室进气孔

图 4-15　PKA 型气动操动机构

在合闸即将结束时，由缓冲阀 3 起合闸缓冲作用。辅助开关 1 切断合闸电磁铁电源，使合闸启动阀关闭。

（3）分闸。分闸电磁铁通电，分闸启动阀 9 打开，压缩空气经分闸启动阀 9 进入中间阀 6 的分闸气室 H，推动中间阀活塞 7 向上运动，并关闭分闸阀口 J，打开合闸阀口 F。压缩空气经中间阀 6 进入工作阀 2 分闸气室 A，推动工作阀 2 向下运动，断路器分闸，如图 4-15 所示 "O" 侧分闸状态。

在分闸即将结束时，缓冲阀 3 起分闸缓冲作用。同时，中间阀 6 的分合闸气室 H、G 均充有相同压力的压缩空气，使中间阀活塞 7 仍保持在分闸位置。

4.5 高压断路器的操作

由于断路器具有比较完善的灭弧结构和足够的断流能力，因此通常必须由断路器来开断或关合电路的负荷电流和事故短路时的故障电流。所以对断路器本身以及对断路器的操作都有严格的要求。

1. 高压断路器操作基本要求

（1）断路器一般情况下不允许带电手动合闸。如特殊需要时，应迅速果断，使操作机构连续通过整个行程，此时合闸信号灯亮。

（2）远方操作断路器时，应使控制开关（或按钮）进行到相应的信号灯亮为止，不得快速操作后很快就返回，以防操作失灵。

（3）如果断路器操作后下一步是操作隔离开关，则应以断路器机械位置指示器来判断断路器的真正断合情况，而不能仅以信号灯或测量仪表指示作为判断依据。

（4）在下列情况下，须将断路器的操作电源切断：

① 检修断路器或在二次回路或保护装置上作业时。

② 倒母线过程中，须将母联开关操作电源切断。

③ 检查开关断合位置及操作隔离开关前。

④ 继电保护故障。

⑤ 油断路器无油。

⑥ 液压、气压操动机构储能装置压力降至规定值以下时。

⑦ 当断路器的操作不在主控制室和配电室内，在断开操作电源的同时，必须在断路器操作手柄上悬挂"禁止合闸"的警示牌。

⑧ 当系统接线从一组母线倒换到另一组母线时。断开操作电源的办法是拔掉操作回路中的操作熔断器。

（5）设备停役操作前，对终端线路应先检查负荷是否为零。对并列运行的线路，在一条线路停役前应考虑有关整定值的调整，并注意在该线路拉开后另一线路是否过负荷。如有疑问应问清调度后再操作。断路器合闸前必须检查有关继电保护已按规定投入。

（6）断路器操作后，应检查与其相关的信号，如红绿灯、光字牌的变化，测量表计的指示。装有三相电流表的设备，应检查三相表计，并到现场检查断路器的机械位置以判断断路器分合的正确性,避免由于断路器假分假合造成误操作事故。

(7)操作主变压器断路器停役时,应先断开负荷侧开关后断开电源侧开关,复役时操作顺序反之。

(8)如装有母线差动保护,当断路器检修或二次回路工作后,断路器投入运行前应先停用母差保护再合上断路器,充电正常后才能投入母差保护(有负荷电流时必须测量母差不平衡电流并应为正常)。

(9)当断路器出现非对称合闸时,首先要设法恢复对称运行(三相全合或全开),然后再做其他处理(一般两相合上一相合不上,应再合一次,如仍合不上则将合上的两相断开;如一相合上两相合不上,则将合上的一相断开)。

(10)断路器出现非全相分闸时,应立即设法将未分闸相断开,如断不开应利用母联串代断开或旁代后用隔离开关隔离,拉开隔离开关时一定拔下旁路断路器的操作熔断器。

2. 高压断路器操作

1)合闸送电前的检查

(1)在合闸送电前首先要收回发出的所有工作票,拆除临时接地线,并全面检查断路器。

(2)检查断路器两侧隔离开关,都处于断开位置。

(3)使用 1000～2500V 兆欧表测量断路器的绝缘电阻应符合规定值。

(4)断路器的三相均处在断开位置,对油断路器:油位、油色都正常,并无渗漏油现象;对空气和 SF_6 断路器,气压应符合规定,并无漏气现象。

(5)分、合机械指示器均处于“分”的位置。

(6)操作机构要保持清洁、完整,手动跳闸脱扣机构应动作灵活。

(7)断路器的继电保护及自动装置应处于使用位置,以便发生情况时能立即切除故障。

(8)经上述检查,并确认无误后,对断路器进行一次断、合闸试验,使动作准确灵活,方可投入运行。

(9)油断路器本身清洁,无遗留工具,并且断路器三相均在断开位置。

(10)油断路器的套管应清洁、无裂纹及放电痕迹。

(11)操作机构应清洁完整,连杆、拉杆瓷瓶、弹簧及油缓冲器等也应完整无损,断路器手动跳闸脱扣机构应完整灵活。

(12)二次回路的导线和端子排上接线应牢固完好。

(13)断路器的接地装置连接良好,断路器周围的照明及围栏良好。

上述各项准备工作完成后,即可合闸送电。

2)合闸操作步骤

(1)根据分、合闸机械指示器的指示,确认断路器处于断开状态。

(2)在未装操作熔断器的情况下,先合上电源侧隔离开关,再合上负荷侧隔离开关。

(3)装上合闸熔断器。

(4)核对断路器名称和编号无误后,将操作手柄顺时针方向旋转 90°至“预备合闸”位置。

(5)待绿色指示灯闪光,将操作手柄顺时针方向旋转 45°至合闸位置,在手脱离操作手柄后,使手柄自动逆时针方向返回 45°,这时绿灯熄灭,红灯亮,表明断路器已合闸送电。

3)停电操作步骤

（1）核对断路器的名称和编号无误后，将操作手柄逆时针方向旋转 90°至"预备分闸"位置。

（2）待红灯闪光，将操作手柄逆时针方向旋转 45°至"分闸"位置，在手脱离操作手柄后，使手柄自动顺时针方向返回 45°，这时红灯熄灭，绿灯亮，表明断路器已断开。

（3）取下合闸熔断器。

（4）根据分、合闸机械指示器的指示，确认断路器已处于断开位置。

（5）先拉开负荷侧隔离开关，后拉开电源侧隔离开关。

3. 操作注意事项

（1）断、合闸操作时，动作都要果断、迅速，把操作手柄扳至终点位置，手柄从上到下运动要连续，确认断路器断开后，方可拉开相应的隔离开关。

（2）合闸时，要注意观察有关指示仪表，若故障还没有排除，应立即切断线路。

（3）为了防止断路器发生爆炸，分、合闸操作前应考虑遮断容量应大于系统的最大短路容量，如不能满足时应降低短路容量。防止当系统的最大短路容量大于遮断容量时，一旦系统发生短路，可能出现的断路器爆炸。

（4）必须先确认断路器已经断开后，并在断路器的操作手柄悬挂"禁止合闸"的警示牌后，才能操作隔离开关。

（5）电动操作：

① 操作手柄必须拧到终点位置，同时监视合闸电流表的启动电流值是否在正常范围内。

② 当合闸指示灯亮时，可使手柄返回中间位置，但不得过早返回，否则合不上闸。

③ 当已合闸，手柄返回后，合闸电流表指示应返回零位，否则，可能会因合闸接触器打不开而烧坏合闸线圈。

④ 合闸操作完毕，应认真检查机械分、合指示装置传动连杆和支持瓷瓶等是否完好，此时应无异常响声。

⑤ 要随时检查操作直流电压。当电源电压过低时，会因合闸功率不足，使合闸速度降低，可能引起爆炸和不能同期并列的重大事故。

⑥ 空气断路器当气压降低时，消弧能力将随之降低，在分闸时有可能会造成爆炸。

（6）其他注意事项。

① 现场操作断路器时应与其保持安全距离，间隔门或围栏不得随意打开。

② SF_6 断路器合闸时在电弧作用下，因为 SP_6 气体将生成有毒的分解物，所以如果发现 SF_6 断路器漏气，人员应远离故障现场，以免中毒。在室外，至少应离开漏气点 10m 以上（戴防毒面具、穿防护服除外），并站在将风扇全部打开进行通风。

③ 对液压传动的断路器，操作后如油系统不正常，应及时查找原因并进行处理。处理中，特别要防止"慢"分闸。

④ 对弹簧储能机构的断路器，停电后应及时释放机构中的能量以免检修时发生人身事故。

⑤ 手动断路器的机械闭锁应灵活、可靠，防止带负荷拉出或推入，引起短路。

⑥ 高压断路器累计切断短路电流次数达到生产厂家规定，应停止使用，进行检修。

⑦ 检修后的断路器，应保持在断开位置，以免送电时隔离开关带负荷合闸。

⑧ 断路器经拉合后，应到现场检查其实际位置，以免传动机构开焊，绝缘拉杆折断（脱落）或支持绝缘子碎裂，造成回路实际未断开或未合上。

4.6　高压断路器的运行与维护

1．高压断路器的运行条件

1）对高压断路器的要求

在电网运行中，断路器一方面要带负荷关合电路、另一方面其操作和动作比较频繁，而且电网中负载的性质又比较复杂，因此为了保证断路器能安全可靠运行，断路器必须满足以下要求：

（1）高压断路器的工作条件必须符合生产厂家规定的使用条件。如户外或户内、海拔高度、环境温度、相对湿度等。

（2）高压断路器绝缘部分应能长期承受最大工作电压，还应能承受操作过电压和大气过电压。在长期通过额定电流时，各部分的温度不得超过允许值。

（3）具有尽可能短的开断时间。这对缩短电网的故障时间，减轻故障设备的损害，提高供电系统的稳定性都十分有利。一般分闸时间（为断路器的固有分闸时间和熄弧时间之和）在 $0.06 \sim 0.12$s 范围内，小于 0.06s 的断路器称为快速断路器。

为了提高供电可靠性并增加电力系统的稳定性，线路保护大多采用自动重合闸方式。因此要求断路器能快速自动重合闸。断路器重合后，如短路故障并未消除，断路器必须再次跳闸，切断短路故障。

（4）对于采用自动重合闸的断路器，应在很短时间内可靠地连续合分几次短路故障，所以要求断路器有较高的动作速度，且无电流间隔时间要短，在多次断开故障以后，断路器的遮断容量不应降低或降低应甚少。目前采用的三相快速自动重合闸的无电流间隔时间不大于 0.35s。单相自动重合闸的无电流间隔时间一般整定在 1s 左右。

（5）遮断容量（断流容量）是表征高压断路器短路故障能力的参数，一般遮断容量大，就表示断路器切断故障电流的能力大，反之，则切断故障电流的能力小。断路器在切断电路时，关键是要熄灭电弧。由于电网电压较高，电流较大，断路器在切断电路的瞬间，触点间还会出现电弧，只有电弧熄灭，电路才真正被切断，电路的开断任务才真正完成。因此要求断路器的遮断（断流）容量要大于系统短路容量。

对于电网中三相之间的各种形式的短路，如三相、两相、单相接地和异地两相接地短路等故障，断路器必须能够正常切断，因此，断路器的遮断容量也必须大于短路容量，以避免断路器在断开短路电流时引起爆炸或扩大故障。

（6）高压断路器的动稳定性和热稳定性要好。

高压断路器的动稳定性，是指断路器能承受短路电流所产生的电动力作用而不致被破坏的能力。当电力系统发生短路故障时，在断路器中通过很大的短路电流，该电流产生的电动力较大。一方面，它可能在断路器的部件上（如套管等）产生很大的机械应力，造成部件的机械损坏；另一方面，电动力使一定结构的触点减少了接触压力，改变了触点的工作状态。因此，断路器必须满足动稳定性的要求，才能不使断路器受到机械损坏。

高压断路器的热稳定性，是指高压断路器能承受短路电流所产生的热效应作用而不致损坏的能力。当电力系统发生短路故障时，在断路器中通过很大的短路电流，由于短路电流作用的时间很短，电流在断路器中形成的电阻损耗、涡流和磁滞损耗、介质损耗等所产生的热量来不及向外散出，因此，发热体的温度将急剧上升。这样使得金属材料机械强度显著降低，触点进一步氧化而被破坏，有机绝缘和变压器油加速老化，使击穿电压大大降低。因此，断路器在遮断短路电流时，各部分的温度不应超过短时工作的允许值，以保证断路器的安全运行。

2）高压断路器正常运行条件

（1）高压断路器的性能必须符合有关标准的要求及有关技术条件的规定。

（2）高压断路器装设位置必须符合断路器技术参数的要求（如额定电压、开断容量等）。

（3）高压断路器各参数调整值必须符合制造厂规定的要求。

（4）高压断路器的瓷件、机构等部分均应处于良好状态。

（5）严禁将有拒跳或合闸不可靠的高压断路器投入运行。

（6）严禁将动作速度、同期、跳合闸时间不合格的高压断路器投入运行。

（7）高压断路器合闸后，由于某种原因，一相未合闸，应立即拉开断路器，查明原因。缺陷未消除前，一般不可进行第二次合闸操作。

（8）高压断路器的金属外壳及底座应有明显的接地标志并可靠接地。

（9）运行中与断路器相连接的汇流排，接触必须良好可靠，防止因接触部位过热而引起断路器事故。

（10）所有高压断路器均应在断路器轴上装有分、合闸机械指示器，以便运行值班人员在操作或检查时用它来校对断路器断开或合闸的实际位置。

（11）禁止将有拒绝分闸缺陷或严重缺油、漏油、漏气等异常情况的断路器投入运行。若需紧急运行，必须采取措施，并得到相关领导的同意。

（12）严禁对运行中的高压断路器施行慢合慢分试验。

（13）各种类型的高压断路器，其操动机构（电磁式、弹簧式、气动式、液压式）应经常保持足够的操作能源。

（14）采用电磁式操动机构的高压断路器禁止用手动杠杆或千斤顶的办法带电进行合闸操作。采用液压（气压）式操动机构的断路器，如因压力异常导致断路器分、合闸闭锁时，不准擅自解除闭锁进行操作。

（15）严禁高压断路器在带有工作电压时使用手动机构合闸，或手动就地操作按钮合闸，以避免合于故障电路时引起断路器爆炸和危及人身安全。对油断路器，只有在遥控合闸失灵又需紧急运行且肯定电路中无短路和接地时，操作人员可站在墙后或金属遮板后，进行手动机械合闸，以防止可能的喷油；对空气断路器而言，可手动就地操作按钮合闸。

（16）禁止对运行中的高压断路器，使用手动机械分闸或手动就地操作按钮分闸。只有在遥控跳闸失灵或发生人身及设备事故而来不及遥控断开断路器时，方可允许手动机械分闸（油断路器）或者就地操作按分闸（空气断路器）。对于装有自动重合闸的断路器，在条件可能的情况下，还应先解除重合闸后再行手动跳闸，若条件不可能时，应在手动分闸后，立即检查是否重合上了，若已重合上即应再手动分闸。

（17）明确高压断路器的允许分、合闸次数，以保证一定的工作年限。根据标准，一般断路器允许空载分、合闸次数应达 1000～2000 次。为了加长断路器的检修周期，断路器还应有足够的电寿命即允许连续分、合短路电流或负荷电流的次数。一般地，装有自动重合闸的断路器，在切断 3 次短路故障后，应将重合闸停用；断路器在切断 4 次短路故障后，应对断路器进行计划外的检修，以避免断路器再次切断故障电流时，造成断路器的损坏或爆炸。

（18）应检查高压断路器合闸的同期性。因调整不当、拉杆断开或横梁折断而造成一相未合闸，在运行中会引起"缺相"，即两相运行。运行人员如检查到断路器某相未合上时，应立即停止运行。在检查断路器时，运行人员应注意辅助接点的状态。若发现接点在轴上扭转、接点松动或固定触片自转盘脱离，应紧急检修。

2. 高压断路器的正常巡视检查

由于断路器在电网安全运行中占有重要地位，为了使断路器能始终处于完好状态，巡视检查工作非常重要，特别是容易造成事故的部分，如操作机构、瓷套、油位、压力表等的巡回检查，大部分缺陷是可以及时被发现和处理的。所以，高压断路器运行中的巡视检查和监视是十分重要的。

1）油位检查

（1）油断路器中油位应正常。油在断路器中起灭弧和绝缘的作用（在少油断路器中，油的主要作用是灭弧），油位的高低，会直接影响断路器的工作。

① 油位过高，断路器在切断故障电路时，由于电弧与油作用会分解出大量气体，产出压力过高而发生喷油现象，甚至由于缓冲空间减小而发生断路器油箱变形或爆炸事故；

② 若油位过低，空气中的潮气有可能进入油箱，使部件乃至灭弧室露在空气中，可能造成绝缘受潮故障；或在开断故障电路时产生的气体压力过低，造成灭弧困难，使电弧烧坏触点和灭弧室，甚至电弧冲击油面，高温分解出来的可燃气体混入空气，引起氢气爆炸。

各种油断路器的油位设置各不相同，如 SW_4-220 型断路器每个"Y"形有 4 个油位表分别表示灭弧室、三角箱和支持瓷套油位。而 SW_6-220 型断路器则每个"Y"形只有 2 个油位表，它是整体连通的。为此，要根据不同结构的设备来分别采用不同的检查油位方法。

同时还应根据表象，确定油位变化的真正原因。例如油位低是漏油引起的还是气候原因；油位高是局部发热还是气候原因，以提高检查质量。

（2）液压机构检查低压油箱中的油面应在刻度线范围内，高压油的油压应在允许范围内。如果缺油，油泵启动后，可能会由于缺油而把空气压到高压油回路中。如果发生这种情况，由于油泵内有空气，泵不起作用，压力建不起来，同时由于高压油中有大量的空气存在，将造成开关动作特性不稳定，影响断路器技术性能，甚至造成事故。

2）油色的检查

根据高压断路器中油色的变化确定油断路器的油是否在变化。合格的油应该是淡黄色、透明、略有火油味。少油断路器在切断过故障电流后油会分解出碳质，使油发黑，但在制造厂规定的跳闸次数内，一般仍可继续运行。当油变成棕褐色、浑浊不清，且有酸味或焦糊味时，说明油质已经很差，应尽快换油。

3）渗、漏油检查

为保护油断路器安全可靠的运行，一般要求运行中的断路器应无渗、漏油现象。断路器渗、漏油，一则使设备和环境油污，影响美观；二则渗油严重时使断路器油位降低，油量不足，将影响开断容量。因此，凡发现渗、漏油现象，尤其渗漏严重时，应及时处理。

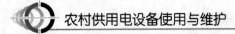

油断路器渗油部位主要有：①用密封垫接合处；②主轴油封处；③油位表处；④放油阀处，此外部分油断路器由于多次操作或切断故障后在上帽处会有轻微的油迹，其主要原因是故障时由于油分解成气体排出而带出少量的油，这种情况可结合停电进行清理；⑤液压机构各高、低压接头、活塞杆及工作缸应无渗、漏油。如发现外渗，应分析渗漏原因，进行处理。若高压油路渗油，应由专业检修人员在放压后进行紧固处理。断路器的均压电容在运行中也不允许有渗漏现象。

4）压力检查

仪表液压机构或气压机构均装有压力表，通过观察压力表可以判断系统有无异常现象。

（1）通过液压机构上的压力表指示值来判断其内部有无渗漏。

① 压力低。造成压力低的原因是高压油渗漏到低压油内。

当液压机构的油泵频繁启动，在外部又看不出什么地方渗漏，说明为内渗，即高压油渗漏到低压油。这种情况的处理方法一是断路器停电进行处理；二是采取措施后带电处理。因此巡视检查时要看压力表的指示值，再折算到当时的环境温度下核对其是否在标准范围内，如压力低说明漏氮气。

② 压力高。如压力高则是高压油窜入氮气中。

运行中液压机构压力表指示值上升，说明油进入到氮气中。由于电机停泵是靠活塞杆位置带动微动开关控制的，运行中微动开关不会变动位置，但当油进入氮气中时，会使原氮气空间的位置被油占据，从而引起压力升高。压力升高时，特别是机构运行时间越长，油流到氮气中的油越多（因氮气与油的密封圈损坏，运行中高压油侧的压强大于氮气侧的压强），这种压力升高会使断路器的动作速度增加，不仅对灭弧不利，还很可能导致断路器动作时损坏，因此发现这种现象时应及时处理。

另一种液压机构（如 CY-4 型），运行中不会出现压力升高，因为这种结构中将油和气隔开的活塞中间有一通向大气的孔，如密封圈损坏，油和气会流动到机构箱内。因此一旦发现储压筒活塞杆下部的孔向下流油或漏气时，应及时检修处理。

（2）对压缩空气断路器，气动机构一般也有压力表监视，机构正常时指示值应在正常范围，过高过低均会影响断路器动作性能。

（3）对于 SF_6 断路器，应定时记录 SF_6 气体压力及温度，将压力表指示数值在当时的环境温度下折算到标准温度下的数值（折算可按照温度—压力曲线查找），看其是否在规定范围内。如压力降低，则说明有漏气现象。有时虽然数值在正常范围内，但与上次检查时相同环境温度下比较压力明显降低，也说明有漏气现象。且应及时检查处理。断路器有 SF_6 密度继电器监视气体压力，该方式监视压力不受环境温度的影响。当 SF_6 密度继电器报警时，也说明有压力异常现象。

5）瓷套检查

检查断路器的瓷套应清洁，无破损、裂纹和放电痕迹。

6）真空断路器检查

真空灭弧室应无异常，真空泡应清晰，屏蔽罩内颜色应无变化。在分闸时，弧光呈蓝色为正常。

7）高压断路器导电回路和机构部分的检查

检查导电回路应良好，软铜片连接部分应无断片、断股现象。与断路器连接的接头接触应良好，无过热现象。机构部分检查紧固件应紧固，转动、传动部分应有润滑油，分、合闸位置指示器应正确。开口销应完整、开口。

8）操动机构的检查

操动机构的作用是用来使断路器进行分闸、合闸，并保持断路器在合闸状态或分闸状态。断路器的性能及质量优劣在很大程度上取决于操动机构的性能，而且断路器动作是靠操动机构来实现的，而操动机构又是容易发生故障的部分。因此巡视检查中，必须加强对操动机构的检查。其主要检查项目有以下几点。

（1）正常运行时，断路器的操动机构动作应良好，断路器分、合闸位置与机构指示器及红、绿指示灯应相符。

（2）机构箱门开启灵活，关闭紧密、良好。

（3）操动机构应清洁、完整、无锈蚀，连杆、弹簧、拉杆等应完整，紧急分闸机构应保持在良好状态。

（4）端子箱内二次线和端子排完好，无受潮、锈蚀、发霉等现象，电缆孔洞应用耐火材料封堵严密。

（5）冬季或雷雨季节电加热器应能正常工作。

（6）弹簧机构断路器在合闸运行时，储能电动机的电源闸刀、熔丝应在投入位置；当断路器在分闸状态时，分闸连杆应复归，分闸锁扣到位，合闸弹簧应在储能位置。

（7）辅助开关触点应光滑平整，位置正确。

（8）各种不同型号的操动机构，应定时记录油泵（气泵）启动次数及泵的运行时间，以监视有无渗漏现象引起的频繁启动。

（9）信号装置显示是否正确。

（10）传动机构的工作是否正常，排气孔的隔片应完整。

3. 高压断路器的特殊巡视

1）高压断路器跳闸后对相关断路器的检查

（1）检查油断路器应无严重喷油现象，油位应正常。SF_6 断路器检查有无明显漏气。

（2）检查断路器各油箱，应无变形和漏油现象。

（3）检查断路器各部分应无松动、损坏、瓷件无裂纹等异常现象。断路器的分、合位置指示应正确，符合当时实际工况。

（4）检查液压机构压力表指示应正常，气动机构应无泄漏现象。

（5）检查各引线接头应无过热，示温蜡片应无熔化现象。

2）高温季节高峰负荷时的检查

高温季节若负荷电流接近并可能超过断路器额定电流时，应检查断路器导电回路各发热部位应无过热变色现象。如负荷电流比断路器额定电流小得多，则重点检查断路器引线接头与连接部位应无过热现象，示温片应不熔化，必要时可用红外线测温仪进行巡测。

3）户外式断路器气候突变时的检查

（1）气温骤降时，检查油断路器油位应正常。液压机构和 SF_6 断路器压力指示仪表指示值应在规定范围内，并应及时投入加热装置。检查连接导线应不过紧，管道应无冻裂等现象。

（2）气温骤增时，检查油路器油位不应过高，并要注意及时调整油位。液压机构和 SF_6 断路器压力指示仪表指示值应在规定范围之内。

（3）下雪天检查室外断路器各接头处应无过热融雪冒汽现象。

（4）浓雾天气检查瓷套应无严重放电、电晕等现象。

（5）雷雨大风天气和雷击后，检查瓷套应无闪络痕迹。室外断路器上应无杂物，防雨帽应完整，导线应无断脱和松动现象。

4）断路器新投运后，在 72h 内应缩短巡视检查周期，且夜间应闭灯巡视，以后才可转为正常巡视。

4. 故障高压断路器紧急停用处理

当巡视检查发现下列情况之一时，应立即停用故障断路器（或用上一级断路器断开连接该断路器的电源）进行处理。

（1）多油断路器套管接地或有放电现象，瓷套爆炸。

（2）油断路器冒烟、起火。

（3）油断路器内部有放电声，或内部有异常声响。

（4）油断路器严重漏油缺油，可能导致消弧室无油位时。

（5）SF_6 断路器漏气发出操作闭锁信号时。

（6）液压气动机构严重泄漏，压力下降到发出操作闭锁信号时。

（7）真空断路器出现真空损坏的咝咝声。

（8）断路器端子与连接线连接处严重发热或发生熔化时。

4.7 高压断路器的运行故障及处理

高压断路器常见故障有：①断路器本身故障，出现拒"合"、拒"跳"；②断路器出现误合、误跳现象；③操动机构动作失灵；④因灭弧条件变坏而在开断短路电流时造成的对开关破坏（爆炸或触点熔焊）；⑤绝缘子破裂；⑥油面过高或过低而对油开关造成的事故；⑥断路器的发热等。

1. 高压断路器"拒合"

发生"拒合"故障，一般是在合闸操作或重合闸过程中。断路器远方操作不能合闸会造成严重后果。例如，在事故情况下要求紧急投入备用电源时，断路器不能合闸，则延缓了事故时间，严重时还会使事故扩大。

1）高压断路器拒绝合闸的原因

高压断路器"拒合"是常见的故障之一。值班人员在处理时应根据合闸操作过程中出现的异常现象，初步判断故障范围和原因，进行必要的故障排除工作，及时恢复对用户的供电。必要时或故障不能在短时间内排除时，可以先经倒运行方式的方法恢复供电（如倒旁母等），再检查处理问题。

高压断路器"拒合"，一般有以下几种原因造成：

（1）操作不当；

（2）操作、合闸电源问题或电气二次回路故障；

（3）断路器本体传动部分和操动机构存在机械故障。

2）处理方法

（1）用控制开关再重新合一次。目的是检查前一次拒合闸是否为操作不当引起（如控制开关放手太快等）。在重合之前，应当检查有无漏装合闸熔断器，控制断路器（操作把手）是否复位过快或未扭到位，有无漏投同期并列装置（装有并列装置者），检查是否按自投装置的有关要求操作（装有自投装置者）等，如果是操作不当，应纠正后再重新合闸。

（2）检查电气回路各部位情况，以确定电气回路是否有故障。检查方法是：

① 检查合闸控制电源是否正常；

② 检查合闸控制回路熔丝和合闸熔断器是否良好；

③ 检查合闸接触器的触点是否正常（如电磁操动机构）；

④ 将控制开关板至"合闸时"位置，看合闸铁芯是否动作（液压机构、气动机构、弹簧机构的检查类同）。若合闸铁芯动作正常，则说明电气回路正常。

（3）如果电气回路正常，断路器仍不能合闸，则说明为机械方面故障，应停用断路器，并报告有关领导安排检修处理。

经以上初步检查，可判定是电气方面，还是机械方面的故障。常见的电气回路故障和机械方面的故障分别叙述如下。

3）高压断路器"拒合"电气方面常见的故障

（1）电气回路故障可能有：若合闸操作前红、绿指示灯均不亮，说明控制回路有断线现象或无控制电源。可检查控制电源和整个控制回路上的元件是否正常，如操作电压是否正常，熔丝是否熔断，防跳继电器是否正常，断路器辅助触点是否良好，有无气压、液压闭锁等。

（2）当操作合闸后红灯不亮，绿灯闪光且警铃响时，说明操作手柄位置和断路器的位置不对应，高压断路器未合上。其常见的原因有：

① 合闸回路熔断器的熔丝熔断或接触不良；

② 合闸接触器未动作；

③ 合闸线圈发生故障。

（3）当操作断路器合闸后，绿灯熄灭，红灯亮，但瞬间红灯又灭绿灯闪光，警铃响，说明断路器合上后又自动跳闸。其原因可能是断路器合在故障线路上造成保护动作跳闸或断路器机械故障不能使断路器保持在合闸状态。

（4）若操作合闸后绿灯熄灭，红灯不亮，但电流表计已有指示，说明断路器已经合上。可能的原因是断路器辅助触点或控制开关触点接触不良，或跳闸线圈断开使回路不通，或控制回路熔丝熔断，或指示灯泡损坏。

（5）操作手把返回过早。

（6）分闸回路直流电源两点接地。

（7）SF_6 断路器气体压力过低，密度继电器闭锁操作回路。

（8）液压机构压力低于规定值，合闸回路被闭锁。

【例 4.1】如图 4-16 所示。产生下述现象的可能原因是什么？

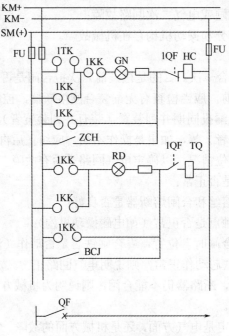

图 4-16　断路器操作回路

（1）断路器 1QF 合闸后，绿灯闪、警铃报警，表计无变化（即未投入）；（2）断路器 1QF 合闸，表计有指示，绿灯闪光熄灭，红灯不亮，1QF 位置指示器指示合闸；（3）1QF 合闸后绿灯熄灭，红灯瞬间亮然后又熄灭，且此时绿灯闪、警铃报警。

分析处理：

（1）因为绿灯闪光、表计无变化且警铃报警，可判断为 1QF 未投入。未投入的原因则可能是操作机构卡住或操作回路内存在故障。

在合闸回路内可能存在的故障是：熔丝熔断、二次回路断线；同期开关 1TK 未投入；操作开关 1KK 接点接触不良。

（2）因为表计有指示和位置指示合闸，表明 1QF 已合闸，绿灯闪光和红灯不亮则可能是 1QF 辅助接点接触不好（如常开断常闭未合）；也可能是二次回路断线或指示灯泡（红灯）损坏。

（3）这种情况表明断路器合闸后又跳闸了。产生这种现象的可能原因是：操作电压过高；操作把手返回太快，操作机构死点过高等。

【例 4.2】油断路器合不上的原因是什么？怎样排除？

分析处理：

（1）操动机构控制回路由于熔断器熔体熔断而无直流电源，使操动机构合不上闸。应检查并排除故障后更换同规格的熔体；

（2）直流电源低于合闸线圈的额定电压，使合闸时虽然操动机构能动作，却不能合闸。应调整直流电源电压，使其与合闸线圈的使用电压相符；

（3）合闸线圈由于操作频繁，温度太高直至线圈烧坏。应尽量避免频繁操作，当合闸线圈温度超过 65℃ 时，应暂停操作，待线圈温度下降到 65℃ 以下时再进行操作；

（4）合闸线圈内铜套失圆、不光滑或铁芯有毛刺而卡住，使操作机构合不上闸、应将铜套进行修整或去除铁芯毛刺，并进行调整以消除卡阻；

（5）合闸线圈的内套筒安装不正或变形，影响合闸线圈铁芯的冲击行程。应重新安装，手动操作试验，并观察铁芯的冲击行程且进行调整；

（6）合闸线圈铁芯顶杆太短、定位螺钉松动，使铁芯顶杆松动，引起操动机构合不上闸。应调整滚轮与支持架间的间隙（1～1.5mm），调整时将顶杆往下压，然后在顶杆上打冲眼、钻孔，并用两个定位螺钉固定；

（7）辅助开关的触点接触不良，使操动机构合不上。应调整辅助开关拐臂与连杆的角度，以及拉杆与连杆的长度，或更换锈蚀和损坏的触点；

（8）操动机构安装不当，使机构卡住不能复位，应检查各轴及连板有无卡住现象　如：双连板的机构其轴孔是否一致，轴销有无变形，连板轴孔是否被开口销卡塞等，根据检查情况进行相应处理。

4）断路器"拒合"机械方面常见的故障

（1）传动机构连杆松动脱落。

（2）合闸铁芯卡涩。

（3）断路器分闸后机构未复归到预合位置。

（4）跳闸机构脱扣。

（5）合闸电磁铁动作电压太高，使一级合闸阀打不开。

（6）弹簧操动机构合闸弹簧未储能。

（7）分闸连杆未复归。

（8）分闸锁钩未钩住或分闸四连杆机构调整未越过死点，因而不能保持合闸。

（9）机构卡死，连接部分轴销脱落，使机构空合。

（10）有时断路器合闸时多次连续做合分动作，此时系开关的辅助动断触点打开过早。

2．运行中的高压断路器发生拒绝跳闸

高压断路器在电网中一个重要作用是当电路发生短路故障时，能立即动作切断故障电路，保证非故障电路正常工作。断路器在运行中发生"拒跳"对系统安全运行威胁很大，一旦某一单元发生故障时，断路器拒动，将会造成"越级跳闸"，即造成上一级断路器跳闸。这将扩大事故停电范围，甚至有时会导致系统解列，造成大面积停电的恶性事故。因此，"拒跳"比"拒合"带来的危害性更大。

1）高压断路器发生"拒跳"故障的特征

高压断路器发生"拒跳" 故障的特征为：回路光字牌亮，信号掉牌显示保护动作，但该回路红灯仍亮，上一级的后备保护如主变压器复合电压过流、断路器失灵保护等动作。在个别情况下后备保护不能及时动作，元件会有短时电流表指示值剧增，电压表指示值降低，功率表指针晃动，主变压器发出沉重的"嗡嗡"异常响声，而相应断路器仍处在合闸位置。

2）"拒跳"故障的处理方法

高压断路器一旦发生"拒跳"故障，为了防止越级跳闸、事故扩大，应立即汇报调度，并迅速采取措施，简明地判断清楚故障范围，及时将断路器停电处理。其处理方法为：

（1）检查操作熔断器是否熔断或接触不良，直流母线电压是否正常。若有问题，更换处理正常后断开断路器。

（2）上述情况正常，可以再分闸操作一次，同时注意红、绿灯变化，并由专人同时观察跳闸铁芯动作情况，以便判别区分故障。

如果在操作之前红灯亮，控制断路器扭到"预跳"位置时红灯闪光，操作时跳闸铁芯动作，都说明跳闸回路正常。反之，为跳闸回路不通。跳闸铁芯动作但断路器不跳闸，属操作机构和断路器本体有问题。

（3）判明故障范围以后，应汇报调度，尽快以手打跳闸铁芯或脱扣机构，断开断路器，处理故障。

（4）如果以手打跳闸铁芯或脱扣机构，仍断不开断路器，应将断路器停电处理。如果检查操作机构，可以在短时间内自行处理的问题，处理后断开断路器。如四连杆机构过"死点"太多、脱扣机构扣入尺寸过大等。

（5）无法将断路器断开时，可以采取如下措施，将拒跳断路器停电检修。

① 对于双母线接线，可以把拒跳断路器倒至单独在一段母线上，与母联断路器串联运行。用母联断路器断开电路，再拉开拒跳断路器两侧的隔离开关，停电检修。

② 有旁母的接线，可以经倒运行方式，使拒跳断路器与旁母断路器并联以后，拔掉旁母断路器的操作熔断器（防止拉隔离开关时，旁母断路器跳闸，造成带负荷拉隔离开关事故），拉开拒跳断路器的两侧的隔离开关，再装上旁母断路器的操作熔断器。断开旁母断路器，拒跳断路器停电检修。

③ 利用变电所一次系统主接线的特点，采用其他倒运行方式的方法，将拒跳的断路器停电检修。

④ 在无法倒运行方式的情况下，对于 35kV 及以下的电容电流小于 5A 的架空线路、励磁电流小于 2A 的变压器，可以把负荷全部转移以后，用户外三相联动隔离开关拉开其空载电流，使拒跳断路器停电检修，不具备用隔离开关拉开空载电流条件的，只能在不带电的条件下，拉开故障断路器两侧隔离开关，停电检修（其他部分先恢复供电）。

3）高压断路器"拒跳"原因分析

（1）跳闸铁芯不动作，将控制断路器扭到"预跳"位置，红灯不闪光，说明跳闸回路不通。可以在断开断路器操作的同时，测量其跳闸线圈两端有无电压。

① 若测量无电压或很低。原因有：操作熔断器熔断或接触不良，控制断路器接点接触不良，跳闸回路中其他元件（断路器的动合辅助接点、回路中的连接端子等）接触不良。

② 跳闸线圈两端电压正常。说明跳闸回路其他元件正常，原因可能有：跳闸线圈断线或两串联线圈极性接反，跳闸铁芯卡涩或脱落。

（2）跳闸铁芯已经动作，脱扣机构不脱扣。原因有：

① 脱扣机构扣入太深、啮合太紧，四连板机构过"死点"太多。

② 跳闸铁芯行程不够。跳闸线圈剩磁大，使铁芯未复位，顶杆冲力不足。也可能是跳闸线圈有层间短路。

③ 机构防跳保安螺钉未退出，分闸锁钩扣入太多（CD6 型机构）等。

④ 弹簧机构的跳扣钩合面角度不良。

（3）跳闸铁芯已经动作，机构虽脱扣但仍不分闸。主要原因有：

① 操动、传动、提升机构卡涩，摩擦力增大。

② 机构轴销窜动或缺少润滑。

③ 有关的弹簧拉伸或压缩尺寸小或弹簧变质，致使断路器的分闸力太小。

④ 断路器动静触点熔焊、卡涩。

高压断路器拒跳的原因查明后，对于二次回路元件的内部问题、操作机构和传动机构的问题，如果不能自行处理，应立即汇报，由专业人员处理。

（4）确定为断路器故障后，应立即手动拉闸。

① 当尚未判明故障断路器之前而主变压器电源总断路器电流表指示值碰足，电压表指示下降，异常声响强烈，应先拉开电源总断路器，以防烧坏主变压器。

② 当上级后备保护动作造成停电时，若查明有分路保护动作，但断路器未跳闸，应拉开拒动的断路器，恢复上级电源断路器；若查明各分路保护均未动作（也可能为保护拒掉牌），则应检查停电范围内的设备有无故障，若无故障应拉开所有分路断路器，合上电源断路器后，逐一试送各分路断路器。当送到某一分路时电源断路器又再跳闸，则可判明该断路器为故障（"拒跳"）断路器。这时应将其隔离，同时恢复其他回路供电。

③ 在检查"拒跳"断路器时，除属可迅速排除的一般电气故障（如控制电源电压过低，或控制回路熔断器接触不良，熔丝熔断等）外，对一时难以处理的电气或机械性故障，均应联系调度，作停用、转检修处理。

4）断路器"拒跳"电气方面故障的分析与判断方法

检查断路器"拒跳"电气方面的原因，可根据有无保护动作信号掉牌、断路器位置指示器灯指示是否正常等现象来判断故障范围。

（1）无保护动作信号掉牌，手动断开之前红灯亮，能用控制断路器操作分闸。一般多为保护拒动。如：电压互感器二次开路、短路或接线有误；保护的整定值不当；保护回路断线；电压回路断线等。这时可通过作保护传动（加模拟故障量、通一次电流等）试验，验证和查明原因。同时，还应检查其保护的投入位置是否正确。

（2）无保护信号掉牌，手动断开断路器之前红灯不亮。用控制断路器操作仍可能拒跳。其可能的原因是：操作熔断器熔断或接触不良；跳闸回路断线。因为，一般 35kV 及以下线路的保护回路中，信号继电器在保护出口回路，并且与控制回路中的跳闸回路串联。跳闸回路不通时，保护动作断路器拒跳，同时信号继电器也不会动作。这种情况下，会有"控制回路断线"信号（有此信号时）报出。

（3）有保护信号掉牌，手动断开断路器之前红灯亮，用控制断路器操作能分闸。可能是保护出口回路问题。

（4）有保护信号掉牌，手动断开断路器时，断路器拒动。其原因是：若红灯不亮，属跳闸回路不通；若操作前红灯亮，可能是操作机构的机械问题。

对于电气二次回路的问题，可以用模拟传动试验或用表计测量的方法检查，查出故障并处理。对于断路器本体、操作机构的问题，不能自己处理时，由检修人员处理。

5）断路器"拒跳"机械方面的原因

（1）跳闸铁芯动作，但冲击力不足。这时如果操作电源正常，有可能是铁芯卡涩或跳闸铁芯脱落；

（2）分闸弹簧失灵，分闸阀卡死，大量漏气等；

（3）触点发生焊接或机械卡涩，传动部分出现故障（如销子脱落）。

【例 4.3】高压油断路器操作机构不能分闸的原因是什么？怎样排除？

分析处理：

（1）分闸线圈无直流电压或电压过低；应检查调整直流电源电压，达到分闸线圈的使用电压；

（2）辅助触点接触不良或触点未予切除，应调整辅助开关或更换触点；

（3）分闸铁芯被剩磁吸住，应将铁顶杆改为黄铜杆，但黄铜杆必须与铁芯用销子紧固，避免松脱；

（4）分闸铁芯挂在其周围的凸缘上，使操动机构不能分闸。应将铁芯周围凸缘的棱角锉圆，使铁芯不致挂住；

（5）分闸线圈烧坏，应查出原因并更换线圈；

（6）分闸线圈内部铜套不圆、不光滑，铁芯有毛刺而产生卡阻，使操动机构不能分闸。应对铜套进行修整，去除铁芯毛刺，以消除卡阻；

（7）连板轴孔磨损，销孔太大使转动机构变位，应检查连板轴孔的公差是否符合规定要求，偏差超过 30μm 时必须更换；

（8）轴销窜出，连杆断裂或开焊，应用手动打回冲击铁芯使开关分开，然后检查连杆、轴销的衔铁部分，必要时进行更换或焊接；

（9）定位螺钉松动变位，使传动机构卡住，应将受双连板击打的螺钉调换一个方向或加设锁紧螺母，避免螺钉松动变位。

3. 运行中高压断路器发生"误跳闸"

若系统中未出现短路或直接接地现象，继电保护也未动作，断路器自动跳闸称为断路器的"误跳闸"。造成断路器误跳闸的主要原因有三大类：人员误动、操作机构自行脱扣、电气二次回路问题。

1）人员误动使断路器误跳闸的处理

人员误操作使断路器误跳闸，有以下几种情况：

（1）走错设备间隔，误动二次元件，误触动同盘上的其他回路元件，误碰设备某些部位等。

（2）二次回路上有工作，防护安全措施不完善，防护措施不可靠。如：忘记断开保护联跳其他断路器的回路；二次回路上带电工作时，不小心造成的失误等。

人为的原因使断路器误跳闸，造成非全相运行的，可根据调度命令立即合上。

人为的原因使断路器三相误跳闸，对于一般的馈电线路及无非同期并列可能的，可以立即合闸。对于联络线，应注意投入同期并列装置，检查同期合闸。无同期并列装置的，在确无非同期并列的情况下，可以合闸。

2）操作机构自行脱扣的处理

判断依据：扬声器响（有保护出口继电器报事故信号的，自行脱扣不报事故音响），断路器跳闸，绿灯闪光，无保护动作信号掉牌。跳闸的线路上、系统中没有发生短路（或接地短路）的冲击摆动现象，照明灯也无突然变暗，电压表指示无突然下降，只有跳闸时的负荷电流（或潮流）波动。对于联络线，跳闸以后，如果线路上有电，则更能说明是误跳闸。

这种原因造成的误跳闸，一般情况下，重合闸会动作。若重合成功，则不允许再检查处理操作机构的问题。应汇报调度和上级，待以后停电检查处理。

【例4.4】高压油断路器误跳闸的原因是什么？怎样排除？

（1）油断路器本身的挂钩滑脱，应重新合闸试送，若挂钩搭不上，需检修挂钩；

（2）误操作，误碰操作机构，应严格按操作规程操作，执行工作票制度；

（3）操作回路中有关常开触点误动作或绝缘损坏导致接地，也会造成断路器误动作。应检查操作回路和回路的绝缘情况，并进行修复。

3）二次回路问题造成断路器误跳闸的处理

处理由于二次回路故障使断路器误跳闸的情况时，可以根据有无保护动作掉牌，采用不同的措施。

（1）无保护动作信号掉牌。

原因：

① 直流回路多点接地；

② 二次回路中某些元件性能不良；

③ 二次回路短路；

处理方法：

① 拉开误跳断路器两侧的隔离开关，进行检查判断。出现这种现象除了直流接地原因以外，与操作机构自行脱扣误跳闸相比，外表现象无多大的差别。但可通过操作机构、二次设备各元件状态的检查进行区分。二次回路上的故障，除直流接地外，一般无明显的象征，不太容易发现，并且不容易在短时间内排除故障。所以应向上级汇报。

② 根据调度命令，把负荷倒至备用电源供电。

③ 无备用电源的，可以把负荷倒至旁母供电。

④ 无备用电源，又不能倒换运行方式时，检查处理完毕再送电或根据调度命令执行。

（2）有保护动作信号掉牌。

因为继电保护误动跳闸，有保护信号掉牌，故应首先判断是否确属于误动，并汇报调度。

判断依据有：虽有保护掉牌信号，当时系统中有无发生短路、接地时的冲击，电压有无下降，照明灯有无突然变暗，设备本身有无通过短路电流的迹象。检查保护投退位置是否正确，保护范围内、外有无故障，保护回路有无工作，与调度联系了解的情况等。若联络线路上有电，则说明确属误动跳闸。保护误动作的原因有：

① 保护整定值不符合要求。如：整定值过小，用户负荷增大过多而误动作；双回路供电线路（过流保护有两个整定值的），其中一回停电，而运行中的另一回线路保护，没有按现场规程的规定投大定值位置，造成误动跳闸。

处理：汇报调度。如果是保护范围以外有故障，隔离故障之后恢复供电，如果是负荷过大，应将保护改投大定值或减负荷以后恢复供电，保护整定值符合要求之后，才能增加负荷。

② 保护回路上有工作，安全措施不完善。如：未断开应该拆开的接线端子，未断开有关联跳压板，工作中误碰、误触及、误接线等，使断路器误动作跳闸。

处理：停止在保护及二次回路上的工作，拉开其试验电源。根据二次回路上有人工作，而在电网中，并无发生故障时的电流、电压冲击摆动，照明灯无突然变暗情况，判定属误动时，按有关规定纠正、完善有关安全措施后恢复供电。送电时，对于联络线，应注意防止非同期并列。

③ 电压互感器二次断线，断线闭锁不可靠的保护误动作。这种情况，一般会报出"交流电压回路断线"信号。如果电压互感器的一、二次熔断器熔断，则电压表指示不正常。跳闸时，

没有短路故障引起的冲击摆动。

处理：迅速使电压互感器的二次电压恢复正常，重新合闸送电，恢复系统间的并列。对于联络线，应经并列装置合闸。电压互感器二次电压不能立即恢复正常时，应把负荷倒至备用电源上，使误跳断路器停电处理问题。若无备用电源时：

a. 将负荷倒至旁母。

b. 无旁母的，先解除误动作的保护，把误跳闸断路器倒至单独在一段母线上，与母联断路器串联（双母线接线，且母联的保护，能保护所串线路时）运行。

c. 无上述条件的，如果误跳断路器配有其他保护装置，又必须紧急送电时，可根据调度令，退出误动保护，恢复供电。

④ 保护装置工作后，接线错误未被发现，在外故障、负荷增大或有波动时误动作。如：差动保护、零序保护、高频保护等，电流互感器二次接线有误，带负荷测相量时又未发现，运行中就会误动作。还有，二次回路工作中留下隐患，在运行中误动作等。

处理：汇报调度，经综合分析判断，判定属误动作以后，将负荷倒至备用电源上，将误跳断路器停电处理二次回路问题。若无备用电源，应经倒运行方式的方法先恢复供电，其具体方法和前一种故障处理的第①～③项相同。

4）处理断路器误跳闸故障时的注意事项

（1）及时、准确地记录所出现的信号和象征。汇报调度以便听从指挥，便于在互通情况中判断故障。

（2）对于可以立即恢复运行的，应根据调度命令，按下列情况恢复合闸送电：

① 对于单电源馈电线路，可以立即合闸送电。

② 对于单回联络线，需检查线路上无电压后合闸送电（同期并列装置应投于"手动"位置）。

③ 对于联络线，当线路上有电时，必须经并列装置合闸（并列装置应投于"同期"位置）或在无非同期并列的可能时合闸。

（3）无论是什么原因造成的误跳闸，凡是重合闸动作，重合成功时，不许再对误跳断路器的操作机构、保护装置、二次回路进行检查处理缺陷，以免再次误跳闸。应分析原因，观察情况，汇报调度和上级，待命处理。

4. 高压断路器发生"误合闸"

高压断路器未经操作自动合闸，属"误合闸"故障。对"误合闸"故障一般可以按如下方法判断处理：

（1）经检查确认为未经合闸操作。

① 手柄处于"分后位置"，而红灯连续闪光。表明断路器已合闸，但属"误合"。

② 应拉开误合的断路器。

（2）对"误合"器，如果拉开后断路器又再"误合"，应取下合闸熔断器，分别检查电气方面和机械方面的原因，联系调度和有关领导将断路器停用作检修处理。"误合"原因可能有：

① 直流两点接地，使合闸控制回路接通。

② 自动重合闸继电器动合触点误闭合，或其他元件某些故障接通控制回路，使断路器合闸。

③ 若合闸接触器线圈电阻过小，且动作电压偏低，当直流系统发生瞬间脉冲时，会引起

断路器误合闸。

④ 弹簧操动机构的储能弹簧锁扣工作不可靠，在有振动时（如断路器跳闸），锁扣自动解除，造成断路器自行合闸。

5. SF₆断路器本体的故障原因及处理方法

SF_6断路器本体的故障及处理方法如表 4-3 所示。

表 4-3　SF_6断路器本体的故障及处理方法

故 障 现 象	故 障 原 因	处 理 方 法
泄漏	密封面紧固螺栓松动	紧固螺栓或更换密封件
	焊缝渗漏	补焊、刷漆
	压力表渗漏	更换压力表
	瓷套管破损	更换新瓷套管
绝缘不良 放电闪络	瓷套管污秽较多或有其他异物	清理污秽及异物
	瓷套管炸裂或绝缘不良	更换新瓷套管
本体内部卡死，某一相不能动作	多数是绝缘拨叉脱落或断裂	由制造厂家解体检修
分、合闸动作电压不符合要求	测量或接线错误	改正接线，测量尽量选用电压源
	电磁铁本身有问题	①检查静铁芯与动铁芯之间的距离应符合规定 ②检查动铁芯应动作灵活，无卡涩 ③电磁铁型号与操作电压相符 ④操作回路中无虚接
同期不合格	管路中存在气体	进行排气
	工作缸启动慢	检修工作缸
	合闸时间长，辅助储压器中无氮气	辅助储压器充氮气
测量出的断口示波图存在干扰	测量中接线不好	改正接线
	测量用的电源不合格	更换电源
	示波器振子损坏	更换振子
合闸电阻示波图为一直线	接线不良	重新接线
	五联箱中的大连板断裂	检查大连板
合闸电阻值小	接线有错	重新接线
分、合闸速度过高（低）	储压器预压力偏高（低）	检修储压器
	定径孔过大（小）	适当缩小定径孔
	环境温度影响	低温时，应投入加热器
动作速度过大	一级阀顶杆空行程偏小	调整到规定值
	管道内有气体	排气
	一级阀顶杆有卡涩	修正或更换零件

6. 真空断路器的真空度下降

真空断路器的真空度一般在现场无法测量，因此均以检查其承受耐压的情况为鉴别真空度是否下降的依据。正常巡视检查时要注意屏蔽罩的颜色，应无异常变化。特别要注意断路器分

农村供用电设备使用与维护

闸时的弧光颜色，真空度正常情况下弧光呈微蓝色，若真空度降低则变为橙红色。这时应及时更换真空灭弧室。造成真空断路器真空度降低的原因主要有：

（1）使用材料气密情况不良。

（2）金属波纹管密封质量不良。

（3）在调试过程中，行程超过波纹管的范围，或超程过大，受冲击力太大造成。

7. 高压断路器操动机构的常见故障及处理

由于断路器的分、合闸动作是靠操动机构来实现的，若操动机构发生故障，也使得断路器不能正常工作。由于操动机构不同，其故障现象及处理方法也不同。

1）弹簧操动机构的常见故障原因及处理方法

采用弹簧储能操动机构的断路器在运行中，如出现弹簧未储能信号，运行值班人员应迅速检查交流回路及电机是否有故障。若电动机有故障时，应手动将弹簧储能；若交流电动机无故障而且弹簧已拉紧（储能），是二次回路误发信号；若系弹簧锁住机构有故障，且不能处理时，应汇报调度，申请停用。

弹簧操动机构部分常见故障原因及处理方法如表 4-4 所示。

表 4-4 弹簧操动机构常见故障原因及处理方法

常 见 故 障		故 障 原 因	处 理 方 法
拒合	合闸铁芯和机构已动作	主轴与拐臂连接用圆锥销被切断	更换新销钉
		合闸弹簧疲劳	更换新弹簧
		脱扣联板动作后不复归或复归缓慢	检查脱扣联板弹簧有无失效，机构主轴有无窜动
		脱扣机构未锁住	调整半轴与扇形板的搭接量
	铁芯动作，但顶不动机构	合闸铁芯顶杆顶偏	调整连板到顶杆中间
		机构不灵活	检查机构联动部分
		电动机储能回路未储能	检查储能电动机行程开关及其回路是否正常
		驱动棘爪与棘轮间卡死	调整电动机凸轮到最高行程后，调整棘爪与棘轮间隙至 0.5mm，不卡死为宜
	合闸芯不能动作	①失去电源 ②合闸回路不通 ③铁芯卡滞	检查原因并予以消除
	合闸跳跃	扇形板与半轴搭接太少	适当调整使其正常
拒分	分闸铁芯已经动作	分闸拐臂与主轴销钉切断	更换新销钉
		分闸弹簧疲劳	更换新弹簧
		扇形板与半轴搭接太多	适当调整使其正常
	分闸铁芯不能动作	①分闸回路不通 ②分闸铁芯卡滞 ③无电源	检查原因并予以消除
	分、合速度不够	分合闸弹簧疲劳	更换新弹簧
		机构运行不正常	检查原因并予以消除
		本体内部卡滞	解体检查

2）电磁操动机构的常见故障原因及处理方法

电磁操动机构的故障主要分为合闸失灵和分闸失灵。若合闸失灵，其可能的原因是：操作电压低、合闸电路断路、合闸接触器低电压动作值不合格或接触不良、断路器辅助转换触点配合不当、合闸铁芯卡涩等；若分闸失灵，其可能的原因是：操作电压低、分闸电路断路、分闸铁芯卡涩等。

无论分闸或合闸失灵，当运行人员不能处理时，均应申请调度、设法使断路器停用、启用旁路断路器代替、转移负荷等。

操动机构常见故障原因及处理方法如表 4-5 所示。

表 4-5　电磁操动机构常见故障原因及处理方法

常 见 故 障	故 障 原 因	处 理 方 法
机构跳不开	辅助开关分闸接点接触不良或接点未予以切换	检查和修理静接点的弹性，并调整接点使其切换灵活
	调整不当，定位螺钉太低使中间（死点）太低	调整定位螺钉
	分闸铁芯卡涩	拆下铁芯清洗，将铜套整圆，磨光铁芯
	分闸铁芯顶杆折断或脱落	检查、更换或紧固铁芯顶杆
	分闸直流操作回路断线	检查熔断器，分闸线圈，找出原因
机构合不上	辅助开关合闸接点接触不良或接点未予切换	检查和修理静接点的弹性，并调整接点，使其切换灵活
	定位螺钉变形或松动影响活动轴和定轴三点的位置，使合闸失灵	拧紧定位螺钉，调整死点位置
	分闸后，合闸滚轮未复位，故造成铁芯空合	找出滚轮复归不好的原因进行处理
	分闸铁芯顶杆弯曲或铜套变形，使铁芯卡住不能复位	取下铁芯、修理铜套
	合闸操作回路断线	检查合闸操作回路、熔断器、接头和合闸线圈，找出原因并处理
	合闸铁芯顶杆太短（或折断），滚轮顶不到位	在合闸铁芯底部加橡皮垫
	合闸接触器线圈断线或其触点被卡住不能复位	内部断线应更换。检查复位弹簧的弹性及接点与灭弧罩之间是否留 1mm 间隙
	合闸电压太低或合闸线圈电阻大、功率低	检查和调整电源电压，使其不低于额定电压的 80%；检查线圈的直流电阻，不合格应更换
重合闸不成功	杠杆系统复归速度太慢	清扫并涂以浓度小的润滑油
	重合闸时间整定得太短	整定重合闸时间，使其大于杠杆系统的复归时间

3）液压操动机构的常见故障原因及处理方法

液压操动机构的常见故障及处理方法如表 4-6 所示。

表 4-6　液压操动机构的常见故障及处理方法

常 见 故 障	故 障 原 因	处 理 方 法 备 注
液压系统外部泄漏	高压触点外密封泄漏	拆下检查，更换触点或密封圈
	低压触点外密封泄漏	拆下检查，更换触点或密封圈
	滤油器泄漏	修理或更换
	油箱底部泄漏	修理或更换密封圈

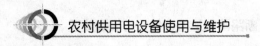

农村供用电设备使用与维护

续表

常见故障	故障原因	处理方法备注
液压系统外部泄漏	放油阀泄漏	修理或更换密封圈
	压力继电器活塞杆处"Y"形密封圈坏	更换密封圈
	工作缸活塞杆Yx（Y）型密封圈坏	更换密封圈
	吸油管老化、损坏	更换吸油管
	油泵外壳泄漏	修理或更换泵壳和密封圈
	其他固定密封坏	更换密封圈
液压系统内部泄漏	控制阀阀线坏	修理后研磨或更换
	阀线上有金属屑或印痕	修理后研磨或更换
	动活塞密封圈坏	更换密封圈
	放油阀关闭不严	重新研磨或更换零件
	高压区通向低压区密封圈坏	更换密封圈
	安全阀关闭不严	重新研磨或更换零件
拒分与拒合	辅助开关转换不良	更换辅助开关或修理触点
	电磁铁线圈引线断或接触不良	更换线圈或重新焊之
	一级阀顶杆弯曲、卡死	更换零件、重新研磨
	油压过低，电动闭锁	检查压力异常原因后修复之
	合闸阀保持回路大量泄漏	检查单向阀及保持油路
	分闸球网未关闭	修理阀线、更换钢球
	保持油路不通，合后又分	单向阀关闭不严；合闸电磁铁行程调整
	工作缸拉毛、卡死	修理或更换零件
	传动系统卡死	修理或更换零件
油泵长时间打不上油压	放油阀或控制阀关闭不严或合闸二级阀处于半分半合状态	修理或更换密封圈或堵住合闸二级阀排油孔，操作分闸，使其返回
	油面过低	查明原因后加油
	油泵低压侧有气体（或漏气）	排尽气体（若漏气，则拧紧接头）
	吸油管压扁，进油不通畅	重新安装，不准压扁
	吸油阀泄漏	重新研磨或更换零件
	安全阀关闭不严	修理或更换零件
	柱塞配合太松，泄漏过大	更换零件
油压过低	控制电动机启动触点坏	检查、修理微动开关及接触器
	蓄压筒漏氮气	检查筒壁和"Y"形密封圈
油压过高	控制电动机停止触点坏	检查、修理微动开关及接触器
	蓄压筒氮气侧进油	检查筒壁粗糙度及"Y"形密封圈
	控制电动机的接触器误动作	去除接触器上污物、油垢
油泵发热伴有响声	柱塞拉毛、咬死	更换零件
	柱塞配合太紧而"胀死"	重新研磨
	吸油管内无油或气泡甚多	加油、排气
分、合闸速度过低（高）	蓄压筒预压力偏低（高）	检查原因，修理蓄压筒
	节流孔太小（大）	适当扩大（缩小）

PAGE | 128

续表

常见故障	故障原因	处理方法备注
分、合闸速度过低（高）	环境温度影响	当低温时，应投入加热器
动作时间过长	齿轮泵漏油、缝隙太大	检修或更换齿轮
	一级阀顶杆空程太小	调整至说明书规定值
	管道内有气体	应放气
	一级阀顶杆有卡住现象	修正或更换零件
速度特性曲线有突变和弹跳	缓冲特性太强（突变或中途返弹）	重新调整
	缓冲太弱（到终点返弹严重）	
低电压（20%U_N）易脱扣	分闸电磁铁反力太小	适当加强反力（例如增加弹簧力）
		适当减小电磁铁空程
电接点压力表失灵	因断路器操作时机械振动及液压冲击	增加阻尼小孔或针阀

8. 高压断路器安装交接及检修验收要求

高压断路器安装后交接或检修完工后，应当进行验收。验收时除对断路器本体应进行验收外，还必须与二次回路、控制回路和保护装置进行联动，以确保二次操作、保护、信号等回路正确，给安全运行创造良好条件。验收要点如下：

（1）必须根据断路器检修记录卡进行验收。校对各项大修记录、调整记录、试验记录及测量技术数据等，应符合标准。验收检查的主要内容有：各相主触点的总行程，超行程，分、合闸速度和时间，同期性，接触电阻，绝缘油牌号，油耐压及油简化试验结果，燃弧距离等主要数据。

（2）检查大修项目和特殊项目的完成情况，查明尚遗留的缺陷及原因。

（3）检查大修中所需消除缺陷的完成情况，查明尚遗留的缺陷及原因。

（4）断路器的外观检查。

① 断路器及操动机构应固定牢靠，外表清洁完整。

② 电气连接应牢靠，且接触良好。接线连接板处应有用示温片监视运行温度的措施。

③ 油断路器及液压操动机构应无渗漏油现象，油位正常。

④ SF_6断路器压力表指示及液压操动机构压力表指示应在合格范围内。压力表应经持证单位校验合格。

⑤ 断路器及其操动机构的联动应正常，无卡阻现象。分合闸指示正确，切换开关动作正确可靠。

⑥ 机构箱的密封垫应完整，电缆穿孔封堵良好。

⑦ 油漆完整，相色正确，接地良好。

⑧ 油断路器本体（室外）防雨帽齐全，且固定牢固。

⑨ 断路器应有运行编号和名称。

（5）液压机构的检查。

① 做失压防慢分试验，并核对压力是否过高或过低，触点压力表与光示牌的指示是否相符，同时验证停泵、启泵、压力降低、分闸闭锁、合闸闭锁、零压闭锁策动开关动作的正确性及与光示牌指示是否相符。

② 液压机构箱内，电加热器应良好，温控开关应设置在规定位置上。

③ 上述检查项目全部结束后，应进行 3 次试操作，并配合继电保护作联动试验。带有重合闸的线路断路器还必须投入重合闸做试验，以检查机构动作的正确性。

（6）SF_6 断路器的验收检查。SF_6 密度继电器的报警触点和闭锁操作回路触点位置应符合规定值，必须与光字牌相符。SF_6 气体压力的密度继电器和压力表应良好。除此之外，还应重点抽查或参与复测 SF_6 气体含水量和漏气率的检验。

① 大修或交接投运的断路器本体内部灭弧室的气体含水量应小于 150ppm（体积比），其他情况下气室含水量应小于 250ppm（体积比），运行断路器气体含水量应小于 300ppm（体积比）。因为断路器中 SF_6 气体的含水量过大，在气温下降到一定程度时会造成凝露，这将使绝缘大为下降，易发生绝缘事故。

② SF_6 断路器的年漏气率应小于 1%。

（7）采用弹簧操动机构的断路器，必须做慢分慢合试验，观察整组断路器在整个动作中应平滑，无跳动现象。电动机运转及储能信号应与光字牌一致，试操作三次，配合继电保护做联动试验，有重合闸的线路断路器，必须进行重合闸试验，以检查机构动作的正确性。

（8）断路器各相对地的绝缘电阻，应符合规定值要求。

（9）防误装置闭锁应完好。

（10）断路器及操动机构上应无遗留物，现场应清洁，无杂物。

9. 高压断路器的常见故障及其分析

【例 4.5】高压断路器分、合闸速度不符合要求的原因是什么？怎样排除？

（1）若分、合闸速度同时减慢，一般是运动部件装配不当或润滑不良，以致运动过程出现卡阻现象，应重新装配或加入润滑油脂。

（2）若合闸速度减慢或加快，应检查和调整分闸弹簧、触点压缩弹簧、合闸缓冲弹簧等。另外，合闸电压（或液压、气压及液、气流量）对合闸速度也有影响，在检修时应区别情况，找出原因，进行调整。

（3）若分闸速度减慢或加快，应检查和调整分闸弹簧、触点压缩弹簧、合闸缓冲弹簧等。

【例 4.6】高压断路器主回路电阻过大的原因是什么？怎样排除？

（1）各接触面接触不良、不清洁、有氧化层，压紧螺栓未拧紧，压紧弹簧垫或弹簧变形、损坏，接触面镀层磨损或脱落。应检查相应部分，并予以处理。

（2）接触面腐蚀或烧损，应检查接触面是否有尖角或凹凸不平的现象，用细锉刀、细砂布进行修复，若损伤严重，需更换触点。

（3）动触点端子松动，使接触电阻剧增。应首先确定引起电阻过大的主要原因，然后进行修整，必要时更换弹簧、触点等元件，直至测得断路器主回路电阻值符合要求为止。

【例 4.7】断路器操作机构分、合闸线圈烧毁的原因是什么？怎样排除？

（1）电源电压过高，应降低电源电压。

（2）线圈绝缘老化或受潮而耐压强度降低，导致内部绝缘击穿，从而烧毁线圈，应更换线圈或将线圈进行干燥处理。

（3）辅助开关的辅助触点未断开，线圈长期通电而烧毁，应调整辅助开关，保证准确无误地进行切换。

（4）铁芯卡住，也会造成线圈长期通电烧毁，应消除卡阻现象，使铁芯动作灵活。

【例 4.8】变配电所母线断路器跳闸的原因是什么？怎样排除？

故障原因：变配电所母线断路器跳闸主要是操作人员误操作、设备损坏或小动物侵入造成母线短路引起的，有时也有线路断路器的继电保护误动作而引起越级跳闸。

排除方法：一旦母线断路器跳闸，应先检查母线，在确定并消除故障后方可送电，严禁未经故障排除就强行送电，如跳闸前母线上曾有人工作过，应对工作场所进行详细检查，是否有接地线未撤除或工作没有结束，避免误送电造成人身和设备事故。

【例 4.9】造成高压断路器过热的原因是什么？

高压断路器运行中若发现油箱外部颜色异常，且可嗅到焦臭气味，则应判为出现过热现象。断路器过热会使油位升高，迫使断路器内部缓冲空间缩小，同时由于过热还会使绝缘油劣化、绝缘材料老化、弹簧退火等。断路器过热的判断方法：对多油断路器油箱可用手摸，以判断是否过热；对少油断路器，可注意观察油位、油色和引线接头示温片有无熔化等过热特征。必要时可用红外线测温仪测试。

造成断路器过热的原因有：

（1）长时间过负荷。

（2）触点接触不良，接触电阻超过标准值。

（3）导电杆与设备接线卡的连接松动。

（4）导电回路内各电流过渡部件、紧固件松动或氧化，导致过热。

在运行中合闸线圈冒烟、烧毁的原因是什么？

合闸操作或继电保护自动装置动作后，出现分、合闸线圈严重过热或冒烟，可能是分、合闸线圈长时间带电所造成的。发生此现象时，应马上断开直流电源，以防分、合闸线圈烧坏。

（1）合闸线圈烧毁的原因有：

① 合闸接触器本身卡涩或触点粘连。

② 操作把手的合闸触点断不开。

③ 重合闸装置辅助触点粘连。

④ 防跳跃闭锁继电器失灵。

⑤ 断路器辅助触点打不开。

（2）分闸线圈烧毁的原因主要有：

① 分闸线圈内部匝间短路。

② 断路器跳闸后，机械辅助触点打不开，使跳闸线圈长时间带电。

【例 4.10】油断路器合闸后拉力绝缘子或弹簧断裂应怎样排除？

（1）若一相拉力绝缘子断裂，应将线路负荷转移到备用电源供电；如无备用电源，应通知用户停电，然后断开事故断路器进行处理。

（2）若两相或三相拉力绝缘子断裂，应将线路负荷倒至备用电源或通知用户停电，然后断开上级油断路器，最后断开事故断路器进行处理。

（3）如跳闸弹簧断裂还能切断油断路器，应按上述（1）处理；若跳闸弹簧断裂不能切断油断路器，应按上述（2）处理。

思考题与习题

1．叙述少油断路器的结构和组成。
2．真空断路器的特点和灭弧方法是什么？
3．叙述 SF$_6$ 断路器结构与类型。
4．高压断路器操动机构的分类与特性要求是什么？
5．高压断路器操作基本要求是什么？
6．高压断路器的运行要求与正常运行条件是什么？
7．如图 4-16 所示。产生下述现象的可能原因是什么？
（1）断路器 1QF 合闸后，绿灯闪、警铃报警，表计无变化（即未投入）；
（2）断路器 1QF 合闸，表计有指示，绿灯闪光熄灭，红灯不亮，1QF 位置指示器指示合闸；
（3）1QF 合闸后绿灯熄灭，红灯瞬间亮然后又熄灭，且此时绿灯闪、警铃报警。
8．SF$_6$ 断路器本体的故障原因及处理方法是什么？
9．高压断路器安装交接及检修验收有什么要求？
10．高压断路器操动机构的常见故障及处理方法是什么？

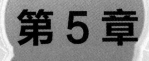

第5章

高压隔离开关的运行、维护与故障处理

隔离开关又名隔离闸刀，是高压开关的一种。因为它没有灭弧装置，所以只能在开断前或关合过程中电路中无电流或接近无电流的情况下开断和关合电路，而且一般对动触点的开断和关合速度没有规定要求。

5.1 高压隔离开关的类型和用途

1. 高压隔离开关的类型

隔离开关的类型按安装地点分类可分为户内式的和户外式。

户内式高压隔离开关都是刀闸型的，如图 5-1 所示。其中，GN_2、GN_{16}、GN_{18}、GN_{19}、GN_{20} 系列为三极式的，额定电压为 10～35kV；GN_1、GN_5 和 GN_{10} 系列为单极式的；GN_{10} 系列也可改成三相连动，额定电压为 10～20kV。

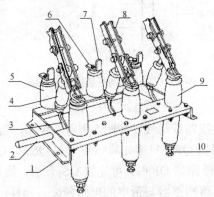

1—框架；2—转轴；3—拐臂；4—升降绝缘子；5—支柱绝缘子；6—上接线端子；7—静触点；
8—闸刀；9—套管绝缘子；10—下接线端子

图 5-1 户内式三相高压隔离开关结构

户外式的隔离开关都是单极式的，可做成三相连动，如图 5-2 所示。主要有 GW$_4$、GW$_5$、GW$_6$、GW$_7$ 和 GW$_{11}$ 等系列。GW$_4$-220D 型双柱式隔离开关每柱有两个瓷柱，可以转动；导电闸刀分成相等的两段，分别固定在瓷柱的顶端；触点上装有防护罩，用以防雨雪和尘土；带有接地刀闸。

通常较大容量的隔离开关，每一极上都是两片刀闸片。

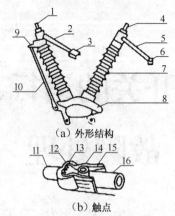

（a）外形结构

（b）触点

1—接线端子；2—导电臂；3—触点；4—接线端子；5—导电臂；6—触点；7—瓷柱；8—机构箱；9—静触点；
10—接地闸刀；11—导电箱；12—支架；13—弹簧；14—触点；15—触指；16—接地闸刀

图 5-2　户外式 GW5 型高压隔离开关结构

2. 高压隔离开关的主要用途

（1）隔离作用。

所谓隔离是指将需要检修的电力设备与带电的电网隔离，以保证检修人员的安全。有时为了更加安全，隔离开关上还可附装一接地装置（接地闸刀）QS$_D$，如图 5-3 中的虚线所示。在隔离开关开断以后，接地装置 QS$_D$ 立即将和被检修设备连接的一个触点接地。

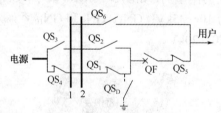

图 5-3　高压隔离开关的连接线路

（2）换接作用。

所谓换接作用主要指换接线路或母线。如图 5-3 所示线路，当需要将负荷由母线 1 转移到母线 2 上时，可不用断开断路器 QF，只需先将隔离开关 QS$_2$ 和 QS$_3$ 闭合，再将隔离开关 QS$_1$ 和 QS$_4$ 分开即可。当需要检修断路器 QF 时，可先将 QS$_6$ 闭合，然后分开隔离开关 QS$_1$ 和 QS$_5$。这样，就可无须中断供电就可将断路器与带电的电网隔离。同样，在断路器 QF 检修后，也可无须停电而将它投入电网运行。

（3）关合与开断作用。

由于隔离开关没有灭弧装置，所以只能用它关合和开断空载电力设备、电压互感器、避雷器等。我国电业规程规定：12kV 的隔离开关，容许关合和开断 5km 以下的空载架空线路；40.5kV 的隔离开关，容许关合和开断 10km 以下空载架空线路和 1000kW 以下的空载变压器；126kV 的隔离开关，容许关合和开断 320kW 以下的空载变压器。

5.2　高压隔离开关的组成与安装

1. 高压隔离开关的基本组成

图 5-1 是户内式三相高压隔离开关结构图。它主要包括导电部分、绝缘部分、操动部分和底座部分。

（1）导电部分。主要关合和断开电路。它包括 L 形静触点和动触点。动触点为两根矩形铜条制成的闸刀，用弹簧紧夹在静触两边形成线接触。紧贴在闸刀两端外侧靠近静触点之处的钢板通常称为磁锁。它的作用是：①在一定的弹簧力下，通过磁锁形成的杠杆比，可以在闸刀和静触点接触处产生较大的接触压力；②在短路电流流过时，由于钢板被磁化，便产生一吸引力，此力作用于刀片上，使接触压力增加，从而可以避免短路电流引起触点熔焊和防止闸刀自行分开。

（2）绝缘部分。主要起绝缘作用，它包括支柱绝缘子、套管绝缘子和升降绝缘子。动触点和静触点分别固定在套管绝缘子和支柱绝缘子上，升降绝缘子带动闸刀转动，实现分、合操作。

（3）操动部分。它与操动机构连接，完成分、合操作。主要包括转轴和拐臂，转轴装设在框架上，而拐臂安装在转轴上，最终构成升降绝缘子与闸刀及转轴上的拐臂绞接。转轴通过其端部的拐臂（也称主拐臂，图 5-1 中未画出）与操动机构连接，从而进行分、合操作。户内式隔离开关通常配用 CS$_6$ 型手力操动机构。隔离开关的操动机构有以下几种：

① 手力杠杆操动机构。结构简单、价格便宜，广泛应用于轻型隔离开关。

② 手力蜗轮操动机构。利用蜗轮蜗杆的作用，操作轻松。主要用于额定电流为 3000A 以上的户内式重型隔离开关。

③ 电动操动机构。依靠电动机驱动齿轮、蜗杆而使蜗轮转动，以进行隔离开关的分、合操作。适用于需远距离操作的户内式重型隔离开关。

④ 电动液压操动机构。由电动机驱动齿轮油泵，产生高压油推动油缸中的活塞，用活塞带动齿条、齿轮，实现分、合闸操作。

⑤ 气动操动机构。是利用压缩空气进行操作的，可以进行远距离操作。一般适用于具有空气断路器的户外高压隔离开关及组合电器上。

（4）底座部分。由钢架组成。用来支持瓷瓶或套管瓷瓶以及传动主轴都固定在底座上。底座应接地。

2. 高压隔离开关的结构要求

基于隔离开关的工作特点，它在结构上应满足如下要求：

（1）应具有明显的间隙（断点）。在隔离开关分开状态下，应具有明显的间隙，以便清楚地鉴别被检修的设备是否已与电网隔离，从而能更好地保证检修工作人员的安全。

（2）应具有可靠的绝缘。同极触点间的间隙耐受电压应比每相导体对地绝缘以及相间导体之间绝缘的耐受电压大于 10%～15%。这样，当电源侧出现危险的过电压时，首先是相对地或相间发生放电，而不致由于触点间隙发生火花放电而使过电压危害检修人员。

（3）应具有一定破冰能力。通常，隔离开关的触点敞露在大气中，因此对户外式隔离开关，要求在分开时能破碎覆盖在触点上的一定厚度的冰层（例如 10cm）。

（4）应有锁扣装置。在隔离开关本身或其操动机构上应有锁扣装置，以防其在通过短路电流时由于电动力作用而自动分开。

（5）应能相互联锁。带有接地装置的隔离开关，在其本身或操动机构上，应采取相互联锁的措施，保证只在隔离开关触点分开后，接地闸刀的触点才能闭合；相反，只有接地闸刀触点分开后，隔离开关的触点才能闭合。

3. 高压隔离开关的安装要求

户外式的隔离开关，露天安装时应水平安装，使带有瓷裙的支持瓷瓶确实能起到防雨作用；户内式的隔离开关，在垂直安装时，静触点在上方，带有套管的可以倾斜一定角度安装。一般情况下，静触点接电源，动触点接负荷，但安装在受电柜里的隔离开关，采用电缆进线时，则电源在动触点侧。

隔离开关两侧与母线及电缆的连接应牢固，遇有铜、铝导体接触时，应采用铜铝过渡接头，以防电化腐蚀。

隔离开关的动、静触点应对准，否则合闸时就会出现旁击现象，出现合闸后动、静触点接触面压力不均匀，造成接触不良。

隔离开关的操作机构、传动机械应调整好，使分、合闸操作能正常进行。还要满足三相同期的要求，即分、合闸时三相动触点同时动作，不同期的偏离应小于 3mm。此外，处于合闸位置时，动触点要有足够的切入深度，以保证接触面积符合要求，但又不允许合过头，要求动触点距静触点底座有 3～5mm 的空隙，否则合闸过猛时将敲碎静触点的支持瓷瓶。处于拉开位置时，动、静触点间要有足够的拉开距离，以便有效地隔离带电部分，这个距离应不小于160mm，或者动触点与静触点之间拉开的角度不应小于 65°。

5.3 高压隔离开关的操作要求

在执行倒闸操作前，操作人员应检查确定断路器在断开位置，对三相联动的隔离开关，应满足三相同期要求，相差不得大于 3mm，这样才允许进行隔离开关的开、合闸操作。

1. 合闸操作

手动合闸隔离开关时，先拔出联锁销子然后进行合闸。合闸操作时应注意以下几点：
① 合闸时开始应缓慢，当动刀片接近静刀片时要迅速合上，以防发生弧光。
② 若合闸开始时发生电弧，则应将隔离开关迅速合上，禁止将隔离开关再往回拉，因往回拉将使弧光扩大，造成设备的更大损坏。
③ 在合闸终了时用力不可过猛，以避免合闸过深或损伤支持瓷瓶。

④ 在隔离开关合好后，应检查合闸是否良好，动刀片要完全进入静刀片内，防止因接触不良而引起触点发热。

对在转轴上回转的隔离开关，合闸后应使刀片处于垂直固定触点的平面上，这样才能保证触点处的压力和必要的接触电阻。

对平开式隔离开关，如 GW5 型隔离开关，合闸后刀片应转至水平位置，其臂应伸直。若静触点活动帽口偏左，说明动触点臂锤杆未合到终点；若静触点活动帽口偏右，说明动触点臂锤杆合过了头。

冬季操作户外隔离开关时，可采用多次接通和断开，以便将触点上的冻冰和霜雪摩擦掉，使隔离开关合上后，能保证触点接触良好。

2. 拉闸操作

拉闸操作的步骤：

① 开始时应慢且谨慎，当动刀片离开静触点时，如发生电弧，应立即将隔离开关重新合上，停止操作。但在切断小负荷电流和充电电流时，拉开隔离开关将有电弧产生，此时应迅速将隔离开关断开，以便顺利消弧。

② 为了防止冲击力对支持瓷瓶和操作机构的损坏，在拉闸终了时要缓慢。

③ 检查联锁销子是否销好。

④ 检查隔离开关确在断开位置，断开的空气绝缘距离应合格，并应检查刀片确已拉至尽头，其拉开角度应符合制造厂规定，如断开的绝缘距离不够，应插入绝缘隔板，否则带电侧与停电挂接地线的一侧，会发生放电短路事故。

对有传动装置的隔离开关，应设有限位挡，限位挡是使隔离开关无事故操作的条件之一，以防隔离开关回转时超过制造厂设计的角度。值班人员在屋外操作 35kV 隔离开关时，如果隔离开关没有限位挡，当用力转动传动装置手柄时，动触点回转角度过大，导致引线与隔离开关各相间应有的距离破坏，因而引起变电所母线短路。

所有的隔离开关，均不允许在短路时自动脱落，为此，隔离开关在合闸位置时，应以机械闭锁装置闭锁。值班人员在检查这些装置时，应在每次合闸后用销子将隔离开关扣住，以免自动脱开，造成事故。

3. 具有闭锁机构的隔离开关的操作

为防止隔离开关误操作，配电装置中均应装有电磁式或机械式隔离开关操作闭锁机构。在具有操作闭锁机构的隔离开关进行拉、合操作时，应严格按照事先规定的程序进行操作。若在操作中遇到有闭锁操作情况，严禁强行解除闭锁措施进行操作，必须查明闭锁原因，排除故障后再继续操作。

线路隔离开关通常装有接地开关，在线路检修时应可靠接地。在工作隔离开关与接地开关间，装有机械闭锁装置，当工作隔离开关接通时，接地开关不能合上，而在接地开关合上时，工作隔离开关就合不上。此种闭锁装置仅用于终端线路上，即在另一端不可能有电源供给时，方能防止线路误接地，对两端供电的联络线，此种闭锁装置并不能防止误接地。

5.4　高压隔离开关的运行与维护

1.　高压隔离开关在运行中的监视

变电所的值班人员的任务之一是隔离开关进行切换操作和对它进行监视。在正常运行时，应监视隔离开关的电流不得超过额定值，温度不超过允许温度 70℃，隔离开关的接头及触点在运行中不应有过热现象（可采用变色漆或示温蜡片进行监视）。如接触部分的温度达 80℃时，应立即设法减少隔离开关的负荷，并应尽可能将其停止使用。若由于电网负荷的需要，不允许停电时，则应采取降温措施，如临时用风扇吹风冷却等，并加强监视，待高峰负荷过去后，再停用修理。

2.　隔离开关运行中的检查与维护

值班人员在巡视配电装置时，对隔离开关应进行仔细的检查，如发现缺陷，应及时消除，以保证隔离开关的安全运行。其检查项目如下：

（1）对隔离开关绝缘子检查时，应注意绝缘子完整无裂纹，无电晕和放电现象。

（2）操作连杆及机械各部分，应无损伤、不锈蚀，各机件应紧固，位置应正确，无歪斜、松动、脱落等不正常现象。

（3）闭锁装置应良好，在隔离开关拉开后，应检查电磁闭锁或机械闭锁的销子确已销牢，隔离开关的辅助接点位置应正确。

（4）刀片和刀嘴的消弧角应无烧伤、不变形、不锈蚀、不倾斜良。刀片和刀嘴应无脏污，弹簧片、弹簧及铜辫子应无断股、折断现象。

（5）当隔离开关通过较大负荷电流时，应注意检查合闸状态的隔离开关应接触严密，无弯曲、发热、变色等异常现象。

（6）套管及支持绝缘子应清洁，无裂纹、损坏及放电声。

（7）母线连接处应无松动、脱落现象。

（8）隔离开关的传动机构应正常。

（9）在发生事故或气候骤变后，应按特殊巡视的要求进行巡视检查。

（10）接地开关应接地良好，并应注意检查其可见部分，特别是易损坏的可挠动部分。

（11）检查触点。触点处应接触紧密良好，没有发热现象。分、合闸过程应无卡涩，触点中心要校准，三相同期应符合要求。

5.5　高压隔离开关的误操作处理

由于隔离开关没有灭弧装置，所以带负荷拉、合隔离开关将会发生弧光短路事故。

1.　带负荷误操作隔离开关

（1）防止隔离开关带负荷操作的预防措施。

为了防止误操作，一般采用以下措施预防隔离开关带负荷误操作：

① 在隔离开关与断路器之间装设机械联锁。一般采用连杆机构来保证在断路器处于合闸位置时，隔离开关无法分闸。

② 采用电磁锁。利用油断路器操作机构上的辅助接点控制电磁锁，使电磁锁能锁上隔离开关的操作把手，在油断路器未断开之前，使隔离开关的操作把手不能操作。

③ 隔离开关和断路器的距离较远，实施机械联锁若有困难，可把隔离开关的锁用钥匙放在断路器处或断路器控制开关操作把手上，只能在断路器分闸后将钥匙取出去打开与之相应的隔离开关，以防止带负荷拉隔离开关。

（2）发生隔离开关带负荷误操作时的处置。

① 若刚一拉错隔离开关，刀口上就发现电弧时应迅速合上；若隔离开关已全部拉开，不允许再合上。若是单极隔离开关，操作一相后发现拉错，而其他两相不应继续操作。

② 若合错隔离开关，甚至在合闸时产生电弧，不允许再拉开，否则将会造成三相弧光短路。

③ 发生带负荷操作隔离开关的误操作事故后，应立即汇报，以便采取必要措施进行处理。

2. 带地线误操作隔离开关

由于不执行倒闸操作票及监护制度引起隔离开关的误操作，应采用以下措施预防隔离开关带接地线误操作：

（1）在隔离开关操作机构处装设与接地线的机械联锁装置。在接地线未拆除之前，隔离开关无法进行合闸操作。

（2）在检修时应认真检查带有接地开关的隔离开关，以保证主刀片与接地开关的机械联锁良好，当主刀闸片闭合时应先打开接地开关。

3. 不同开关的不同处理方法

由于隔离开关具有不同的操动机构，因此出现误操作时，应根据不同的传动装置，采用不同的处置方法。

（1）若用绝缘拉杆或栏杆式传动装置拉开而发现误操作时，通常应将最初的操作完成，后面的操作则应停止。例如：若是单相隔离开关，则应将最初操作的一相完全断开，但对其他两相不应继续操作。

（2）如果是齿轮型和螺丝型（蜗母轮）的传动装置，则其拉开过程很慢，在接点拉开不大时（2～3mm 以下）就能发现操作错误，这时应迅速作反方向操作，就可能立刻消灭电弧、避免事故。

（3）除把负荷从一组母线转接至另一组母线的情况外，在其他情况下，隔离开关操作前皆应断开断路器，以免带负荷操作发生意外。

（4）操作隔离开关后应检查其实际断开位置，防止由于操作机构失灵或调整不好在操作后实际上并没合好或拉开（或拉到标准的程度）。

（5）操作多组或单相隔离开关时，应后操作可能引起更严重误操作后果的隔离开关组或相。也就是说，在操作单相隔离开关时，拉闸时应先拉中间相，再拉边相；合时先合边相，再合中间相，这样可使产生较大弧光的相距离较远，不易造成相间短路事故。

（6）母线倒闸时，合、断隔离开关顺序应以母联断路器为准，合时以近至远，断开反之。

5.6 高压隔离开关操作故障及处理

高压隔离开关在运行中的常见故障主要有：拒合、拒分、操作卡涩、三相合闸不同期、接触部位发热等。

1. 拒合

对电动操作机构的隔离开关在拒绝合闸时，应检查接触器是否动作、电动机是否转动以及传动机构动作情况，区分故障范围，并向调度汇报。

（1）若接触器不动作，属回路不通。应做如下检查处理：

① 首先应核对设备编号、操作程序是否有误。如果操作有误，则是操作回路被防误闭锁回路闭锁，回路不能接通，这时应纠正错误的操作。

② 若操作程序正确，则应检查操作电源、熔断器等。若发现问题，应立即处理，正常后再继续操作。

③ 若上述均正常，应检查回路中的断路点，找出断点并作相应处理后，再继续操作。如急需供电，可暂时以手动使接触器动作，或手力操作合闸恢复供电。同时向调度汇报，由专业人员检查处理。

（2）若接触器已动作，问题可能是接触器卡涩或接触不良，也可能是电动机问题。这时如果测量电动机接线端子上电压正常，则说明是电动机问题；反之，若接线端子上电压不正常，则是接触器问题。

这种情况下，若继续送电，可用手力操作合闸。并汇报调度，安排计划停电检修。

（3）若检查电动机转动，机构因机械卡涩合不上，应暂停操作。先检查接地刀闸，看是否完全拉开到位，将接地刀闸拉开到位后，可继续操作；若上述正常，则检查电动机是否缺相，三相电源恢复正常后，可再继续操作；若不存在缺相故障，则可手力操作，检查机械卡滞部位，并排除后可继续操作。

若无法自行处理，应利用倒运行方式（如倒旁母等）的方法，先恢复供电，汇报上级，隔离开关能停电时，由检修人员处理。

对手动操作机构，应做如下检查处理：

（1）首先核对设备编号及操作程序是否有误，检查断路器是否在断开位置。

（2）若上述正常，应检查接地刀闸是否完全拉开到位。将接地刀闸拉开到位后，可继续操作。

（3）当上述检查均正常时，应检查机械卡滞部位。如果是机构不灵活，缺少润滑，可加注机油，多转动几次，然后再合闸。如果是传动部分问题，在无法自行处理时，应利用倒运行方式（如倒旁母等）的方法，先恢复供电。汇报调度，隔离开关能停电时，由检修人员处理。

【例 5.1】高压隔离开关不能合闸的原因是什么？怎样排除？

分析：

（1）轴锁脱落、楔栓退出、铸铁断裂，使刀杆与操作机构脱节，应停电进行整修或更换损坏零件；如不允许停电，可临时用绝缘棒进行操作，但必须尽快安排检修。

（2）传动机构松动，使动、静触点接触面不在一条直线上，造成隔离开关不能合闸，应重调整，使三相触点合闸时的同期性基本一致，避免动、静触点相互撞击。调整时可按照下列方法：

① 卸开静触点固定座的螺栓，调节固定座的位置，使动触点刀片刚好插入刀口。动触点刀片插入静触点的深度不应小于刀片宽度的 90%，但不可过大，以防止刀片冲击绝缘子。动刀片与静触点固定座的底部要保持 3～5mm 的间隙。

② 通过调整交叉连杆（或拐臂）的长度和操作绝缘子上的调节螺钉长度，可使隔离开关动、静触点的距离符合要求，避免动、静触点相互撞击，使开关合闸时的触点基本同期。10kV及以下的隔离开关允许不同期误差为 5mm。

2. 拒分

电动操作机构在拒绝分闸时，应当观察接触器动作与否、电动机转动与否、传动机构动作情况等，区分故障范围，并应向调度汇报。

（1）若接触器不动作，属回路不通。应做如下检查处理：

① 首先应核对设备编号、操作程序是否有误。如果操作有误，则是操作回路被闭锁，回路不通。这时应纠正错误的操作。

② 若操作程序正确，则应检查操作电源、熔断器等。若发现问题，应立即处理，正常后再继续操作。

③ 若无以上问题，应查明回路中的不通点，处理正常后，拉开隔离开关。若时间紧迫，可暂以手动使接触器动作，或手力操作拉开隔离开关。汇报调度，由专业人员检查处理。

（2）若接触器已动作，可能是接触器卡滞或接触不良，也可能是电动机有问题。测量电动机接线端子上电压正常，属电动机问题；反之，则是接触器问题。

这种情况下，若不能自行处理或时间紧迫时，可用手力操作拉开隔离开关。汇报调度，安排计划停电检修。

（3）若检查电动机转动，若机构因机械卡滞拉不到位，应停止电动操作。检查电动机是否缺相，待三相电源恢复正常后，可以继续操作。如果不缺相，则可以用手力操作，检查卡滞部位，并排除后方可继续操作。若抵抗力在主导流部位或无法拉开，不许强行拉开，应经倒运行方式（如倒旁母等），将隔离开关停电检修。

对手动操作机构，应做如下检查处理：

（1）首先核对设备编号，看操作程序是否有误，检查断路器是否在断开位置。

（2）无上述问题时，可反复晃动操作手把，检查机械卡涩部位。如属于机构不灵活、缺少润滑，可加注机油，多转动几次，拉开隔离开关。如果抵抗力在隔离开关的接触部位、主导流部位，不许强行拉开。应经倒运行方式（如倒旁母等），将故障隔离开关停电检修。

【例 5.2】隔离开关不能分闸的原因是什么？怎样排除？

原因分析：

（1）当隔离开关不能分闸时，若操作机构被冰冻结，应轻轻摇动几次，使冻结的冰松动后，才能进行拉闸操作；

（2）支持绝缘子及操作机构变形或移位，如果故障发生在接触部位，不得强行拉闸，避免支持绝缘子损坏而引起严重事故。

3. 高压隔离开关不能合闸到位或三相不同期

高压隔离开关如果在操作时，不能完全合到位，接触不良，运行中会发热。出现隔离开关合不到位、三相不同期时，应拉开重合，反复合几次，操作动作应符合要领，用力要适当。如果无法完全合到位，不能达到三相完全同期，应戴绝缘手套，使用绝缘棒，将隔离开关的三相触点顶到位。汇报调度，安排计划停电检修。

4. 高压隔离开关电动分、合闸操作时中途自动停止

高压隔离开关在电动操作中，出现中途自动停止故障，在这种情况下，如果触点之间距离较小，会长时间拉弧放电。产生这种现象的原因大多是操作回路过早打开、回路中有接触不良之处而引起。

拉隔离开关时，出现中途停止，应迅速手动将隔离开关拉开。汇报上级，由专业人员处理。

合隔离开关时，出现中途停止，若时间紧迫，必须操作，应迅速手力操作，合上隔离开关。并汇报调度，安排计划停电检修；若时间允许，应迅速将隔离开关闸拉开，待故障排除后再操作。

5. 高压隔离开关在运行中发热的处理

隔离开关在运行中发热的主要原因是负荷过重、触点接触不良、操作时没有完全合好。接触部位发热，使接触电阻增大，氧化加剧，如果发展下去可能会造成严重事故。

（1）运行中检查隔离开关主导流部分有无发热的方法。

在正常运行中，运行人员应按时、按规定巡视检查设备，检查隔离开关主导流部位的温度不应超过规定值。可以用下述方法，检查主导流部位有无发热：

① 定期用测温仪测量主导流部位、接触部位的温度。

② 当怀疑某一部位有发热情况，而又无专用仪器时，可在绝缘棒上绑蜡烛测试，如果发热，则蜡烛很快就会融化。

③ 根据主导流部位所涂的变色漆颜色变化判定。

④ 根据主导流部位所贴示温蜡片有无熔化现象判定。

⑤ 利用雨雪天气检查。如果主导流部位、接触部位有发热情况，则发热的部位会冒水蒸气、积雪熔化、干燥现象等。

⑥ 利用夜间熄灯巡视检查。夜间熄灯时，可发现接触部位有白天不易看清的发红、冒火现象。

⑦ 观察主导流接触部位，有无热气流上升，可发现热现象。

⑧ 观察主导流接触部位，有无氧化加剧情况，可发现发热现象。但应注意是否是过去发热时遗留下的情况，应加以区分。

⑨ 查各接触部位的金属颜色、气味。接头过热后，金属会因过热而变色，铝会变白，铜会变紫红。如果接头外部表面上涂有相序漆，过热后漆色变深，漆皮开裂或脱落，能闻到烤糊的漆味。

【例5.3】隔离开关接触部分过热的原因是什么？怎样排除？

① 动、静触点接触面过小，电流集中通过后又分散，出现很大的斥力，减小了弹簧的压

力，使压紧弹簧或螺钉松动。应紧固螺钉，调整交叉连杆长度，使动刀片插入静触点的深度不应小于刀片宽度的 90%。

② 操作时刀口合得不紧密，表面氧化接触电阻增大，引起接触部分过热。可用 0# 号砂纸打磨触点表面去掉氧化层，并在刀片、触点的接触面上涂敷导电膏，能有效地防止氧化降低接触电阻。

③ 开关在拉合过程中产生电弧，烧伤动、静触点接触面，应修整动、静触点的接触面或更换刀片。

④ 操作时用力不当，使接触位置不正，引起触点压力降低，使触点接触不良，导致接触部分过热。应检查各连动机构的配合和调整交叉连杆长度，并进行试合闸，直到动、静触点接触压力和插入深度合适为止。

⑤ 开关容量不足或长期过负荷引起触点过热，应更换大容量开关或减轻负荷。

⑥ 隔离开关在长期运行中由于受到外界空气的影响和电晕作用，在镀银触点上会形成一层黑色的硫化银附着物，使接触电阻增大。检修时不能用细砂纸打磨，避免损坏银层，可用氨水洗掉触点表面的硫化银，其方法是：拆下触点，先用汽油洗去油泥，并用锉刀修平触点上的伤痕，再将其置于 25%～28% 浓度的氨水中浸泡约 15min 后取出，用尼龙刷子刷去硫化银层，最后用清水冲洗擦干，涂上一层中性凡士林即可继续使用。

（2）隔离开关发热的处理方法。

发现隔离开关的主导流接触部位有发热现象，应汇报调度，立即设法减小或转移负荷，加强监视。处理时，应根据不同的接线方式，分别采取相应的措施。

① 双母线接线。如果某一母线侧隔离开关发热，可将该线路经倒闸操作，倒至另一段母线上运行。并报告调度，若母线能停电，将负荷转移以后，对发热的隔离开关停电检修。若有旁母时，可把负荷倒旁母带。

② 单母线接线。如果某一母线侧隔离开关发热，母线短时间内无法停电，必须降低负荷，并加强监视。应尽量把负荷倒闸至备用电源带，如果有旁母，也可以把负荷倒旁母带。母线可以停电时，再停电检修发热的隔离开关。

③ 如果是负荷侧（线路侧）隔离开关运行中发热，其处理方法与单母线接线时基本相同。应尽快安排停电检修，维持运行期间，应减小负荷并加强监视。

对于高压室内的发热隔离开关，在维持运行期间，除了减小负荷、并加强监视以外，还要采取通风降温措施。

④ 单母线接线时，必须降低它的负荷，并加强监视。如果条件许可，应尽可能停止使用（只有在停用该隔离开关将引起对用户停电时，才允许暂时继续使用），但此时应加临时风扇对隔离开关进行吹风冷却，以降低其温度，并加强监视。

⑤ 在条件许可的情况下应尽量采用带电作业，将螺钉等零件拧紧；如发热仍未消除，则可采用接短路线的方法，临时将发热的隔离开关短接，以保证对用户的供电。

⑥ 一般发热的隔离开关可继续运行，这是因为当线路隔离开关发热时，由于线路上有串联的断路器，可以防止事故发展，但需加强监视，直到可以停电检修时为止。

【例 5.4】高压隔离开关误操作的原因是什么？怎样预防？

高压隔离开关误操作的原因：

高压隔离开关误操作主要是由于不执行倒闸操作票及监护制度而引起的。

预防措施：

（1）预防高压隔离开关带负荷拉合闸的措施。

① 在高压隔离开关与断路器之间装设机械联锁，一般采用连杆机构来保证在断路器处于合闸位置时，使隔离开关无法分闸。

② 利用油断路器操作机构上的辅助触点来控制电磁锁，使电磁锁能锁住隔离开关的操作把手，保证断路器未断开之前，隔离开关的操作把手不能操作。

③ 在高压隔离开关与断路器距离较远采用机械联锁有困难时，可将隔离开关的锁用钥匙存放在断路器处或在该断路器的控制开关操作把手上，只能在断路器分闸时，才能将钥匙取出打开与之相应的隔离开关，避免带负荷拉闸。

（2）预防高压隔离开关带地线合闸的措施。

① 在高压隔离开关操作机构处加装带接地线机械联锁装置，在接地线未拆除之前，隔离开关无法进行合闸操作。

② 检修时应仔细检查带有接地刀的隔离开关，确保主刀片与接地刀的机械联锁装置良好，在主刀片闭合时接地刀应先打开。

【例5.5】隔离开关操作机构正常，但不动作的原因是什么？怎样排除？

操作机构正常而隔离开关不动作主要是连接轴销等由于使用年久磨损严重或脱落所引起的，应重新更换轴销。

【例5.6】隔离开关的机械性故障有哪些？怎样排除？

（1）未调整好，使传动机构卡阻、弯曲、变形等，应重新调整。

（2）锈蚀，应清除铁锈，涂上防锈漆。

（3）保养不力，阻力大，操作困难，应加强维护和润滑。

（4）使用年久，机械磨损，应更换磨损部件。

高压隔离开关的常见故障及处理方法如表5-1所示。

表5-1　高压隔离开关的常见故障及处理方法

故障现象	故障原因	处理方法
接触部分过热	①由于夹紧弹簧松弛； ②接触部分表面氧化造成，由于热的作用氧化更加严重，造成恶性循环	如热量不断增加，停电后检修
绝缘子表面闪络和松动	表面脏污	冲洗绝缘子
	胶合剂发生不应有的膨胀或收缩	更换新的绝缘子
开关刀片弯曲	由于刀片之间电动力的方向交替变化	检查刀片两端接触部分的中心线是否重合。如不重合，则需移动刀片或调整固定瓷柱的位置
固定触点夹片松动	刀片与固定触点接触面太小，电流集中通过接触面后又分散，使夹片产生斥力	研磨接触面，增大接触压力
隔离开关拉不开	冰雪冻结	轻摇机构手柄，但应注意变形变位
	传动机构和隔离开关转动轴处生锈或接触处熔焊	停电检修

续表

故 障 现 象	故 障 原 因	处 理 方 法
误拉隔离开关	刚拉开时出现强弧光及响声	发现错误在切断弧光前，发现错误在切断弧光前
	发现该隔离开关不应切开而误动作者	如已完全切开，禁止再合
隔离开关误合闸	①由于误操作将不应合闸的隔离开关合上； ②将隔离开关合上接有短路线的回路； ③将隔离开关合上而连接了两个不同期的系统	无论何种情况即使是系统短路或振荡时，均不许把误合隔离开关拉开； 可用油断路器断开流过误合闸的电流。然后方许拉开隔离开关

思考题与习题

1. 叙述高压隔离开关的类型和用途。
2. 高压隔离开关的操作有什么要求？
3. 如何对高压隔离开关实现运行与维护？
4. 高压隔离开关不能分闸的原因是什么？怎样排除？
5. 高压隔离开关误操作的原因是什么？怎样预防？
6. 高压隔离开关在运行中的常见故障及处理方法是什么？

第6章

负荷开关的运行、安装与调整

随着城乡电网改造的不断深入，负荷开关应用越来越多。目前，配电网电缆线路中的环网柜、箱式变电站等，多数采用负荷开关，而架空线路中的断路器也逐渐会被负荷开关所取代。

负荷开关是带有简单灭弧装置的一种开关电器，在 10kV、35kV 电压等级的电网中，用来关合和开断负荷电流及过载电流，也可关合和开断空载长线、空载变压器及电容器组等。它和限流熔断器串联组合可代替断路器使用，即由负荷开关承担关合和开断各种负荷电流，而由限流熔断器承担开断较大的过载电流和短路电流。其电压等级主要有 3kV、6kV、10kV、35kV 和 63kV 等。

6.1 负荷开关的类型

负荷开关按其灭弧介质可分为油负荷开关、压气式负荷开关、产气式负荷开关、六氟化硫（SF_6）负荷开关和真空负荷开关 5 种。

1. 油负荷开关

油负荷开关利用变压器油作为灭弧介质。其结构简单、价格低廉。至今部分地区，尤其是农村还在使用。一般它安装在户外电线杆上，所以又称为柱上式油负荷开关。图 6-1 所示的是 10kV 交流三相油负荷开关的外形图。其主要由导电回路、绝缘系统、操动机构组成。整体结构为三相共箱式，箱盖与箱壳之间用一层耐油橡皮垫密封。

2. 压气式负荷开关

它是利用活塞在气缸中运动将空气压缩，再利用被压缩的空气去吹弧的负荷开关。图 6-2 所示是 FN_3-10RT 型常用的室内压气式负荷开关的外形结构图。

由图 6-2 可见，其下半部为高压熔断器，上半部为负荷开关本身。其基本结构包括导电部分、绝缘部分和操动机构部分。并且绝缘部分具有灭弧功能。其上端绝缘子实际上就是一个简单的灭弧室，它不仅起支持绝缘子作用，而且内部是一个气缸，装设有由操动机构主轴传动的活塞。该绝缘子上部装有绝缘喷嘴和弧静触点。当负荷开关分闸时，在闸一端的弧动触点与绝缘子上的弧静触点之间产生电弧。由于分闸时主轴转动而带动活塞，压缩气缸内的空气从喷嘴喷出，对电弧形成纵吹，使之迅速熄灭。当然分闸时电弧的迅速拉长及本身电流回路的电磁吹弧作用也有助于电弧熄灭。

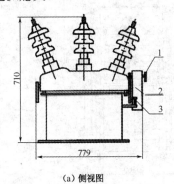

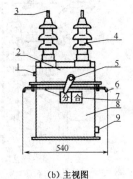

(a) 侧视图

1—储能指示器；2—人力操动机构；3—油标

(b) 主视图

1—注油孔；2—油箱；3—接线端子；4—瓷套；
5—分合指示灯；6—吊环；7—分合指示牌；8—油箱；9—放油阀

图 6-1　10kV 三相交流负荷开关外形图

这种压气式负荷开关一般配用 CS2 等型手力操动机构进行操作。

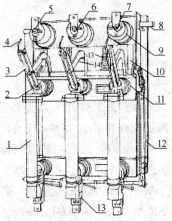

1—高压熔断器；2—下触座；3—闸刀；4—弧动触点；5—绝缘喷嘴；6—主静触点；7—上触座；
8—主轴；9—上绝缘子兼气缸；10—连杆；11—下绝缘子；12—框架；13—热脱扣器

图 6-2　FN₃-10RT 型常用室内压气式负荷开关

3. 产气式负荷开关

产气式负荷开关是利用固体产气材料在电弧作用下产生气体来进行灭弧的一种开关。它是目前国内产量最高、使用最为广泛的一种负荷开关之一。图 6-3 所示是 FN₅-10RD 型产气式负荷开关的外形结构图。

图 6-3 中采用了手动操动机构。当负荷开关处在分闸位置时，使操作棒向下运动至极限位置，完成合闸弹簧储能，再将操作棒向上运动，合闸弹簧释放能量，通过转轴、绝缘拉杆带动主闸刀快速合闸，同时分闸弹簧储能。

当负荷开关处在合闸位置时，使操作棒向下运动，操作转盘带动推杆，使脱扣装置动作，分闸弹簧释放能量，负荷开关即快速分闸。

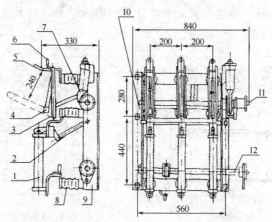

1—熔断器；2—脱扣装置；3—动触点；4—灭弧管；5—导向片；6—静触点；7—分合闸机构；
8—底座；9—绝缘支柱；10—自动联锁装置；11—操动机构；12—接地开关

图 6-3　FN₅-10RD 型产气式负荷开关的外形结构图

4. 六氟化硫（SF₆）负荷开关

1）概述

FLN36-12D 和 FLRN36-12 是适用于城网改造和建设的新一代高压电器设备。该产品性能完全符合 GB3804《3～63kV 交流高压负荷开关》，GBl6926《负荷开关—熔断器组合电器》及 IEC265-1、IEC420 等标准的要求。

产品特点：全封闭、内充 SF₆ 气体的三工位开关，灭弧室采用进口原材料经 APG 工艺压注成型；轻巧的手动/电动两用型弹簧操作机构；完善可靠的制造工艺保证 15 年免维护；小型化的数字和色标双显示压力表；清晰方便的灭弧室内腔观察窗置于开关面板；大爬距、210mm 相距保证绝缘要求。技术参数：额定电压/最高电压：10/12kV；额定电流：630A；额定开断电流：630A；额定短路关合电流：50kA；工频/冲击耐受电压：42/75kV；额定动稳定电流：50kA；3s 额定热稳定电流：20kA；额定 SF₆ 气体压力：0.04MPa。

六氟化硫（SF₆）负荷开关利用 SF₆ 气体作为绝缘和灭弧介质。其有两种：一种用于户外柱上，结构简单；另一种主要用于环网供电单元和箱式变电站，结构较复杂。

2）SF₆ 负荷开关的型号

SF₆ 负荷开关的型号命名方法如下：

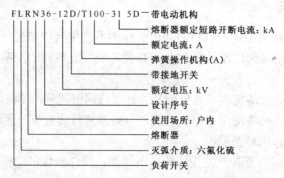

3）FLN36-12、FLRN36-12 型 SF₆ 负荷开关的结构

FLN36-12、FLRN36-12 型 SF₆ 负荷开关集负荷开关、接地开关、隔离开关于一体的多功能中压开关设备，在一个全密封的、具有加强结构的环氧树胎外壳内，充以 0.045MPa 的 SF₆ 气体，用最少的元件实现以上三种功能，因而保证了产品的质量及可靠性，具有极佳的绝缘和开断功能力，正常条件下可保证设备安全运行 20 年。

SF₆ 负荷开关由开关主体和机构箱两大部分组成。开关主体是由上下两件环氧树脂壳体密封而成，主回路和接地回路置于充满 SF₆ 气体的气室中，开关主体正前方安装操作机构，操作机构输出拐臂带动主体中的主轴，完成主回路及接地回路的合、分闸动作，如图 6-4 和图 6-5 所示，负荷开关—熔断器组合电器由 FLRN36-12D 型 SF₆ 负荷开关加脱扣系统、上下熔丝座、熔断器和下接地刀四大部分组成。熔断器熔断后撞针顶动脱扣系统中的扣板，使得负荷开关主回路分闸；下接地刀与负荷开关中的接地回路同步动作。

图 6-4　FLN36-12、FLRN36-12 型 SF₆ 负荷开关的结构示意图

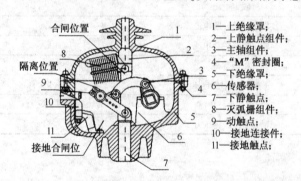

图 6-5　FLN36-12、FLRN36-12 型 SF₆ 负荷开关的结构剖示图

操作机构分为 K 型及 A 型两种：K 型为双功能单弹簧操作机构，用于负荷开关分合操作的，利用操作杆或电机独立地进行分合闸操作；A 型为双功能双弹簧操作机构，用于负荷开关—熔断器组合电器的分合操作。它可以用手动、分励脱扣线圈或熔断器撞针撞击等去进行分闸操作。

负荷开关具备完善的联锁功能：

（1）荷开关合闸后，接地开关不能进行合闸操作，环网柜下门不能打开。

（2）负荷开关分闸后，接地开关可以进行合闸操作，接地开关合闸后，环网柜下门可以开启。

（3）接地开关合闸后，负荷开关不能进行合闸操作；接地开关分闸后且环网柜下门关闭后，负荷开关才可以进行合闸操作。在组合电器柜中，当任一一相熔断器熔断后，其撞击器可以使负荷开关可靠分闸，此时，既不能对负荷开关进行合闸操作，也不能使其保持在合闸位置。

FLN36-12、FLRN36-12 型 SF$_6$ 负荷开关在加装自动化仪表后，可实现遥感和遥控。

4）SF$_6$ 负荷开关的技术参数

FLN36-12、FLRN36-12 型 SF$_6$ 负荷开关的主要技术参数如表 6-1、表 6-2 所示。

表 6-1 FLN36-12 型 SF$_6$ 负荷开关的主要技术参数

序 号	部件名称	单 位	数 值
1	额定电压/最高电压	kV	10/12
2	额定电流	A	630
3	额定短路开断电流	kA	63
4	额定短路关合电流	kA	50
5	机械寿命	次	3000
6	工频/冲击耐受电压	kV	42/75
7	额定动稳定电流	kA	50
8	3s 额定短时耐受电流	kA	20
9	额定 SF$_6$ 气体压力	MPa	0.045

表 6-2 FLRN36-12 型 SF$_6$ 负荷开关的主要技术参数

序 号	部件名称	单 位	数 值
1	额定电压/最高电压	kV	10/12
2	额定电流	A	125
3	额定短路开断电流	kA	31.5
4	额定短路关合电流	kA	80
5	机械寿命	次	3000
6	工频/冲击耐受电压	kV	42/75
7	额定动转移电流	A	2000
8	额定 SF$_6$ 气体压力	MPa	0.045

5. 真空负荷开关

1）概述

真空负荷开关是利用真空灭弧室作灭弧装置的负荷开关。其基本结构由导电回路、绝缘部分和操动机构组成。真空负荷开关有两种结构形式：分体式和整体框架式。它们的特点如表 6-3 所示。

表 6-3 分体式和整体框架式真空负荷开关的性能特点

	整体框架式	分 体 式
安装	难	易
外形尺寸	大	与 CW9 相同，替换方便
关合短路电流	难	易
操作方式	只能三相联动	

2）新型 FZN25-12D/T630-20 型真空负荷开关的结构

FZN25-12D/T630-20 型真空负荷开关和组合电器，适用三相交流 50Hz 环网或终端供电和工业用电设备中，作负荷控制和短路保护之用，负荷开关分合负荷，闭环电流，空载变压器和电缆充电电流，组合电器可以开断直至额定短电流的任何电流，采用直动式隔离断口和真空灭弧室联动。具有手动和电动功能。其结构如图 6-6 所示。其侧视图如图 6-7 所示。

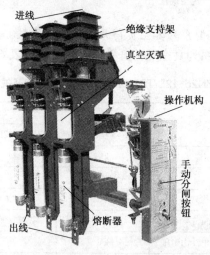

图 6-6 FZN25-12D/T630-20 型真空负荷开关的结构图

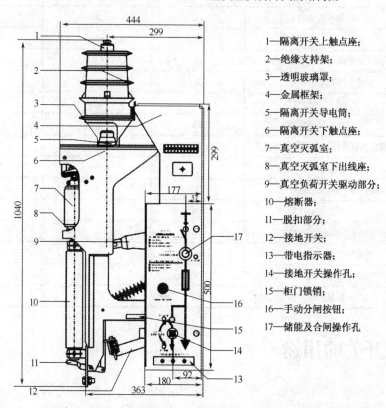

图 6-7 FZN25-12D/T630-20 型系列真空负荷开关的侧视图

1—隔离开关上触点座；
2—绝缘支持架；
3—透明玻璃罩；
4—金属框架；
5—隔离开关导电筒；
6—隔离开关下触点座；
7—真空灭弧室；
8—真空灭弧室下出线座；
9—真空负荷开关驱动部分；
10—熔断器；
11—脱扣部分；
12—接地开关；
13—带电指示器；
14—接地开关操作孔；
15—柜门锁销；
16—手动分闸按钮；
17—储能及合闸操作孔

FZN25、FZRN25 型真空负荷开关和组合电器独特传动结构设计，灭弧室仅在关合开断的瞬间承受高压，故尺寸小，价格低。

FZN25、FZRN25 型真空负荷开关和组合电器可实现隔离断口和灭弧室断口的一次性操作。

FZN25、FZRN25 型真空负荷开关和组合电器在静触点与动导电筒之间有耐高温、绝缘、阻燃、透明玻璃罩、有效保障设备安全运行和人身安全。负荷开关与接地开关设有可靠的机械连锁，既保证了安全又方便了检修。

3）FZN25-12D/T630-20 型系列真空负荷开关的技术参数

FZN25-12D/T630-20 型系列真空负荷开关的技术参数如表 6-4 所示。

表 6-4　FZN25-12D/T630-20 型系列真空负荷开关的技术参数

序　号	项　目		单　位	参　数	
				FZN25-12D/T630-20	FZRN25-12D/T200-31.5
1	额定电压		kV	12	
2	额定频率		Hz	50	
3	额定电流		A	630	200
4	额定绝缘水平	1min 工频耐压	kV	灭弧室断口 30；对地、相间 42；隔离断口 48	
		雷电冲击耐压	kV	对地、相间 75；隔离断口 85	
5	额定动稳电流（峰值）		kA	50	
6	4s 热稳定电流		kA	20	—
7	额定有功负载电流		A	630	
8	额定闭环回路电流		A	630	
9	额定电缆充电开断电流		A	10	
10	开断空载变压器容量		kW	1250	—
11	额定短路开断电流		kA		31.5
12	额定转移电流、额定交接电流		A	—	3150
13	熔断器型号			—	SDLAJ-12　SFLAJ-12
14	撞击器输出能量		J	—	2～5（中等）
15	额定短路关合电流		kA	50	
16	接地开关额定动稳电流		kA	50	
17	接地开关 2s 热稳定电流		kA	20	
18	辅助回路额定电压		V	220、100	
19	机械寿命		次	10000	

6.2　负荷开关的用途

1. 开断和关合作用

由于它有一定的灭弧能力，因此可用来开断和关合负荷电流和小于一定倍数（通常为 3～

4 倍）的过载电流；也可以用来开断和关合比隔离开关允许容量更大的空载变压器，更长的空载线路，有时也用来开断和关合大容量的电容器组。

2. 替代作用

负荷开关与限流熔断器串联组合可以代替断路器使用，即由负荷开关承担开断和关合小于一定倍数的过载电流，而由限流熔断器承担开断较大的过载电流和短路电流。

负荷开关与限流熔断器串联组合成一体的负荷开关，在国家标准中规定称为"负荷开关—熔断器组合电器"。熔断器可以装在负荷开关的电源侧，也可以装在负荷开关的受电侧。不需要经常掉换熔断器时，宜采用前一种布置，这样可以用熔断器保护负荷开关本身引起的短路事故。反之，则宜采用后一种布置，以便利用负荷开关的隔离功能，来隔离加在限流熔断器上的电压。

负荷开关—熔断器组合电器在工作性能上虽然可以代替断路器，但由于限流熔断器为一次性动作使用的电器，所以这种代替只能用于电压不高、容量不大和不太重要的场所。然而，这种组合电器的价格比断路器低得多，而且具有显著限流作用的独特优点，这样可以在短路事故时大大减低电网的动稳定性和热稳定性，从而可以有效地减少设备的投资费用。

6.3　对负荷开关的要求

基于负荷开关的工作特点，它在结构上应满足的要求如下。

（1）要有明显可见的间隙。

负荷开关在分闸位置时要有明显可见的间隙。这样，负荷开关前面就无须串联隔离开关，在检修电气设备时，只要开断负荷开关即可。

（2）经受开断次数要多。

负荷开关要能经受尽可能多的开断次数，而无须检修触点和调换灭弧室装置的组成元件。

（3）要能关合短路电流。

负荷开关虽然不要求开断短路电流，但要能关合短路电流，并承受短路电流的动稳定性和热稳定性的要求（对负荷开关—熔断器组合电器无此要求）。

6.4　负荷开关的安装与调整

对负荷开关安装与调整，除了按照隔离开关的要求执行外，根据负荷开关的特点，其导电部分还应满足以下要求：

（1）在负荷开关合闸时，主固定触点应可靠地与主刀闸接触；分闸时，三相的灭弧刀片应同时跳离固定灭弧触点。

（2）灭弧筒内产生气体的有机绝缘物应完整无裂纹，灭弧触点与灭弧筒的间隙应符合要求。

（3）负荷开关三相触点接触的同期性和分闸状态时触点间净距及拉开角度应符合产品的技术规定。

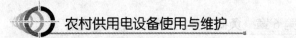

（4）带油的负荷开关的外露部分及油箱应清理干净，油箱内应注以合格油并无渗漏。

思考题与习题

1．负荷开关有哪些类型？
2．叙述 FLN36-12 型系列 SF$_6$ 负荷开关的结构。
3．新型 FZN25-12D/T630-20 真空负荷开关的结构特点是什么？
4．对负荷开关有什么要求？
5．负荷开关的安装与调整方法是什么？

第7章

互感器的运行、维护与故障处理

互感器是交流电路中一次系统和二次系统间的联络元件，它们统属于特种变压器，所以其工作原理与变压器基本相同。互感器由电流互感器（TA）、电压互感器（TV）组成。

高压互感器是交流高压电力系统中测量和继电保护所必需的电器。其作用是：

（1）把高电压和大电流按比例变换成低电压（常为 100V、$100/\sqrt{3}$ V）和小电流（常为 5A、1A），给测量和保护装置提供所需的电信号。

（2）把处于低压侧的测量仪表和继电保护部分，与电力系统高电压部分或一次系统隔离，以保证运行值班人员和设备的安全。

互感器按电压等级不同，分为高压互感器和低压互感器，按变换电量不同，分为电压互感器和电流互感器。

7.1 电压互感器

7.1.1 电压互感器的型号与工作原理

1. 电压互感器的型号

电压互感器的命名方法如下：

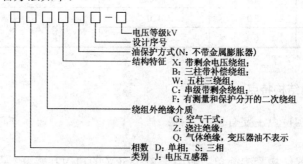

例如 JDZ6-10：单相环氧树脂浇注绝缘，设计序号为 6 的 10kV 级电压互感器。

JDX1-110：单相油浸式带剩余电压绕组，设计序号为 1 的 110kV 级电压互感器。

2. 电压互感器的工作原理

电压互感器的工作原理类似于变压器。电压互感器一次绕组的匝数 N_1 一般很多，并接在被测的高压电网上；二次绕组的匝数 N_2 较少，但由于其二次绕组接在高阻抗的测量仪表或继电器的电压线圈上，因此电压互感器在正常运行时，其二次负荷非常稳定，相当于一个空载变压器。所以电压互感器从本质上讲，它是一种特殊的降压变压器。其特点是：

（1）工作原理基于电磁感应定律，结构上与变压器相同，主要由铁芯磁路和一、二次绕组组成。

（2）容量都很小，一般在 2kW 以下，远小于电力变压器。

（3）绝缘要求高，电量变换的准确度要求高。

（4）二次绕组必须有一点接地，这是由于电压互感器一次侧与高电压直接连接，若在运行中互感器的绝缘被击穿，高电压即窜入二次回路，将危及二次设备和人身的安全。

3. 电压互感器的精度等级

电压互感器的电压误差和角度误差是客观存在的，只是误差有大有小。为了便于选用，规定了电压互感器相应于一定容许误差的精度等级，如表 7-1 所示。各种精度等级不仅指出了电压和相角的最大容许误差，也限定了二次回路的额定容量，由于电压互感器二次电压一定，后者实际上是限定了二次侧电流，使二次侧电流不致过大，从而不致影响精度等级。

通常，准确等级 0.1、0.2 级用于实验室精密测量；0.5、1.0 级用于发、配电设备测量；3.0 级及以上用于非精密测量或保护用。

表 7-1 电压互感器二次绕组的准确级次和误差限值

用　途	准确等级	误差限值		一次电压变化范围	二次负荷变化范围
		比值差（±%）	相角差（±分）		
测量用	0.1	0.1	5	$(0.85\sim1.15)\,U_{1N}$	$(0.25\sim1.0)\,S_{2N}$ $(\cos\phi_2=0.8)$
	0.2	0.2	10		
	0.5	0.5	20		
	1	1.0	40		
	3	3.0	不规定		
保护用	3P	3.0	120	$(0.05\sim K)\,U_{1N}$	$(0.25\sim1.0)\,S_{2N}$
	6P	6.0	240		

注：K 表示额定电压因数。字母"P"表示保护。

4. 电压互感器的结构特点

电压互感器的结构特点主要有以下三种：

（1）浇注式。

浇注式电压互感器结构紧凑简单，适用于 3～35kV 的户内互感器。图 7-1 为 10kV 环氧树脂浇注式电压互感器的结构示意图。浇注式分为半浇注式和全浇注式。

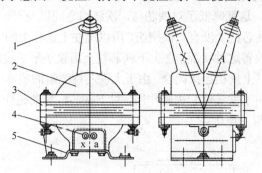

1——次绕组端子；2—浇注体；3—铁芯；4—二次绕组端子；5—支架

图 7-1 10kV 环氧树脂浇注式电压互感器结构图

将一次绕组和各低压绕组以及一次绕组出线端的两个套管浇注成一个整体的浇注方法称为半浇注式。这种结构浇注体简单，制造方便，但结构不够紧凑，同时由于铁芯外露，需要定期维护。将绕组与铁芯浇注成一个整体的浇注方法称为全浇注式，其特点是结构紧凑，但浇注体较为复杂。

（2）油浸式。

10kV 及以下电压等级多为三相式，35kV 及以上电压级多为单相式，图 7-2 为 JDJ-10 型油浸自冷式电压互感器结构图。其外壳为金属油箱，铁芯和绕组均浸于油箱内的变压器油中，高、低压绕组引出端子用瓷绝缘子与外壳绝缘，户外用油浸式电压互感器，如变压器一样，另有油枕，以适应温度变化。近年来，10kV 及以下电压级电压互感器已采用环氧树脂浇注绝缘的方式，以适应高压电压器"无油化"的要求。

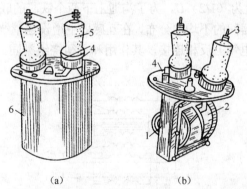

(a)　　　　(b)

1—铁芯；2—高、低压绕组；3—高压端子；4—低压端子；5—套管；6—外壳

图 7-2 JDJ-10 型油浸自冷式电压互感器

（3）串级绝缘油浸式。

串级式就是将互感器承受的全电压的一次绕组分成几个较低电压的部分（级）串接起来，从而降低一次绕组的绝缘要求。这种结构铁芯不接地，带电位，由绝缘板支撑。图 7-3 所示为 110kV 串级式电压互感器结构原理图。一次绕组分成匝数相等的两部分，分别绕在上下两铁芯上，两者相互串联，其中两绕组的连接点与铁芯形成等电位。二次绕组只绕在下铁芯柱上并置于一次绕组的外面；铁芯和一次绕组的中点相连。当互感器正常工作时，其铁芯的电位为（1/2）U。而

且一次绕组的两个出线端与铁芯间的电位差，一、二次绕组间的电位差以及二次绕组和铁芯间的电位差将都是（1/2）U。这就降低了对铁芯与一次绕组之间以及一、二次绕组之间的绝缘要求。但是，这种结构由于上铁芯柱上没有二次绕组，所以绕在上铁芯上的一次绕组和二次绕组间的电磁耦合就比较弱。为了改善这种状况，在上下铁芯柱上增设了平衡绕组。绕在上下铁芯柱上的平衡绕组相等匝数，在电气上反相连接闭合。由于上铁芯柱绕组的感应电势比下铁芯柱绕组的感应电势高，因此平衡绕组对上铁芯柱起去磁作用，对下铁芯柱起助磁作用，从而平衡绕组平衡了上下两个铁芯柱上一次绕组的电压。

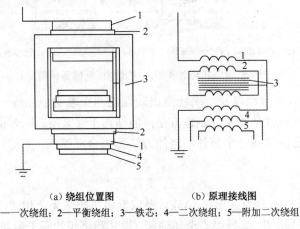

（a）绕组位置图　　　　　（b）原理接线图

1——次绕组；2—平衡绕组；3—铁芯；4—二次绕组；5—附加二次绕组

图 7-3　110kV 串级式电压互感器结构原理图

图 7-4 为由两台 110kV 电压互感器串接组成的 220kV 电压互感器。当电网施加到电压互感器上的电压为 U 时，下互感器铁芯的对地电位为（1/4）U，上互感器铁芯的对地电位为（3/4）U，上下两个铁芯间的电差为（1/2）U。为了沟通上下两个铁芯的联系，避免互感器带负荷后引起电压在上下两台互感器间的不均匀分布，在互感器中增设连耦绕组，绕在上下两台互感器的连耦绕组匝数相等，在电气上反相连接，其作用和平衡绕组类同。

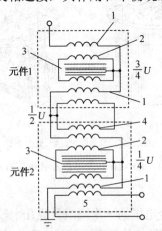

1——次绕组；2—平衡绕组；3—铁芯；4—连耦绕组；5—二次绕组

图 7-4　由两台 110kV 电压互感器串接成 220kV 电压互感器的原理图

JDX-110 型电压互感器为铁芯接地的单级绝缘结构。

为了提高 110~220kV 电压互感器的可靠性，一次绕组采用单丝漆包线绕制，加强了匝间绝缘。"A"端为全绝缘，"x"端为接地端，铁芯支架采用介质损耗因数不大于 3%的纸板制成。JCC 型和 JDCF 型器身装在绝缘套中，而 JDXZX-110 型的器身装在下部油箱内。一次绕组高压端从绝缘套顶部油枕上引出，一次绕组接地端及二次绕组的引出端从底座或油箱上的接线盒中引出。油枕顶部装有金属膨胀器，以构成全密封保护装置。

JCC 型电压互感器有一个二次绕组，供测量和保护共用；一个剩余电压绕组，三相接成开口三角，测量零序电压用。

JDCF 型和 JDX-110 型电压互感器均有两个二次绕组，测量和保护分开，以及一个剩余电压绕组。

由于电磁式电压互感器是一个电感设备，它与断路器断口并联电容或线路电容形成了振荡回路，因此有可能产生铁磁谐振，从而损坏设备。因此为了防止产生铁磁谐振，往往通过降低电压互感器的磁通密度来达到减少铁磁谐振的目的。

5. 电容式电压互感器的工作原理

（1）电容式电压互感器的工作原理。

随着电力系统输电电压的增高，电磁式电压互感器的体积越来越大，成本越来越高，因此，在 110kV 及以上的电力系统中，除了用电磁式电压互感器外，还应用电容式电压互感器。

图 7-5 所示为电容式电压互感器的电气原理图。图中电容分压的分压比为

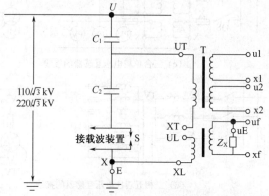

图 7-5 电容式电压互感器的原理图

$$K = \frac{U_1}{U_2} = \frac{C_1 + C_2}{C_1} \tag{7.1}$$

$$U_2 = \frac{C_1}{C_1 + C_2} U_1 \tag{7.2}$$

通过调节 C_1 和 C_2 的比值即可得到不同的分压比。为了使上述的电压不随负载电流变化，串入一补偿电抗器（电感量 L 适量），电感量的大小取决于电容分压器的阻抗 Z。若串入补偿电抗 L 后，分压器的阻抗为"0"，则输出电压 U_2 不随负载大小而变化。图 7-5 中的 Z_X 为阻尼电抗器，用来防止操作中产生谐振过电压。

（2）电容式电压互感器的特点。

与电磁式电压互感器相比，电容式电压互感器具有以下特点：电容式电压互感器除具有互

感器的作用外,分压电容还可兼作高频载波通信的耦合电容;电容式电压互感器的冲击绝缘强度比电磁式高;制造比较简单、质量轻、体积小、成本低,而且电压越高效果越显著。

7.1.2 电压互感器的接线

三相电力系统中,电压互感器常用的接线有四种,如图 7-6 所示。

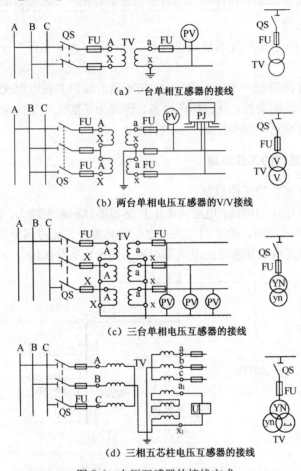

(a)一台单相互感器的接线

(b)两台单相电压互感器的V/V接线

(c)三台单相电压互感器的接线

(d)三相五芯柱电压互感器的接线

图 7-6   电压互感器的接线方式

(1)一台单相电压互感器的接线如图 7-6(a)所示。它用于对称三相电路中测任意两相间电压(35kV 及以下电网)或相电压(110kV 及以下中点直接接地电网),可接入电压表、频率表、电压继电器等。

(2)两台单相电压互感器接成不完全三角形(也称 V/V 形),如图 7-6(b)所示。它广泛用于 3~10kV 中性点不接地系统中,测量相间电压,但不能测相电压,可接入仪表、继电器的电压线圈。

(3)三台单相电压互感器接成 YN,yn 形,如图 7-6(c)所示。这种接线方式,用三台单相电压互感器构成,广泛应用于 35~330kV 电网中。在中性点不接地的电力系统中,应采用接地保护型电压互感器来构成这一接线。此类电压互感器一次绕组按相电压设计,主绝缘按线电压设计,以满足单相接地时能够安全运行的需要。

在这种接线方式下，可接入额定电压为线电压的仪表、继电器，以及需要相电压的绝缘监察装置。在中点不接地系统中，这种接线只能用来监视电网对地绝缘状况，以及接入对电压互感器准确等级要求不高的电压表、频率表、电压继电器等，不能接入功率表和电能表。因为中点不接地系统发生单相接地后，可继续运行；只是非接地相电压升高为线电压，所以，电压互感器和绝缘监察装置的电压表，应按线电压选用。这样，在正常情况下，电压互感器一次绕组处于相电压下，只达 $1/\sqrt{3}$ 额定电压，误差要超过正常值。

（4）一台三相五芯柱电压互感器接成 YN，yn，⋏（⋏为开口三角形），如图 7-6（d）所示。这种接线广泛用于 3～10kV 电力系统中，因它既能测量线电压、相电压，又能接入仪表、继电器和绝缘监察装置。三相系统正常运行时，辅助绕组（开口三角形绕组）内三个二次绕组感应电势对称，相量和为零，辅助绕组两端电压为零，发生单相接地时，辅助绕组两端出现零序电压，使绝缘监察装置中的电压继电器动作，发出事故信号。

应该指出，110kV 以下高压互感器的一次绕组，一般应经熔断器、隔离开关接入电力系统。熔断器用来保护电压互感器内部和连线上的短路故障，而二次侧短路和过负荷，应另设二次侧熔断器来保护。

7.1.3　电压互感器的运行

1. 电压互感器的运行条件

（1）电压互感器在额定容量下能长期运行，但在任何情况下都不允许超过最大容量运行。

（2）电压互感器二次绕组的负载是高阻抗仪表，二次电流很小，接近于磁化电流，一、二次绕组中的漏磁阻抗压降也很小，所以，电压互感器在正常运行时接近于空载。

（3）电压互感器在运行中，二次绕组不能短路。如果电压互感器的二次绕组在运行中短路，那么二次侧电路的阻抗大大减小，就会出现很大的短路电流，使二次绕组因严重发热而烧毁。因此，在运行中值班人员必须注意检查二次侧电路是否有短路现象，并及时消除。

电压互感器在运行中，值班人员应认真检查高、低压侧熔断器是否完好，如发现有发热及熔断现象，应及时处理。二次绕组接地线应无松动及断裂现象，否则会危及仪表和人身安全。

（4）电压互感器带接地运行的时间一般不做规定，因为出厂时已做承受 1.9 倍额定电压 8h 而无损伤试验，已考虑到一相接地其他两相电压升高对电压互感器的影响。此外，在正常运行时，铁芯磁通密度取 0.7～0.8T（特斯拉），当电网一相接地时，未接地相电压升高至 $\sqrt{3}$ 倍额定电压，铁芯磁通密度达不到铁芯饱和程度。所以，目前电压互感器接地运行时间不作具体的规定。

（5）110kV 电压互感器，由于这类互感器采用单相串级式，绝缘强度高，发生事故的可能性小；又因 110kV 及以上系统，中性点一般采用直接接地，当一次侧出现接地故障时，瞬时即跳闸，不会过电压运行；同时，在这样的电压级电网中，熔断器的断流容量亦很难满足要求，所以一次侧一般不装熔断器。在电压互感器的二次侧装设熔断器或自动空气开关，当电压互感器的二次侧及回路发生故障时，使之能快速熔断或切断，以保证电压互感器不遭受损坏及不造成保护误动。熔断器的额定电流应大于负荷电流的 1.5 倍。运行中二次侧不得出现短路现象。

（6）电压互感器运行电压应不超过额定电压的 110%（宜不超过 105%）。

（7）在运行中若高压侧绝缘击穿，电压互感器二次绕组将出现高电压，为了保证安全，应将二次绕组的一个出线端或互感器的中性点直接接地，防止高压窜至二次侧对人身和设备形成危险。

根据安全要求，如在电压互感器的本体上，或在其底座上进行工作，不仅要把互感器一次侧断开，而且还要在互感器的二次侧有明显的断开点，避免可能从其他电压互感器向停电的二次回路充电，使一次侧感应产生高电压，造成危险。

（8）油浸式电压互感器应装设油位计和吸湿器，以监视油位在减少时免受空气中水分和杂质的影响。凡新装的 110kV 及以上的油浸式电压互感器都应采用全密封式的；凡有渗漏油的，应及时处理或更换。

（9）电压互感器的并列运行。在双母线中，如每组母线有一电压互感器而需要并列运行时，必须在母线联络回路接通的情况下进行。

（10）启用电压互感器时，应检查绝缘是否良好，定相是否正确，外观、油位是否正常，接头是否清洁。

（11）停用电压互感器时，应先退出相关保护和自动装置，断开二次侧自动空气开关，或取下二次侧熔断器，再拉开一次侧隔离开关，防止反充电。记录有关回路停止电能计量时间。

2. 电压互感器的投退要求

（1）测量绝缘电阻。电压互感器在投入运行前，应测量其绝缘电阻，低压侧绝缘电阻不得低于 $1M\Omega$，高压绝缘电阻值每千伏不低于 $1M\Omega$ 方为合格。

（2）定相。即确定相位的正确性。如果高压侧相位正确，低压侧接错，则会破坏同期的准确性。此外，在倒母线时，还会使两台电压互感器短路并列，产生很大的环流，造成低压熔断器熔断，引起保护装置电源中断，严重时会烧坏电压互感器二次绕组。

（3）外观检查。

① 检查绝缘子应清洁、完整，无损坏及裂纹；

② 检查油位应正常，油色透明不发黑且无渗油、漏油现象；

③ 检查低压电路的电缆及导线应完好，且无短路现象；

④ 检查电压互感器外壳应清洁，无渗油、漏油现象，二次绕组接地应牢固良好。

3. 电压互感器的操作

（1）值班人员在准备工作结束后，可进行送电操作，先装上高、低压侧熔断器，合上出口隔离开关，使电压互感器投入运行，然后投入电压互感器所带的继电保护及自动装置。

（2）电压互感器的并列运行在双母线电路中，每组母线接一台电压互感器。若由于负载需要，两台电压互感器在低压侧并列运行，此时，应先检查母联断路器是否合上，如未合上，则合上后，再进行低压侧的并列。否则，由于高压侧电压不平衡，低压侧电路内产生较大的环流，容易引起低压熔断器熔断，致使保护装置失去电源。

（3）电压互感器的停用。在双母线电路中（在其他接线方式中，电压互感器随同母线一起停用），如一台电压互感器出口隔离开关、电压互感器本体需要检修时，则须停用电压互感器，其操作程序如下：

① 先停用电压互感器所带的保护及自动装置，如装有自动切换装置或手动切换装置时，其所带的保护及自动装置可不停用。

② 取下低压熔断器，以防止反充电，使高压侧带电。

③ 断开电压互感器出口隔离开关，取下高压侧熔断器。

④ 验电。用电压等级合适而且合格的验电器，在电压互感器各相分别验电。验明无电后，装设好接地线，悬挂标示牌，履行工作许可手续后，便可进行检修工作。

停用电压互感器（TV），应先断开二次回路自动空气开关或熔断器，后断开一次侧隔离开关，并须考虑对保护、自动装置及电能计量的影响。

电压互感器的切换如图 7-7 所示，假设 Ⅰ 段母线 TV 停电，Ⅱ 段母线 TV 继续运行。若先将 TV1、TV2 的二次侧通过 KM 并列，在操作 TV1 停电时，未按正确步骤进行，先断隔离开关 Q1，其辅助触点动作慢于主触点，此时通过 TV2 向 TV1 反充电，造成 TV2 快速开关因过电流跳闸，使 110kV 系统二次电压全部中断。这是因为反充电流很大（决定于很小的电缆电阻及 TV 的漏抗）所致。如果此时电压断线闭锁不能可靠动作，就会使某些保护误动跳闸，造成事故。

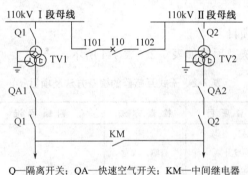

Q—隔离开关；QA—快速空气开关；KM—中间继电器

图 7-7　电压互感器的切换

当停用一组母线时，也要防止这种可能产生的反充电。

当启用电压互感器时，先合高压侧隔离开关后合二次空气开关（或回路熔断器），如系双母线运行，并经与已运行的 TV 定相并列后，在转接所在母线上回路的二次电压负荷时，应保证这种切换转接负荷的可靠性，不致引起保护装置失压误动。各变电所目前使用的电压切换方式不尽相同，故应根据现场运行规程，进行具体操作。

4. 电压互感器的运行维护

电压互感器在运行中值班人员应进行定期检查，其检查分为日常巡视检查和定期检查。

（1）日常巡视检查。

日常检查一般是每天一次至每周一次的巡视检查。除了肉眼检查外，还可用耳听或手摸等即以人们直感为主的方法来检查有否异常的声音、气味或发热等。日常检查能防止隐患发展成为重大的事故。因此日常检查是一项十分重要的工作内容。

① 外观检查。通过外观检查有无污损、龟裂和变形；油及浸渍剂有无渗漏；连接处有否松动等。检查时应根据不同设备，检查不同部位。

② 声音异常。互感器中产生的有游离放电、静电放电等原因引起的声音和铁芯磁滞伸缩引起的机械振动等声音。并根据这些声音迅速查明发出异常声音的原因和及时进行处理。

③ 异常气味。平时检查中，应注意辨别互感器发出的气味，分辨异常气味时应弄清是哪

一类设备发出的，如干式互感器在绝缘物老化发出烧焦的气味；油浸式设备发出的是其漏出的油的气味。同时查明原因，进行相应处理。

（2）定期检查。

定期检查一般应每年进行一次，对于无人值班的变电所等无法实行平时检查的设备，更应进行定期检查。通过检查资料的长期积累，判断互感器的工作状态。

① 外观检查。与平时检查相同。

② 测量绝缘电阻。应分别测量设备本身和二次回路的绝缘电阻。设备本身绝缘电阻的判断标准，会因设备结构和一、二次回路的不同而有所差异，同时受到湿度、灰尘附着情况等外部环境的影响，所以只能以绝缘电阻的标准值作为参考，对瓷管、绝缘套管、出线端子等部位擦拭干净并符合要求后才可测定。在判断时应考虑测量时的温度和湿度与前次测量没有明显变化，而且测量值与同一场所、同一时间测量的相同型号的其他设备相比较也没有明显的差异。

在上述情况下，如确定绝缘电阻有异常，则分析绝缘老化的可能性最大，所以可通过测量 $tg\delta$ 等来判断绝缘是否老化。

（3）检查方法及检查项目。

电压互感器的检查方法及项目如表 7-2～表 7-4 所示。

表 7-2 干式互感器的检查方法及项目

检 查 对 象	周　　期	检 查 项 目	检 查 方 法	判 断 标 准	备　　注
外壳、本体	D	污损，尘埃 温度升高 嗡嗡声 浸渍剂，模铸件 表面龟裂 生锈，涂料剥落 漏雨，杂质浸入	目测 目测，嗅觉 目测 目测 目测 目测 目测		
绝缘套管	D、Y	污损，破损	目测		电晕声音，胶装处破损
接线端子	D	接线端子过热，变色	目测	65～75℃	测温器材
熔丝	D	过热，变色	目测		电压互感器有此现象
绝缘电阻	Y	一次侧对地 一次侧对二次、三次侧 二次侧对三次侧、对地	测试	高压：>100MΩ 中压：>30MΩ 低压：>10MΩ	U_N>1kV 时用 1kV 兆欧表 U_N<1kV 时用 500V 兆欧表
接地线及接地电阻	Y D Y Y	接地线腐蚀 接地线断线 接地端子松动 接地电阻	目测 目测 手摸 测试	中高压：<10Ω 低压：<100Ω	接地电阻测定器

注：D—1 次/日～1 次/周；Y—1 次/年。

表 7-3　油浸式互感器的检查方法及项目

检查对象	周期	检查项目	检查方法	判断标准	备注
外壳、本体	D D D D	油量，有否漏油、污损 温度上升 嗡嗡响声 生锈，涂料剥落	目测 嗅觉 耳听（听棒） 目测	油面应处在上下刻度红线范围内	检查部位:阀门、焊接部位、垫圈
绝缘套管	D、Y	污损、破损、漏油	目测		电晕声，胶装处破损，盐雾害
接线端子	D、Y	端子过热，变色	目测		测温仪器
熔丝	D	过热，变色	目测		发生在电压互感器上
阀门、油面计	Y	损伤	目测		
绝缘电阻	Y	一次侧对地 一次侧对二次、三次侧 二次侧对三次侧、对地	测试	高压：>100MΩ 中压：>30MΩ 低压：>10MΩ	U_N>1kV 时用 1kV 兆欧表 U_N<1kV 时用 500V 兆欧表
tgδ	Y		测试		tgδ 计（高压用）
接地线及接地电阻	Y D、Y Y Y	接地线腐蚀 接地线断线 接地端子松动 接地电阻	目测 目测 手摸 测试	中高压：<10Ω 低压：<100Ω	接地电阻测定器
绝缘油耐压试验	Y			油酸值测定：<0.2，良好； 0.2～0.3，应注意； >0.3，不合格	用油试验器

注：D—1 次/日～1 次/周；Y—1 次/年。

表 7-4　电容式分压互感器的检查方法及项目

检查对象	周期	检查项目	检查方法	判断标准	备注
互感器本体	D D D D	漏油，污损 温度上升 嗡嗡声 生锈，涂料剥落	目测 嗅觉 耳听（听棒） 目测		
耦合电容器本体	D	污损，瓷管破损漏油	目测		
附属设备	Y	熔丝 绝缘套管龟裂、污损 闸刀开关松动	目测 手动 目测		

检查对象	周 期	检查项目	检查方法	判断标准	备 注
绝缘电阻	Y	一次侧对地 一次侧对二次 二次侧之间及对地	测试	高压：>100MΩ 中压：>30MΩ 低压：>10MΩ	U_N>1kV 时用 1kV 兆欧表 U_N<1kV 时用 500V 兆欧表
接地端子处	D Y	接地线腐蚀，断线、端子松动	目测 手动		

注：D—1 次/日～1 次/周；Y—1 次/年。

7.1.4　电压互感器的故障处理

电压互感器在运行中经常出现的故障有互感器本体故障、高压侧熔断器熔丝熔断故障和二次回路故障等。

1. 电压互感器的本体故障

现象 1：高压保险连续熔断两次；原因：互感器内部的故障可能性很大。

现象 2：内部发热，温度过高；原因：电压互感器内部匝间、层间短路或接地，此时如果高压保险不能熔断，则会引起过热甚至可能冒烟起火。

现象 3：内部有放电"噼叭"响声或其他噪声；原因：可能是由于内部短路、接地、夹紧螺丝松动引起，主要是内部绝缘破坏。

现象 4：互感器内或引线出口处有严重喷油、漏油或流胶现象；原因：此现象可能属内部故障产生过热引起。

现象 5：内部发出焦臭味、冒烟、着火；原因：此情况说明内部发热严重，绝缘已烧坏。

现象 6：套管严重破裂放电；原因：套管、引线与外壳之间有火花放电。

现象 7：严重漏油至看不到油面；原因：严重缺油使内部铁芯露于空气中，当雷击线路或有内部过电压出现时，会引起内部绝缘闪络烧坏互感器。

电压互感器内部故障，电路导线受潮、腐蚀及损伤使二次绕组及接线短路，发生一相接地短路及相间短路等，由于短路点在二次保险前面，故障点在高压保险熔断之前不会自动隔离。

当发现电压互感器有上述故障现象之一时均应立即停用。

2. 电压互感器高压侧熔丝熔断故障

（1）互感器内部线圈发生匝间、层间或相间短路及一相接地等故障。

（2）电压互感器一、二次回路故障，可能造成电压互感器过电流。若电压互感器二次侧熔丝容量选择不合理，也有可能造成一次侧熔丝熔断。

（3）当中性点不接地系统中发生一相接地时，其他两相电压升高 $\sqrt{3}$ 倍；或由于间歇性电弧接地，可能产生过电压。这些过电压会使互感器铁芯饱和，将使电流急剧增加而造成熔丝熔断。

【例 7.1】电压互感器熔体熔断有哪些现象及原因？怎样排除？

故障现象：

① 电压互感器熔断器有一相熔体熔断时，熔断的一相对地电压表指示降低，另外两相对地电压表指示正常；熔断的一相与另外两相间的线电压降低，未熔断的两相间的线电压正常；如果有接地信号，则是电压互感器高压侧熔断器有一相熔断，如果没有接地信号，说明电压互感器低压侧熔断器有一相熔断。

② 电压互感器熔断器有两相熔断时，熔断的两相对地电压很小或接近于零，未熔断的一相对地电压表指示正常；熔断的两相间的线电压为零，另外两个线电压降低，但不为零；如果有接地信号，说明电压互感器高压侧熔断器两相熔断，如果没有接地信号，说明电压互感器低压侧熔断器两相熔断。

故障原因：

高压侧中性点接地时发生单相接地；母线末端带负荷时投入高压电容器；二次侧所接测量仪表消耗的功率超过互感器的额定容量或二次侧绕组短路；熔断器日久磨损，也会造成高压或低压侧熔体熔断；当发生雷击时，感应雷电流通过高压侧熔断器的熔体经电压互感器中性点入地，导致高压侧熔体熔断或当线路发生雷击单相接地时，电压互感器可能由于自身的励磁特性不好而发生一次侧熔体熔断；由于某种原因，电路中的电流或电压发生突变，而引起的铁磁谐振，使电压互感器的励磁电流增大，造成高压侧熔体迅速熔断。

排除方法：

当高压侧发生熔体熔断时，拉开高压侧隔离开关，并检查低压侧熔体是否熔断完好，经确认无疑后，方可进行更换；当低压侧熔体熔断时，应立即更换相同容量、规格的熔体，但在更换熔体前，要将有关保护解除，在更换熔体并进入正常运行后再将停用的保护重新投入；当高、低压侧熔体同时熔断时，故障可能发生在二次回路，可更换高、低压侧熔断器后试运行。若低压侧再次熔断，应找出原因后再予更换。如果低压侧熔断器没有熔断，应对互感器本身进行检查。可测量互感器绝缘并当正常后方可更换熔断器继续投入运行。

【例 7.2】某运行值班员在巡视检查时，出现预告音响和光字牌，同时低压继电器动作，频率监视灯熄灭，仪表指示不正常。试分析原因，怎样排除？

原因分析：这种现象，一般是电压互感器出现断线所致。主要原因有：电压互感器的高、低压侧熔断器的熔体熔断；回路接线松动或断线；电压切换回路辅助触点及电压切换开关接触不良。

排除方法：如果高压侧熔体熔断，应仔细查明原因，并排除故障。只有确认无问题后，方可进行更换；如果低压侧熔体熔断，应立即更换，并保证熔体容量与原来相同，不得增大；排除故障，更换熔体和恢复正常后，应将停用的保护装置投入运行；如果更换熔体后，仍发出断线信号，应拉开刀闸，并在采取安全措施后进行检查。检查时查看回路接头有无松动、断开现象，切换回路有无接触不良、短路等故障。

（4）系统发生铁磁谐振。在中性点不接地系统中，由于发生单相接地或用户电压互感器数量的增加，使母线或线路的电容与电压互感器的电感构成振荡回路，在一定的条件下，会引起铁磁谐振故障。这时，电压互感器上将产生过电压或过电流。电流的激增，除了造成一次侧熔丝熔断外，还常导致电压互感器的烧毁事故。

【例 7.3】电压互感器铁磁谐振会出现哪些现象？怎样检查和防止？

故障现象：

当电压互感器出现铁磁谐振时，三相电压同时升高，其产生的过电压可能会击穿互感器的绝缘，使互感器烧坏；若由于接地引发铁磁谐振，则由系统接地信号发出。

检查方法：

电压互感器出现铁磁谐振时，应由互感器的上一级断路器切断电路，不准使用隔离开关，以免过电压高造成三相弧光短路，危及人身或设备安全。切除后应检查互感器有无电压击穿现象。

防止措施：

对于电压互感器的铁磁谐振，可采取吸收谐振过电压的自动保护装置。该装置由保护间隙串联吸收电阻后并接在互感器线圈上，一旦发生铁磁谐振过电压，保护间隙被击穿，由吸收电阻将过电压限制在互感器的额定电压以内，从而保护互感器不被击穿。

3. 二次回路故障

在电压互感器运行中，发生二次侧熔丝熔断（或电压互感器小开关跳闸），运行人员应正确判断，汇报调度，停用自切装置。

（1）造成电压互感器二次侧熔丝熔断的原因有：

① 二次回路导线受潮、腐蚀及损伤而发生一相接地，便可能发展成二相接地短路。

② 电压互感器内部存在着金属性短路，也会造成电压互感器二次电路短路。在二次短路后，其回路阻抗减小，所以通过二次回路的电流增加，导致二次侧熔丝熔断。

二次熔丝熔断时，运行人员应及时调换二次熔丝。若更换后再次熔断，则不应再更换，应查明原因后再处理。

（2）电压互感器二次故障查找方法。

① 将该电压互感器所在母线上的电源线、馈线电压互感器二次熔丝拉开，再合上电压互感器二次熔丝，如正常则说明故障在电压互感器负载上。如合上电压互感器二次熔丝即熔断，则说明故障在电压互感器小母线上，应通知继电保护工作人员进行处理。

② 如电压互感器小母线正常，则分别合上电源线、馈线电压互感器二次熔丝，当合上某一回路电压互感器熔丝时，发现电压互感器二次熔丝熔断，则说明故障点在该回路电压互感器二次负载上，应将该回路电压互感器二次熔丝拉开，然后再照前述做法进行试送，直至正常。查清后通知继电保护工作人员对故障熔断器进行检查处理。

【例 7.4】电压互感器二次负荷回路发生故障有哪些现象及原因？怎样排除？

故障现象：（1）控制室或配电板的仪表指示出现异常；（2）保护装置的电压回路失去电压。

故障原因：运行中的电压互感器，由于二次负荷回路熔断器或隔离开关的辅助触点接触不良而造成回路电压消失；负荷回路中发生故障使二次侧熔断器的熔体熔断。

排除方法：①如果各种仪表指示正常，说明电压互感器及其二次回路存在故障。应根据各仪表的指示，对设备进行监视。如果这类故障可能引起保护装置误动作，应退出相应的保护装置；②如果熔断器接触不良，应立即修复。若发现二次侧熔断器的熔体熔断，可换上同样规格的熔断器试送电；若再次熔断，应查明原因，待排除故障后方可更换熔断器投入运行；③如果一次侧熔体熔断，应对一次侧进行反复检查。只有在有限流电阻时，方可换上同样规格的熔断器试送电。如果没有限流电阻，不得更换试送电。以免造成更大的故障；④有时只有个别仪表（如电压表）的指示不正常，一般属于仪表故障，应立即通知检修人员进行处理。

4. 电压互感器消除谐振的技术措施

电压互感器产生谐振的主要原因是铁芯饱和，使其感抗 X_L 与其对地容抗 X_C 相等所致。消除谐振的措施有：

（1）使 X_L 与 X_C 相适合，调整对地电容。

（2）在开口三角绕组并接 200～500W 灯泡。

（3）在开口三角绕组接入合适的电阻。

5. 电压互感器发生严重故障时处理的一般程序

当发现电压互感器出现严重故障时，其处理程序和一般方法为：

（1）退出可能误动的保护及自动装置，断开故障电压互感器二次开关（或拔掉二次熔断器）。

（2）电压互感器三相或故障相的高压保险已熔断时，应拉开隔离开关隔离故障。

（3）高压熔丝未熔断，高压侧绝缘未损坏的故障（如漏油至看不到油面、内部发热等故障），可以拉开隔离开关，隔离故障。

（4）高压熔丝未熔断，所装高压熔断器上有合格的限流电阻时，可以根据现场规程规定，拉开隔离开关，隔离严重故障的电压互感器。

（5）高压熔丝未熔断，电压互感器故障严重，高压侧绝缘已损坏。高压熔断器无限流电阻的，只能用断路器切除故障。应尽量利用倒运行方式的方法隔离故障，否则，只能在不带电的情况下拉开隔离开关，然后恢复供电。

（6）故障隔离后，可经倒闸操作，一次母线并列后，合上电压互感器二次联络，重新投入所退出的保护及自动装置。

【例 7.5】试简述 35kV 母线电压互感器二次熔断器熔体熔断（或快速小开关跳一相）的处理方法。其故障现象为：（1）熔断相相电压及线电压严重下降，有功、无功表指示降低，电能表走慢；（2）主变压器 35kV 回路断线闭锁装置动作，电容器的电压回路断线光示牌亮。

分析处理：

（1）向调度汇报。

（2）用电压表转换开关切换相电压或线电压，以区别哪相熔丝熔断。

（3）停用该母线上的可能误动跳闸保护的连接片（如 35kV 距离保护、低频率）。

（4）检查有无继电保护人员在 35kV 母线电压互感器二次回路工作，误碰引起断路，或有短路情况。

（5）更换熔丝试送，若不成功，将 35kV 馈线及主变压器电压回路熔丝全部拔去（中央信号、低频盘）。

（6）再行试送到小母线。成功后逐条试送馈线。如又熔断，说明该线路电压回路存在短路，应拔去熔丝。恢复电压互感器低压侧运行后，汇报调度，以便派继电保护人员来变电所处理。

必须注意，电压互感器二次熔丝熔断后，电压互感器二次回路绝对不能并列或联络运行。

【例 7.6】简述 35kV 母线电压互感器高压熔丝熔断的处理方法。其故障现象为：（1）熔断相相电压降低或接近于 0，完好相相电压不变或稍有降低，断路相切换至好相时线电压可能下降（实际运行在似断非断时），电压互感器有功功率表和无功功率表指示降低，电能表走慢；（2）主变压器 35kV "电压回路断线"。电容器 "电压回路断线"（保护接母线电压互感器）、

"母线接地"及 35kV "掉牌未复归"告警；（3）检查高压熔丝时，可能有吱吱声。

分析处理：

（1）向调度汇报。

（2）可用电压转换开关切换相电压或线电压，以判别哪相故障。

（3）停用该母线上可能误动保护（距离、低频）的跳闸连接片。

（4）拉开电压互感器隔离开关，做好安全措施后，更换相同规格的高压熔丝。若试运不成功，连续发生熔断时，可能为互感器内部故障。应汇报调度，并查明原因。

（5）检查是否为电压互感器内部故障时，可在停机后手摸高压熔丝外壳绝缘子部分以查明是否为内部过热，也可用兆欧表测量绝缘电阻加以判断。确认为互感器内部故障时，应及时汇报。

7.2 电流互感器

7.2.1 电流互感器的型号与工作原理

1. 电流互感器的型号

电流互感器的命名方法为：

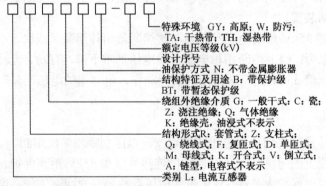

特殊环境 GY：高原；W：防污；
TA：干热带；TH：湿热带
额定电压等级(kV)
设计序号
油保护方式 N：不带金属膨胀器
结构特征及用途 B：带保护级
BT：带暂态保护级
绕组外绝缘介质 G：一般干式；C：瓷；
Z：浇注绝缘；Q：气体绝缘
K：绝缘壳，油浸式不表示
结构形式R：套管式；Z：支柱式；
Q：绕线式；F：复匝式；D：单匝式；
M：母线式；K：开合式；V：倒立式；
A：链型，电容式不表示
类别 L：电流互感器

例如，LMZ-20 母线式浇注绝缘，额定电压为 20kV 级电流互感器。

LB-220 带保护级户外装置一般地区用油浸电容型，额定电压为 220kV 级电流互感器。

2. 电流互感器的精确等级

电流互感器在变换电流时，由于存在励磁电流产生而必然出现误差，这个误差包括电流比值误差和相位差两部分。电流比值误差也称电流误差，电流误差以百分数表示。准确级是在规定的条件下不超过规定误差限值的一个等级，测量用电流互感器准确级是以在额定电流下所规定的电流误差的百分数来标称的。国家标准所规定的标准准确级有 0.1，0.2，0.5，1，3，5，还有特殊使用要求的准确级 0.2S 和 0.5S 级。各标准准确级所规定的条件及误差限值如表 7-5 所示。

表 7-5　各标准准确级所规定的条件及误差限值

准 确 等 级	额定电流百分数（%）	误 差 限 值		
		电流误差±（%）	相位差±（分）	
0.1	5	0.4	15	$(0.25-1)\,S_{N2}$ $\cos\phi_2=0.8$ S_{N2} 相应准确等级下的 额定容量 $\cos\phi_2$ 负载功率因数
	20	0.2	8	
	100~120	0.1	5	
0.2	5	0.75	30	
	20	0.35	15	
	100~120	0.2	10	
0.5	5	1.5	90	
	20	0.75	45	
	100~120	0.5	30	
1	5	3	180	
	20	1.5	90	
	100~120	1.0	60	
3	50~120	3.0	不规定	$(0.5-1)\,S_{N2}$
5	50~120	5.0	不规定	$(0.5-1)\,S_{N2}$
0.2S	1	0.75	30	$(0.25-1)\,S_{N2}$
	5	0.35	15	
	20	0.2	10	
	100~120	0.2	10	
0.5S	1	1.5	90	
	5	0.75	45	
	20	0.5	30	
	100~120	0.5	30	

　　电流互感器除承担着电流与电能测量外，另外一个重要任务是在系统发生故障时传递电流信息给继电保护装置而切除故障。前者是在系统正常运行时即互感器在正常运行电流下工作；后者则在过电流下工作，即起到保护作用。保护用电流互感器的准确级如表 7-6 所示。

表 7-6　保护用电流互感器的准确级的误差限值

准确级	额定一次电流下的误差		额定准确限值一次电流下的 复合误差（%）	保证误差的二次 负荷范围
	电流误差（%）	相位误差（分）		
5P	1	60	5	S_{N2}
10P	3	—	10	

7.2.2　电流互感器的分类与结构

1. 电流互感器的分类

　　（1）按安装地点可分为户内式、户外式及装入式。35kV 以上多制成户外式，并用瓷套为箱体。以节约材料，减轻质量和缩小体积；装入式是套在 35 kV 及以上变压器或多油断路器的套管上，故也称套管式。

（2）按安装方法可分为穿墙式和支持式。穿墙式装在墙壁或金属结构的孔中，可节约穿墙套管；支持式则安装在平面或支柱上。

（3）按绝缘可分为干式、浇注式、油浸式等。干式用绝缘胶浸渍，适用于低压用户内的电流互感器；浇注式利用环氧树脂作绝缘，浇注成型，其适用于 35 kV 及以下的户内电流互感器，油浸式多为户外型设备。

（4）按一次绕组匝数可分为单匝式和多匝式。单匝式按一次绕组形式又可分为贯穿式（次绕组为单根铜杆或铜管）和母线式（以母线穿过互感器作为一次绕组），多匝式按其结构可分为绕组式、"8"字形、"U"字形。

2. 电流互感器的结构

（1）单匝式电流互感器。

单匝式电流互感器结构简单、尺寸小，价格低，内部电动力小，热稳定以原电路导体截面保证，但一次电流较小时误差大，故用于一次电流大于 400A 的电路上。

单匝式电流互感器常做成穿墙式，通常分为芯柱式和母线式两种，其原理和结构分别如图 7-8 和图 7-9 所示。

① 芯柱式电流互感器（LDC 型）。

图 7-8 为一额定电压 10kV，原边额定电流 1000A 的芯柱式电流互感器。原绕组是载流柱，穿过瓷套内部，磁套固定在法兰盘上。铁芯由环形硅钢片卷成，铁芯有两个副绕组，铁芯套在瓷套管上，并装在封闭外壳内，二次绕组通过端子引出。

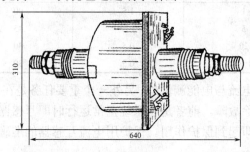

图 7-8　LDC-10/1000 型瓷绝缘单匝穿墙式电流互感器

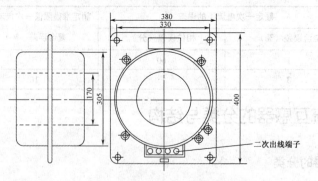

图 7-9　LMZ1-10、LMZD1-10 母线式电流互感器

② 母线式电流互感器（LMZ1-10）。

图 7-9 为母线式 LMZ1-10、LMZD1-10 型浇注绝缘电流互感器。额定电流大，绝缘性能

和机械性能良好，维护方便，多用于发电机、变压器主回路，一般分为底板支架式和穿墙盖板式，可代替 LMC-10 型。

（2）复匝式电流互感器。

由于单匝式电流互感器准确等级较低，或者在一定准确度下副线圈功率不大，以致增加互感器数目，所以采用了复匝式电流互感器。

① 浇注式电流互感器（LQJ-10、LFZB-10）。

10kV 及以下配电装置中，广泛采用环氧树脂浇注绝缘的电流互感器，其电气性能较高，体积小、质量轻。图 7-10 为 LQJ-10 型电流互感器外形图，图 7-11 为 LFZB-10 型户内复匝浇注绝缘电流互感器。

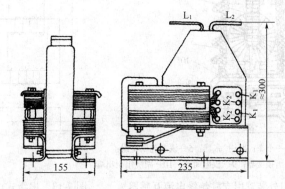

图 7-10　LQJ-10 型电流互感器外形图

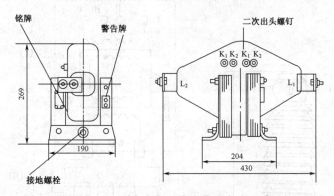

图 7-11　LFZB-10 型户内复匝浅注绝缘电流互感器外形图

② 支柱式电流互感器。

35kV 及以上配电装置采用复匝式瓷绝缘支柱式电流互感器，安装在构架上。其线圈采用"8"字形结构。铁芯和线圈装在瓷套内，其中充满变压器油，图 7-12 为 110kV 的（LCW—110）支柱式电流互感器剖面图及原理图。电压为 35kV 及 110kV 的 LCW 型电流互感器有两个或三个铁芯，220kV 的一般有四个铁芯。原绕组可通过分段串并联的方法获得几种不同的原绕组额定电流值以适应不同需要。

③ 串级式电流互感器。

当电压在 110kV 及以上时，为了节约绝缘材料，常采用串级式电流互感器，它相当于几个中间电流互感器串联而成，其原理图如图 7-13 所示。每极两绕组之间的绝缘只承受对地电压的 1/2，每极绕组绝缘仅可承受对地电压的 1/4。图 7-14 所示为 L-110 串级式电流互感器的外形和原理接线图。

④ 瓷箱式电容型绝缘电流互感器。

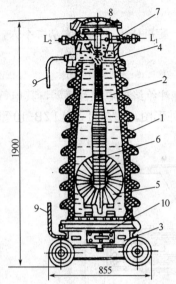
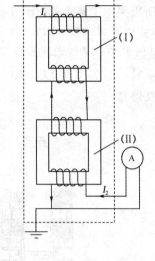

1—瓷外壳；2—变压器油；3—小车；4—扩张器；5—铁芯连副绕组；
6—原绕组；7—瓷套管；8—原绕组换接器；9—放电间隙；10—副绕组引出端

图 7-12　LCW-110 型户外装置用支柱绝缘电流互感器　　　图 7-13　串级式电流互感器原理图

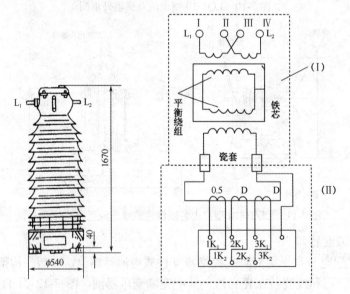

图 7-14　L-110 串级式电流互感器外形及原理接线图

目前，瓷箱式电容型绝缘电流互感器普遍用于高压配电装置中，具有用油量少，瓷套直径小，节省材料，耐压水平高，质量轻的优点。高压一次绕组做成 U 形，二次绕组铁芯就套在 U 形中部，原绕组绝缘共 10 层，层间有电容屏，当各层电容量相等时，各屏间电压分布就完全均匀，绝缘利用率大大提高。

⑤ 套管式电流互感器。

该种互感器安装在多油断路器，电力变压器的高压套管绝缘子上，广泛用于 35kV 及以上的配电装置中。其特点是结构简单，价格低，且不占用专门的位置，使配电装置结构紧凑，缺点是容量小，准确度低。

7.2.3 电流互感器的接线

三相电力系统中，电流互感器二次绕组与仪表、继电器等的接线方式，常有以下三种，如图 7-15 所示。

① 一台单相电流互感器的接线如图 7-15（a）所示，用于对称三相电路中测一相电流。

② 电流互感器接线成星形，如图 7-15（b）所示，除用于重要的高压电路中，还广泛用于三相四线制的低压电路中，测三相电流，监视各相负载是否不对称。

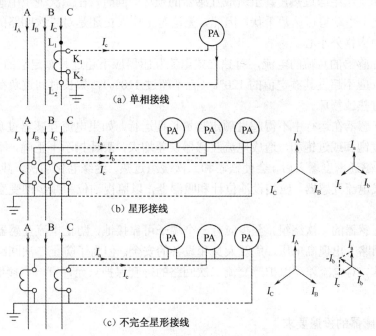

图 7-15　电流互感器的接线方式

③ 两台电流互感器接成不完全星形，如图 7-15（c），用于对称或不对称三相电路中测三相电流。因互感器中通过公共线上的电流等于 A、C 两相电流之和，其数值等于 B 相电流但相位相反，即 $I_A+I_C=-I_B$。这种接线比星形接线可省掉一只电流互感器。

接线时要注意，电流互感器上的 L_1、L_2 为一次绕组端子，K_1、K_2 为二次绕组端子，且 L_1 与 K_1 或 L_2 与 K_2 为同极性端子。

7.2.4 电流互感器的运行

1. 电流互感器的运行条件

电流互感器的额定容量是用二次额定电流通过额定负载所消耗的功率伏安数表示的，也可用二次负载的阻抗值表示，因其容量是与阻抗成正比的，因此，电流互感器的额定容量为：

$$S_{2N} = I_{2N}^2 Z_{2N} \qquad (7.3)$$

式中　I_{2N}——二次侧额定电流，A；

　　　Z_{2N}——二次侧额定阻抗，Ω。

（1）电流互感器在运行时，它的二次电路始终是闭合的，二次绕组必须接有仪表。当须从使用着的电流互感器上拆除电流表等时，应先将电流互感器的二次绕组可靠短路，然后才能把电流表连接线拆开，以防二次侧开路运行产生高压，危及人身和设备安全。

（2）电流互感器的二次绕组在运行中严禁开路，因为出现开路时，将使二次电流消失，这时，全部一次电流都成为励磁电流，使铁芯中的磁感应强度急剧增加，其有功损耗增加很多，因而引起铁芯和绕组绝缘过热，甚至造成互感器的损坏。同时，在二次绕组中感应产生一个很大的电动势，这个电动势可达数千伏，因此，无论对工作人员还是对二次回路的绝缘都是很危险的，在运行中应格外小心。

（3）电流互感器的负荷的电流，对独立式电流互感器应不超过其额定值的 110%，对套管式电流互感器，应不超过其额定值的 120%（宜不超过 110%），如长时间过负荷，会使测量误差加大和绕组过热或损坏。

（4）电流互感器在运行中不得超过额定容量长期运行。如果电流互感器过负荷运行，则会使铁芯磁通密度饱和或过饱和，造成电流互感器误差增大，表计指示不正确，不容易掌握实际负荷。此外，当磁通密度增大后，会使铁芯和二次绕组过热，绝缘老化加快，甚至造成损坏等。

（5）油浸式电流互感器，应装设油位计和吸湿器，以监视油位和减少油受空气中的水分和杂质影响。

（6）电流互感器的二次绕组，至少应有一个端子可靠接地，防止电流互感器主绝缘故障或击穿时，二次回路上出现高电压，危及人身和设备的安全。但为了防止二次回路多点接地造成继电保护误动作，对电流差动保护等交流二次回路的每套保护只允许有一点接地，接地点一般设在保护屏上。

2. 电流互感器的投退要求

电流互感器的启、停用，一般是在被测量电路的断路器断开后进行的，以防止电流互感器二次侧开路。但在被测电路的断路器不允许断开时，只能在带电情况下进行。

在停电情况下，停用电流互感器时，应将纵向连接端子板取下，并用取下的端子板，将标有"进"侧的端子横向短接。在启用电流互感器时，应将横向短接端子板取下，用取下的端子板，将电流互感器纵向端子接通。

在运行中，停用电流互感器时，应将标有"进"侧的端子，先用备用端子板横向短路，然后取下纵向端子板。在启用电流互感器时，应用备用端子板将纵向端子接通，然后取下横向端子板。

在电流互感器启、停用中，应注意在取下端子板时是否出现火花，如发现有火花，应立即将端子板装上并旋紧后，再查明原因。另外，工作人员应站在橡胶绝缘垫上，身体不得碰到接地物体。

3. 电流互感器的运行维护

（1）运行前的检查。

① 套管有无裂纹及破损现象。

② 充油电流互感器外观应清洁，油量充足，无渗漏油现象。

③ 引线和线卡子及二次回路各连接部分应接触良好，不得松弛。

④ 外壳及二次回路一点接地良好，接地线应牢固可靠。

⑤ 按电力系统中电气试验规程，对电流互感器进行全面试验并应合格。

（2）运行中的巡视检查。

① 各接头应无过热及打火现象，螺栓无松动，无异常气味。

② 瓷套管应清洁，无缺损、裂纹和放电现象，声音正常。

③ 对充油式的电流互感器，要定期进行油化试验，检查油质情况，防止油绝缘强度降低。

④ 对环氧式的电流互感器，要定期进行局部放电试验，以检查其绝缘水平，防止爆炸起火。

⑤ 电流表的三相指示值应在允许范围之内，电流互感器无过负荷运行。

⑥ 二次线圈应无开路，接地线连接良好，无松动和断裂现象。

⑦ 应定期校验电流互感器的绝缘情况，定期化验油质应符合要求。若绝缘油受潮，其绝缘性能降低，将会引起发热膨胀，造成电流互感器爆炸起火。

（3）电流互感器运行中的监视。

① 当发现运行中的电流互感器冒烟、膨胀器急剧变形（如金属膨胀器明显鼓起）时，应迅速（如通过运行电动操作等）切断有关电源。

② 电流互感器一次端部引线的接头部位要保证接触良好，并有足够的接触面积，以防止接触不良，产生过热现象。

③ 怀疑存在缺陷的电流互感器，应适当缩短试验周期，并进行跟踪和综合分析，查明原因。

④ 要加强对电流互感器的密封检查（如装有呼吸器的，呼吸系统是否正常，密封胶垫与隔膜是否老化，隔膜内有无积水），对老化的胶垫与隔膜应及时更换。对隔膜内有积水的电流互感器，应对电流互感器绝缘和绝缘油进行有关项目的试验，当确认绝缘已受潮的电流互感器，不得继续运行。

4. 电流互感器的运行维修

（1）经常保持电流互感器的清洁，接地线应牢固可靠，接触良好，若是油浸电流互感器，检查应无渗漏油现象，熔断器的熔体应保持良好，各部分之间的距离符合要求，无放电现象，无异味异声。

（2）应定期进行预防性试验，测量绕组的绝缘电阻，绕组的绝缘电阻值与制造厂规定值或与上次的测量值进行比较，应无明显降低，若绝缘受潮，应进行干燥处理。

（3）电流互感器的最高温度为 35℃时，允许电流超过其额定电流 10%，在线路中运行。当最高温度高于 35℃，但不高于 50℃时，长期允许的工作电流最大值可按下式计算：

$$I_{t2} = I_{35}\sqrt{\frac{80 - t_2}{45}} \tag{7.4}$$

式中　I_{35}——最高气温为 35℃时，电流互感器允许的工作电流最大值，A；

　　　t_2——环境的实际温度，℃。

（4）电流互感器二次绕组不能开路，如果一旦开路必须立即退出运行，并检查二次绕组的绝缘情况，并对铁芯进行退磁处理。

（5）运行中，电流互感器的故障多因失慎，使电流互感器遭受开路而损坏绝缘，另外由于绝缘受潮或过电压而发生绝缘击穿，损坏后的电流互感器应按原样进行修复。

（6）对于户外多匝贯穿式瓷绝缘电流互感器，由于一次绕组是穿绕在两个平行的瓷件中，为了消除瓷件两侧与一次和二次绕组之间空气间隙的游离，在瓷件的内表面和被接地部件包围的外表面，均涂有半导体漆。内部漆膜与一次绕组作电气连接，外部漆膜接地，使空气层上不存在电位差。漆膜厚度约为 0.1～0.14mm，在空气中自然干燥 3h 即可。

（7）电流互感器的过负荷运行。电流互感器可以在 1.1 倍额定电流下长期工作，但是长期过负荷运行时，由于磁通密度增大，铁芯饱和发热，加速绝缘介质的老化，使其寿命缩短，甚至造成损坏。因此，在运行中若发现电流互感器经常过负荷时，则应及时更换。

（8）在运行中的电流互感器二次回路上工作时的注意事项。在运行中的电流互感器二次回路上进行工作，必须按照《电业安全工作规程》的要求填写工作票，并注意下列事项：

①　工作中严禁将电流互感器二次回路开路。

②　根据需要在适当地点将电流互感器二次回路短路。短路应采用短路片或专用短路线，短路应连接可靠，禁止采用熔丝或一般导线缠绕。

③　禁止在电流互感器与短路点之间的回路上进行任何工作。

④　工作时必须有人监护，使用绝缘工具，并站在绝缘垫上与地隔离。

⑤　值班人员在清扫二次线时，应使用干燥的清扫工具，穿长袖工作服，戴线手套，工作时应将手表等金属物摘下。工作中应认真、谨慎，避免损坏元件或造成二次回路断线，不得将回路的永久接地点断开。

（9）电流互感器及二次线的更换。运行中的电流互感器及其二次线需要更换时，除应执行有关安全工作规程的规定外，还应注意下列事项：

①　更换损坏的电流互感器时，应选用同型号、同规格的电流互感器，并要求极性正确、伏安特性相近，并经试验合格。

②　若成组更换电流互感器时，除注意上述内容外，还应重新审核继电器保护整定值及仪表计量的倍率。

③　更换二次电缆时，电缆截面、芯数等必须满足最大负载电流的要求，并对新电缆进行绝缘电阻测定，更换后要核对接线正确。

④　新换上的电流互感器或更动后的二次接线，在运行前必须测定整个二次回路的极性。

（10）对投入运行的电流互感器一般每 1～2 年进行一次预防性试验，并执行以上项目的巡视和检查。

（11）电流互感器次级回路不准开路，工作时应注意防止折断二次回路导线。二次回路导线不允许用铝线或小于 1.5mm^2 铜导线。二次回路导线应无松动，电流表的三相指示值应在允许范围内。

7.2.5 电流互感器的故障处理

1. 电流互感器的一次侧或本体故障

（1）过热现象。

【例 7.7】电流互感器线圈和铁芯过热的原因是什么？怎样排除？

原因分析：

电流互感器线圈和铁芯过热一般是由于二次线圈匝间短路或长期过负荷。

处理方法：

如果电流互感器出现二次回路断线，应减小互感器一次电流或临时断开一次回路，将其修复后再恢复供电；如果是接线端子压接不良出现火花，可由一人监护，另一人戴好绝缘手套站在绝缘垫上将压线螺钉拧紧后继续使用；如果是长期过负荷或二次线圈匝间短路，应检查线圈故障或将负荷降低至额定容量以下。

（2）内部有臭味、冒烟。

（3）内部有放电声或引线与外壳之间有火花放电现象。干式电流互感器，外壳开裂。

（4）内部声音异常。由于电流互感器的二次侧近似于工作在短路状态，一般应无声音。当电流互感器出现故障而伴有异常声音或现象时，其产生的主要原因有：①铁芯松动，发出不随一次负荷变化的"嗡嗡"声（长时保持）；②个别离开叠层的硅钢片，在空载（或轻载）时，会有一定的"嗡嗡"声（负荷增大即消失）；③二次开路，因磁饱和及磁通的非正弦性，使硅钢片振荡且振荡不均匀，发出较大的噪声。

【例 7.8】电流互感器声音异常的原因是什么？怎样排除？

故障原因：①电流互感器长期过负荷。其现象是电流互感器所接电流表的指示超过了允许值，电流互感器出现严重过负荷，同时伴有过大的噪声，有时伴有过大的噪声，甚至会出现冒烟、流胶等现象。②电流互感器二次回路开路口。③电晕放电或铁芯穿心螺栓松动，使得铁芯松动，发出较大的"嗡嗡"声。

排除方法：①如果是过负荷，应采取措施降低负荷至额定值以下，并继续进行监视和观察；②如果是二次回路开路，应立即停止运行，或将负荷减少至最低限度进行处理，但须采取必要的安全措施，以防止人身触电；③如果电晕放电，可能是瓷套管质量不好或表面有较多的污物和灰尘。瓷套管质量不好时应及时更换，对表面的污物和灰尘应及时清理；④如果铁芯穿心螺栓松动，电流互感器发出异常响声，应停电处理并紧固松动的螺栓。

（5）充油式电流互感器严重漏油。

（6）外绝缘破裂放电。

电流互感器在运行中，发现有上述现象，应进行检查判断，若鉴定不属于二次回路开路故障，而是本体故障，应转移负荷停电处理。若声音异常较轻微，可不立即停电，汇报调度和有关上级，安排计划停电检修。在停电前，应加强监视。

【例 7.9】电流互感器一次线圈烧坏的原因是什么？怎样排除？

故障分析：

① 绕组间绝缘损坏或长期过负荷；

② 线圈的绝缘击穿，主要是由于线圈的绝缘本身质量不好，或二次线圈开路产生高达数千伏的电压，使绝缘击穿，同时也会引起铁芯过热，导致绝缘损坏。

排除方法：

一旦发现电流互感器一次线圈烧坏，应更换线圈或更换合适变压比和容量的电流互感器。

2. 电流互感器的二次侧开路故障

（1）二次开路故障的后果。

电流互感器二次开路，由于磁饱和，使铁损增大而严重发热，绕组的绝缘会因过热而被烧坏。同时还会在铁芯上产生剩磁，使互感器误差增大。另外，电流互感器二次开路，则二次电流等于零，仪表指示不正常，造成保护误动或拒功。保护可能因无电流而不能反映故障，对于差动保护和零序电流保护等，则可能因开路时产生不平衡电流而误动作。

（2）开路故障的常见原因。

① 交流电流回路中的试验接线端子，由于结构和质量上的缺陷，在运行中，发生螺杆与铜板螺孔接触不良，造成开路。

② 电流回路中的试验端子压板，由于压板胶木过长，旋转端子金属片未压在连接片的金属片上，而误压在胶木上，致使开路。

③ 检修试验中出现失误。如忘记将继电器内部触点接好，验收时又未能发现。

④ 二次线端子接头压接不紧，回路中电流很大时，发热烧断或氧化过甚造成开路。

⑤ 室外端子箱、接线盒进潮、端子螺丝和垫片锈蚀过重，造成开路。

（3）二次开路故障的检查判断。

电流互感器发生二次开路故障时，可以根据现象按下述方法进行检查判断，发现问题：

① 回路仪表指示异常降低或为零。如用于测量表计的电流回路开路，会使电流表的三相指示值不一致、功率表指示降低、计量表计（电度表）不转或转速缓慢。如果表计指示时有时无，可能是处于半开路（接触不良）状态。

将有关的表计指示值对照、比较，如变压器一、二次负荷指示值相差较多，电流表指示值相差太大（经换算，考虑变化后），可怀疑偏低的一侧存在开路故障。

② 电流互感器本体有噪声、振动等不均匀的异音，而且这种现象在负荷小时不明显；原因：二次侧开路后，因磁通密度增加和磁通的非正弦性，硅钢片振动力很大，响声不均匀，产生较大的噪声。

③ 电流互感器本体严重发热，有异味、变色、冒烟等。此现象在负荷小时也不明显。开路时，由于磁饱和严重，铁芯过热，外壳温度升高，内部绝缘受热有异味，严重时会冒烟烧坏。

④ 电流互感器二次回路端子、元件线头等有放电、打火现象。此现象能在二次回路维护工作和巡视检查时发现。开路时，由于电流互感器二次产生高电压，可能使电流互感器二次接线柱、二次回路元件线头、接线端子等处放电打火，严重时使绝缘击穿。

⑤ 继电保护发生误动或拒动。此情况可在误跳闸后成越级跳闸事故发生后，检查原因时发现并处理。

⑥ 仪表、电能表、继电器等冒烟烧坏。此情况可以及时发现。仪表、电能表、继电器烧坏，都会使电流互感器二次开路（不仅是绝缘损坏）。有功、无功功率表以及电能表、远动装置的变送器、保护装置的继电器烧坏，不仅会使电流互感器二次开路，同时也会使电压互感器

二次短路。应从端子排上将交流电压端子拆下，包好绝缘。

以上现象，是检查发现和判断开路故障的一些线索。正常运行中，一次负荷不大，二次无工作，且不是测量用电流回路开路时，一般不容易发现。运行人员可根据上述现象及实际经验，检查发现电流互感器二次开路故障，以便及时采取措施。

（4）二次开路故障的处理。

检查处理电流互感器二次开路故障，应注意安全，尽量减少一次负荷电流，以降低二次回路的电压。应戴线手套，使用绝缘良好的工具，尽量站在绝缘垫上。同时应注意使用符合实际的图纸，认准接线位置。

电流互感器二次开路，一般不太容易发现。巡视检查时，互感器本体无明显象征时，会长时间处于开路状态。因此，巡视设备应细听、细看，维护工作中应不放过微小的异常。

① 发现电流互感器二次开路，应先分清故障属哪一组电流回路、开路的相别、对保护有无影响等。汇报调度，解除可能误动的保护。

② 尽量减小一次负荷电流。若电流互感器严重损伤，应转移负荷，停电检查处理（尽量经倒运行方式，使用户不停电）。

③ 尽快设法在就近的试验端子上，将电流互感器二次短路，再检查处理开路点。短接时，应使用良好的短接线，并按图纸进行。

④ 若短接时发现有火花，说明短接有效。故障点在短接点以下的回路中，可进一步查找。

⑤ 若短接时没有火花，可能是短接无效。故障点可能在短接点以前的回路中，可以逐点向前变换短接点，缩小范围。

⑥ 在故障范围内，应检查容易发生故障的端子及元件，检查回路有工作时触动过的部位。

⑦ 对检查出的故障，能自行处理的，如接线端子等外部元件松动、接触不良等，可立即处理，然后投入所退出的保护。若开路故障点在互感器本体的接线端子上，对于 10kV 及以下设备应停电处理。

⑧ 若是不能自行处理的故障（如继电器内部），或不能自行查明故障，应汇报上级派人检查处理（先将电流互感器二次短路），或经倒运行方式转移负荷，停电检查处理（防止长时间失去保护）。

⑨ 在短接故障电流互感器的试验端子时，操作人员应穿绝缘靴，戴绝缘手套，注意安全。

3. 电流互感器二次侧短路故障

（1）故障现象。

电流表、功率表等指示值为零或减小，同时继电保护装置不动或拒动。

（2）处理方法。

① 发现故障后，应保持负荷不变，切忌增加负荷；

② 停用可能产生误动的保护装置；

③ 通知相关维修人员迅速消除故障。

4. 电流互感器异常情况的停电处理

运行中的电流互感器，凡出现下列象征，应立即进行停电处理：

（1）内部有放电响声或引线与外壳间有火花放电。

（2）温度超过允许值及过热引起冒烟或发出臭味。

（3）主绝缘发生击穿，造成单相接地故障。

（4）充油式电流互感器产生渗油或漏油。

（5）一次或二次绕组的匝间发生短路。

（6）一次侧接线处松动严重过热。

（7）瓷质部分严重破损，影响爬距。

（8）瓷质表面有污闪，痕迹严重。

当发现上述故障时，严重的应立即切断电源，然后汇报上级进行处理。

7.3 互感器的安装验收

互感器的安装验收，包括电压互感器和电流互感器的安装验收。

1. 安装前检查

（1）设备外观应完整无缺损，油浸式互感器应无渗油，SF_6气体绝缘互感器的SF_6气体含水量、渗漏应符合标准。

（2）设备出厂试验资料应齐全，试验合格。

（3）隔膜式油枕的隔膜和金属膨胀器应完整无损。

（4）互感器的变比分接头位置、极性和二次绕组数据应符合设计要求。二次接线板应完整，引线端子应连接牢固、绝缘良好。

2. 安装及验收要求

（1）互感器安装的基础应符合设计要求。用底座螺栓将互感器固定后，应检查其牢固性及垂直度是否符合要求。

（2）三相应保持相同的极性方向，接线盒面向巡检侧。

（3）电流互感器的一次接线端子 L1（P1）置于断路器侧，一旦发生外绝缘故障，能在线路保护范围内。一次接线端子应保证接触良好，防止产生过热故障。引线拉力不能过大，防止造成引线端子变形，破坏密封结构。

（4）顶盖螺栓应连接牢固。一次高压线连接不应使互感器受到太大压力。具有均压环的互感器，均压环要水平安装、固定牢固、方向正确。

（5）串级式（包括电容式）电压互感器吊装时，应注意各节的编号应符合设计要求，不得装错。阻尼电阻外装时，应有防雨措施。内部引线应固定可靠，分级接触面应清洁无杂物。

（6）互感器的下列各部位应良好接地。

① 分级绝缘的电磁式电压互感器一次绕组的接地引出端子；电容式电压互感器应按制造厂的规定执行。

② 电容式电流互感器的一次绕组末屏引出端子，铁芯引出接地端子。

③ 互感器的外壳。

④ 备用的电流互感器二次绕组端子，应短路后接地。

⑤ 倒装式电流互感器二次绕组的金属导管。

（7）SF$_6$ 气体互感器安装后，应充以额定压力的 SP$_6$ 气体，静置 24h 后，再测试气体含水量应符合规定。

（8）严格执行电气设备预防性交接试验规程各项规定。

（9）总验收前应着重做如下检查。

① 安装排列整齐，安装螺栓紧固，接地极安装符合标准。

② 油漆应完整，相色应正确。

③ 密封完好，油位、气体压力正常。

④ 电流互感器一次绕组串并联接线正确。

⑤ 试验报告齐全，试验合格。

⑥ 一次引线排列整齐，安全距离符合规定。

（10）互感器安装后，若一年内未启动，在启动前应再进行预防性试验，确认试验合格，方可启动。

注意验收时，因为油浸式互感器一般为全密封结构，在一般情况下，不得轻易破坏产品的密封状况，所以一般情况下，建议不做油样试验。若产品密封受到破坏，经内部绝缘试验证明确实受潮，则应停止安装，按制造厂的制造工艺，将器身进行真空干燥及真空浸油处理，处理后注入合格的变压器油，并重新进行各项测试。

互感器干燥时的温度应控制在 70~80℃左右，并且温升速度要进行限制（≤10℃/h）。在干燥过程中，应随时进行绝缘电阻的检查测试，绝缘电阻应能在下降后再回升。合格后应停止干燥，稳定一段时间后，继续测量。

7.4 消弧线圈

在中性点不直接接地的电网中，当电网发生单相接地时，流过故障点的接地电流（电容电流）超过规定值时，就会产生稳定性的或间歇性的电弧。稳定性电弧可能烧毁设备，或者从单相接地电弧扩大为两相或三相弧光短路。间歇性电弧会产生间歇性电弧接地过电压，危及设备的绝缘。为了减小接地电流，使故障点电弧能自行灭弧，一般采用中性点经消弧线圈接地的方法补偿电容电流。消弧线圈是一个具有铁芯的可调电感线圈，接于电力变压器或接地变压器的中性点与大地之间。

7.4.1 消弧线圈的结构、工作原理和接线

1. 消弧线圈的基本结构

消弧线圈是一个带有铁芯的电感线圈。为了得到较大的电感电流并使电感电流和所加电压成线性变化，铁芯具有间隙，因为铁芯气隙可使铁芯不饱和而且其电感量比较稳定。线圈的接地侧有若干抽头，以便在一定范围分级调节。

消弧线圈的基本构造如图 7-16 所示，整个铁芯与线圈均处于充满变压器油的油箱中，外形类似于单相变压器。

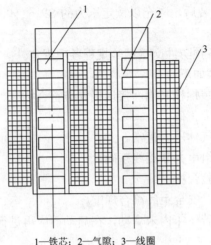

1—铁芯；2—气隙；3—线圈

图 7-16　消弧线圈的结构图

国产消弧线圈型号为 XDJ，其含意为：X—消弧线圈；D—单相；J—油浸。

几种消弧线圈各分接头补偿电流大小，如表 7-7 所示。

表 7-7　几种消弧线圈各分接头补偿电流

型　　号	容量（10W）/额定电压（kV）	各分接头补偿电流（A）					
		I	II	III	IV	V	VI～IX
XDJ-550/35	550/35	12.5	15	16.4	21.4	25	
XDJ-1100/35	1100/35	25.8	30.8	40	46	51.5	
XDJ-950-3800/60	950～1900－3800/60	共有 9 个分接头，电流分别在：12.5～25；25～50；50～100 之间					

2. 采用消弧线圈的优缺点

（1）优点。

① 系统单相接地时，可自行消弧，不切断负荷，提高了供电可靠性。

② 系统单相接地时，零序电流只在线路侧网络流过，提高了运行的稳定性。

③ 与直接接地系统相比，可以减轻对通信线路的干扰。

（2）缺点。

① 单相接地时，非故障相对地电压上升 $\sqrt{3}$ 倍，对绝缘较差的设备可能造成相间接地短路。

② 对线路换位要求严格，接地保护选择困难，须用高灵敏接地继电器或采用其他先进技术解决。

③ 两个消弧线圈接地系统相连时，要考虑补偿分配问题，因此有时需经 1∶1 变压器相连。

④ 网络绝缘水平以线电压为标准，对 110kV 以上网络，将使主要电气设备造价大大增加，为此对于 110kV 及以上系统，我国通常不采用消弧线圈接地。

3. 消弧线圈补偿方式

根据消弧线圈电感电流对接地电容电流的补偿，可分为三种方式：全补偿、欠补偿和过补偿。

（1）全补偿。当调节 $I_L = I_C$（$\omega L = \dfrac{1}{3\omega C}$）时，此时 $\omega L = \dfrac{1}{\omega C}$，接地点电流为零，从电弧熄灭的角度看，全补偿最好。但这也正是电压谐振的条件，正常运行时，中性点电压一般不为零（不可能三相电容完全平衡），一定有一 $\dot U_N$。在 $\dot U_N$ 作用下就可发生电压谐振过电压，危及电网绝缘。

（2）欠补偿。当调节 $I_L < I_C$（$\omega L > \dfrac{1}{3\omega C}$）时，接地点流过较小的电容电流。但是，当系统运行方式变化时（如切除一部分线路），I_C 减小就可能仍然出现全补偿的情况，所以对变、配电所来说，一般不采用欠补偿方式。但对于发电机组来说，由于其电容电流基本不变，可以采用欠补偿方式。

（3）过补偿。当调节 $I_L > I_C$（$\omega L < \dfrac{1}{3\omega C}$）时，接地点流过较小的电感电流。这种方式可避免谐振过电压。因为运行方式改变后，也不会发生 $I_L = I_C$ 的情况。而且，当电网发展了，消弧线圈仍有一定的裕度可用。

4. 消弧线圈的接线

消弧线圈的原理接线如图 7-17 所示。图中电流互感器 TA 的作用是测量系统单相接地时流经消弧线圈的补偿电流，其二次侧装有电流表；电压互感器 TV 用于测量系统单相接地时消弧线圈的端电压，其二次侧装有电压表（测量过电压）和电压继电器，当有事故动作后中间继电器触点闭合，一方面使中央警告信号装置动作；另一方面使消弧线圈盘上的信号灯亮，提醒值班人员注意。此时消弧线圈、隔离开关旁边的信号灯亮，表示系统中有接地，或中性点对地电压偏移很大，不允许操作消弧线圈的隔离开关。为了防止大气过电压损坏消弧线圈，在消弧线圈旁还接有避雷器。

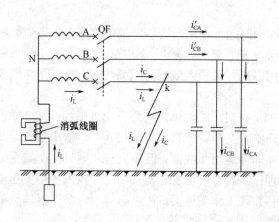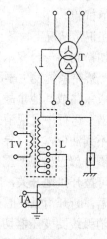

图 7-17　消弧线圈原理接线图

7.4.2 消弧线圈的运行、投退与操作

1. 消弧线圈的运行条件

（1）电网在正常运行时，消弧线圈必须投入运行。

（2）电网在正常运行时，不对称度应不超过 1.5%。长时间中性点位移电压 U_N 应不超过额定电压的 15%，在操作过程中不得超过额定相电压的 30%。

（3）当消弧线圈的端电压超过相电压的 15%，且消弧线圈已经动作时，应按接地故障处理，寻找接地点并进行处理。

（4）在电网中有操作或有接地故障时，不得停用消弧线圈。由于查找故障或其他原因，使消弧线圈带负荷运行时，应对消弧线圈上层油温加强监视，油温最高不得超过 95℃，且带负荷运行时间不得超过规定的允许时间，否则应切除故障线路。

（5）在进行消弧线圈启、停用和调整分接头操作时，应注意在操作隔离开关前，查明电网内确无单相接地，且接地电流小于 10A 后，方可操作。

（6）不许将两台变压器的中性点同时并接在一台消弧线圈上运行（包括切换操作时）。

（7）消弧线圈产生内部异响及放电声、套管严重破坏或闪络、气体保护动作等异常现象时，应首先将接地线路停电，然后将消弧线圈停用，进行检查试验。

（8）消弧线圈动作或发生异常现象时，应记录动作时间、中性点位移电压、电流及三相对地电压，并及时向调度员汇报。

（9）电网发生单相接地后，有关消弧线圈和配电盘上的一切操作，均须得到当班调度员的许可和命令后才能进行。

2. 消弧线圈运行注意事项

（1）消弧线圈的投入或切除以及分接头的变更由调度决定，不得擅自处理；调整分接头的工作，应在消弧线圈退出系统后进行，调整结束后再投入系统。

（2）接到调度命令后，消弧线圈分接头的倒换工作由运行人员进行，倒换后应用万用表或摇表作导通试验。

（3）在正常情况下，禁止将消弧线圈同时运行在两台变压器的中性点上。当消弧线圈由一台变压器切换到另一台变压器上时，必须先把它断开，然后再切换。

（4）严禁在系统发生事故的情况下用隔离开关投入或断开消弧线圈，防止在接地开关上产生弧光造成短路或其他事故。

（5）当在运行中发现消弧线圈有下列情况时：①防爆门破裂且向外喷油；②严重漏油，油面计已看不到油位，且有异音或放电、声响；③套管严重放电或接地；④着火冒烟。此时，说明消弧线圈内部已出现严重故障，必须立即停运消弧线圈。但如果与此同时存在着系统接地事故，则不可拉开接地开关，应作如下处理：①若有备用变压器，则立即投入备用变压器，停止工作变压器，断开消弧线圈开关；②若有并联工作变压器，在考虑另一台变压器过负荷的情况下，将带消弧线圈变压器切除，断开消弧线圈，再恢复并列运行。

如无上述条件，可采用停机或停主变压器的方式停用消弧线圈，拉开消弧线圈刀闸后，再

将发电机或变压器重新并入系统。也可以联系调度切除接地线路，然后再断开消弧线圈刀闸。

3. 消弧线圈的投退要求

（1）改换消弧线圈分接头时，必须在消弧线圈停电后，才允许改换分接头的位置。因此应首先拉开消弧线圈的隔离开关，将消弧线圈停电。因为正常运行时，由于电网三相电容电流并不完全相等，同时电力系统三相也并非完全对称，因而中性点仍会出现对地电压 U_N，所以尽管消弧线圈接于变压器（或发电机）的中性点上，但在改换分接头的瞬间，电网仍有可能发生接地故障，这时开断分接开关，将会遭受到电弧烧伤，引起消弧线圈烧坏或危及人身及设备的安全。

（2）改换消弧线圈分接开关完毕，应用万用表测量消弧线圈是否导通，然后合上隔离开关，投入运行。

（3）当电网采用过补偿方式运行时，在线路送电前，应改换分接头位置，以增加消弧线圈电感电流，使其适合线路增加后的过补偿度，然后再送电，线路停电时的操作顺序相反；当电网采用欠补偿方式运行时，应先将线路送电，再提高分接头的位置，停电时相反。

（4）当系统发生单相接地时，线路通过的地区有雷雨时，中性点位移电压超过50%的额定相电压或接地电流极限值超过表7-8的数值时，禁止用隔离开关投入和断开消弧线圈。

表7-8　接地电流极限值

电网额定电压（kV）	3～6	10	35	60	110	发电机直配网络
接地电流极限值（A）	30	20	10	5	3	5

（5）当运行中的变压器与它所带的消弧线圈一起停电时，宜先断开消弧线圈的隔离开关，再停用变压器；送电时相反。

（6）禁止将消弧线圈同时接在两台运行变压器的中性点上。如果需要将消弧线圈由一台变压器切换到另一台变压器的中性点上运行，应采取先断开、后投入的方法进行操作。

（7）35kV 系统的电容电流大于或等于 10A，应投入消弧线圈。消弧线圈应采用过补偿方式运行，补偿度以 10%～15%为宜，变压器中性点位移电压不超过相电压的 15%可连续运行。

（8）消弧线圈分接头调整以后，应接触良好。特别是长期不调整的，要来回多切换几次，确保调整后分接头接触良好。

（9）35kV 系统发生单相接地时，要加强对消弧线圈的温度或允许时间（最高不超过95℃或2h）及声音的监视，若发生异声或放电声、冒烟、着火等内部故障现象，应立即通知调度，要求断开消弧线圈电源侧断路器。

4. 消弧线圈的操作

在消弧线圈检修结束后，应收回操作票，拆除安全措施，然后进行检查。其检查内容与变压器相同。如果检查结果良好，在得到调度员启用消弧线圈命令后，便可填写好操作票，准备操作，将其投入运行。

（1）操作程序。

① 启用连接消弧线圈的主变压器。

② 检查消弧线圈分接头确在需要工作的位置上。

③ 操作人员根据接地信号灯的指示情况，证明电网内确无接地存在时，再合上消弧线圈的隔离开关，投入运行。

④ 检查仪表与信号装置应工作正常，补偿电流表指示在规定值内。

（2）消弧线圈的停用操作。

在消弧线圈检修或改换分接头时，需要停用消弧线圈。

其操作方法是：在电网正常运行时需停用消弧线圈，只需拉开消弧线圈的隔离开关即可；若消弧线圈本身有故障，则应先断开连接消弧线圈的变压器两侧断路器，然后再拉开消弧线圈的隔离开关。

（3）消弧线圈调整分接头的操作。

当网络改变运行方式，如改变补偿网络的线路长度、电网中某一消弧线圈退出运行或网络分成几部分，这些都会引起电容电流的改变。此时，值班员接到关于更改调谐值的命令后，应填写好操作票，准备操作。

为了防止此类故障的发生，以及保证人身安全，消弧线圈分接头的调整操作，必须在消弧线圈停用后进行。

操作程序如下：

① 断开消弧线圈隔离开关。

② 在隔离开关下端装设临时接地线。

③ 将分接头调整至需要位置，并左右转动，使之接触良好。

④ 拆除隔离开关下端临时接地线。

⑤ 用万用表测量，检查其分接头接触良好。然后合上消弧线圈的隔离开关，使消弧线圈投入运行。

在调整消弧线圈分接头位置时，应注意以下几点：

① 使用过补偿时，增加线路长度，应先调整分接头，使之适合线路增加后的过补偿度，然后投入线路；减少线路长度，应先将线路断开，然后再调整分接头，使之适合线路减少后的补偿度。

② 使用欠补偿时，增加线路长度，应先投入线路后，再调整分接头；减少线路长度，应先调整分接头后，再停线路。

③ 在网络中存在接地时，禁止更改消弧线圈的分接头位置。因为此时将消弧线圈断开，将使隔离开关带负荷拉电，并使系统失去补偿。

（4）两台变压器中性点共用一台消弧线圈时的切换操作。

如果在补偿网络内，变电所的两台分开运行的变压器中性点共用一台消弧线圈，禁止将两台变压器中性点同时并接在一台消弧线圈上运行。消弧线圈在运行中或分接头调整好后，如果需要将它切换到另一台变压器中性点上运行，应先断开连接消弧线圈的变压器中性点的隔离开关，然后再合上被投入的另一台变压器中性点的隔离开关。

如图 7-18 所示，消弧线圈用于主变压器 T1 的中性点上运行。此时，隔离开关 QS1 合上，QS2 断开。但如果需将消弧线圈由变压器 T1 的中性点上切换到变压器 T2 的中性点上运行，在进行切换操作时，应先断开消弧线圈隔离开关 QS1，然后再合上隔离开关 QS2。在操作过程中，应避免使消弧线圈同时接在两台变压器时中性点上。

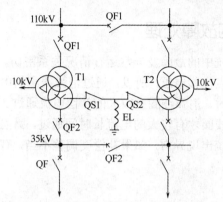

T—变压器；QF—断路器；QS—隔离开关；EL—消弧线圈

图 7-18　两台变压器中性点共用一台消弧线圈时的接线

5. 消弧线圈的运行维护

（1）消弧线圈运行中的监视。

① 消弧线圈在正常运行中，值班员必须有系统地监视消弧线圈的绝缘电压表、补偿电流表及温度表的指示值在正常范围内，并记录在运行日志上。

② 监视消弧线圈内有无异声，如有"嗡嗡"响声，应仔细倾听，以判断消弧线圈内的异常状况。

③ 当网络内发生单相接地时，值班员应监视各种仪表指示及信号灯的变动情况，以判断接地发生在哪一相上，并做好记录，同时向值班调度员汇报。

④ 当寻找接地故障及其他原因使消弧线圈带负荷运行时，消弧线圈上层油温不得超过 95℃。带负荷运行时间不得超过铭牌规定的允许时间，否则需切除故障线路。

⑤ 在正常运行中，值班员应监视中性点位移电压 U_N，其长时间允许值不得超过额定相电压的 15%；在操作过程中，1h 内允许值不得超过额定相电压的 30%，以便在此时间内查找并排除中性点电压过高的故障，如将已断开的线路投入运行，应查明在哪条辐射线路内发生断线等情况。

（2）消弧线圈在运行中的检查。

① 上层油温、油位及油色应正常。

② 套管、隔离开关、绝缘子应清洁完整，无破损和裂纹。

③ 油箱各处应清洁，无渗漏现象。

④ 各部分引线应牢固，外壳接地和中性点接地应良好。

⑤ 注意消弧线圈的声音：正常运行时应无声音，系统出现接地时有"嗡嗡"声，但应无杂音。

⑥ 隔离开关旁边的接地指示灯及信号装置应正常。

⑦ 消弧线圈油枕呼吸器内吸潮剂应无变色。

⑧ 气体继电器玻璃窗应清洁，无渗油现象。

⑨ 消弧线圈温度表应完好，上层油温不超过 85℃（极限值为 95℃）。

⑩ 消弧线圈在运行中应无杂音，表计指示值应正确。

⑪ 消弧线圈的隔离开关开合应良好，回路接线应正确。

⑫ 定期检查气体保护的情况，如有空气应将它放尽。

7.4.3　消弧线圈的故障处理

消弧线圈出现故障和系统中的故障及异常运行情况关系密切。在系统正常情况下，作用在消弧线圈上的是较低的中性点位移电压，所以，通过消弧线圈的电流很小。但当系统发生单相接地故障或系统严重不对称时，消弧线圈有较大的补偿电流通过。因此，在系统有接地、断线及三相严重不对称时，消弧线圈才有较大的电流长时间通过，才会发生严重的内部故障。

消弧线圈有时也会使系统出现异常，如果补偿度调整不当，有操作时，使系统三相电压不平衡，中性点位移电压增大。

1.　一般处理方法

（1）系统中有倒运行方式操作时，引起中性点位移电压增大，超过相电压的15%时，报出消弧线圈动作信号。此时应立即汇报调度，并恢复原运行方式，若信号消失，可能属于消弧线圈的补偿度不合适。应根据调度命令，拉开消弧线圈隔离开关，重新调整补偿度，然后投入消弧线圈，再倒运行方式。

（2）消弧线圈动作以后，如果发现内部有故障，应立即停止运行。若接地故障已查明，将接地故障切除以后，检查接地信号已消失，中性点位移电压很小时，方可用隔离开关将消弧线圈拉开。若接地故障点未查明，或中性点位移电压超过相电压的15%时，接地信号未消失，不准用隔离开关拉开消弧线圈。可做如下处理：

① 投入备用变压器或备用电源。
② 将接有消弧线圈的变压器各侧断路器断开。
③ 拉开消弧线圈的隔离开关，隔离故障。
④ 恢复原运行方式。

2.　消弧线圈的异常处理

（1）运行中的消弧线圈一旦发生下列异常情况，应立即通过高压断路器切除或采取主变压器停用方式加以切除：

① 防爆门破裂且向外喷油。
② 严重漏油，油位计不见油位，且响声异常或有放电声。
③ 套管破裂放电或接地。
④ 消弧线圈着火或冒烟。

（2）在系统存在接地故障的情况下，不得停用消弧线圈，且应严格对其上层油温加强监视，其值最高不得超过 95℃，并迅速寻找和处理单相接地故障，应注意允许单相接地故障运行时间不得超过 2h，否则应将故障线路断开，停用消弧线圈。

（3）若发现消弧线圈因运行时间过长，绝缘老化而引起内部着火，且电流表指针摆动时，应立即停用消弧线圈，方法是：断开变压器各侧的断路器，再用隔离开关切除该消弧线圈，然后用电气灭火装置或砂进行灭火。

3.　消弧线圈动作故障处理

产生消弧线圈动作故障的原因主要有：电网发生单相接地、串联谐振及中性点位移电压超过整定值时等。此时，消弧线圈动作、光字牌亮及警铃响，中性点位移电压表及补偿电流表指示值增大，消弧线圈本体指示灯亮；若为单相接地故障，则绝缘监视电压表指示接地相电压为零，未接地两相电压升至线电压。

当发生消弧线圈动作故障时，值班人员应进行如下处理：

（1）确认消弧线圈信号动作正确无误后，值班人员应立即将接地相别、接地性质（永久性的、瞬间性的及间歇性的）、仪表指示值、继电保护和信号装置及消弧线圈的运行情况向电网值班调度员汇报，并由相关人员尽快将接地故障排除。

（2）派人巡视母线、配电设备、消弧线圈所连接的变压器。若接地故障持续 15min 未消除，应立即派人检查消弧线圈本体，上层油温应正常，应无冒烟喷油现象，套管应无放电痕迹，接头应无发热现象，并每隔 20min 检查一次。若上层油温超过 95℃，持续运行时间超过规定值时，应要求电网调度员停用消弧线圈。

（3）在消弧线圈动作时间内，不得对其隔离开关进行任何操作。

（4）电网发生单相接地时，消弧线圈可继续运行 2h，以便运行人员采取措施，查出故障点并及时处理。

（5）如消弧线圈本身发生故障，应先断开连接消弧线圈的主变压器，然后拉开消弧线圈隔离开关。

（6）值班人员应密切监视各种仪表的指示变动情况，并做好详细记录。

【例 7.10】在欠补偿运行时产生串联谐振过电压的现象、原因与处理方法？

分析：

（1）故障现象：消弧线圈动作光字牌亮及警铃响、中性点位移电压表及补偿电流表指示值增大并甩到尽头、消弧线圈本体指示灯亮、绝缘监视电压表各相指示值升高且不同、消弧线圈铁芯发出强烈的"吱吱"声、上层油温急剧上升。

（2）故障原因：消弧线圈在欠补偿运行时，由于线路发生一相线路断线、两个导线同一处断线、线路故障跳闸或断路器三相触点动作不同步，均可能产生串联谐振过电压。

（3）处理方法：值班人员除了立即向电网值班调度员报告，并应按下列方法之一进行处理：

① 降低总负荷，停用连接消弧线圈的主变压器。

② 将发电厂或变电所与系统解列。

在停用连接消弧线圈的主变压器后，拉开消弧线圈隔离开关，停用消弧线圈。

4. 消弧线圈的故障停用

消弧线圈出现下列故障之一者，应立即停用：

（1）消弧线圈温度和温升超过极限值。

（2）消弧线圈从油枕向外喷油。

（3）消弧线圈因漏油而使油面骤然降低，油位指示器内看不见油位。

（4）消弧线圈本体有强烈而不均匀的噪声和内部有火花放电声音。套管破裂、放电、闪络。

（5）调整消弧线圈的分接头位置后，发现分接开关接触不良。

（6）消弧线圈着火。

在系统有单相接地故障时间内，不得操作消弧线圈隔离开关。查找、处理接地故障的同时，若故障时间持续 15min，应对消弧线圈进行外部检查，并不断检查，观察上层油温是否正常。

对于有内部故障的消弧线圈，系统接地故障未隔离，决不允许拉开隔离开关，以保证人身安全。

5. 装设消弧线圈的系统中接地故障点的查找方法

在装设消弧线圈的系统中，当发生一相接地，其他两相对地电压将升高到相电压的 $\sqrt{3}$ 倍，这对系统的安全威胁很大，存在着使另一相绝缘击穿，发展成为两相接地短路的可能性。为此，值班人员应迅速查找接地点，及时消除。

接地故障点的查找应在值班调度员的统一调度下进行，其方法是：

（1）查询有无新投入的用电设备，并检查这些设备有无漏气、漏水及焦味等不正常现象，否则停用之。

（2）如发电厂接地自动选择装置已启动，应检查其选择情况。若已自动选择出某一馈电线，应联系用户停用。

（3）利用并联电路，转移负荷及电源，观察接地是否变化。

（4）若该系统未装设接地选择装置或接地自动装置未选出时，可采用分割系统法，缩小接地选择范围。

（5）当选出某一部分系统有接地故障时，则利用自动重合闸装置对送电线路瞬停寻找。

（6）利用倒换备用母线运行的方法，顺序鉴定电源设备（发电机、变压器等）母线隔离开关，母线及电压互感器等元件是否接地。

（7）选出故障设备后，将其停电，恢复系统的正常运行。

思考题与习题

1. 电压互感器的精度等级是怎么表示的？
2. 电压互感器的结构特点是什么？
3. 电压互感器的接线方法是什么？
4. 电压互感器的运行有哪些条件？
5. 电压互感器有哪些操作要求？
6. 电压互感器熔体熔断有哪些现象及原因？怎样排除？
7. 电压互感器铁磁谐振会出现哪些现象？怎样检查和防止？
8. 电流互感器的精确等级的表示方式是什么？
9. 叙述电流互感器的分类与结构。
10. 电流互感器的接线方式是什么？
11. 电流互感器线圈和铁芯过热的原因是什么？怎样排除？
12. 电流互感器一次线圈烧坏的原因是什么？怎样排除？
13. 电流互感器的二次侧开路故障有什么后果？如何处理？
14. 电压互感器和电流互感器的安装验收方法是什么？
15. 消弧线圈的运行、投退与操作方法是什么？

第8章

<<<<<<

农村电力电容器的运行、维护与故障处理

电力系统中，功率因数的提高，使得电源设备的容量能得到充分的利用，同时降低了输配电线路和变压器的功率损失。因此提高供电系统的功率因数意义十分重大，供电规程对功率因数提出了明确要求。

在正弦交流电路中，对纯电阻负载，电流 I_R 与电压 U 同相位；对纯电感负载，电流 I_L 滞后电压 $90°$；对纯电容负载，电流 I_C 超前电压 $90°$。因此，电容电流与电感电流在相位上相差 $180°$，在同一个线路中，二者同时存在时，它们可以相互抵消。

在工厂企业中，由于大部分是电感性和电阻性的负载。因此总电流 I 将滞后电压一个角度。如果装设电容器（电容负载），并与负载并联，则电容器的电流 I_C 将抵消一部分电感电流 I_L，从而使电路的功率因数得到提高。

8.1 电力并联电容器型号和结构特点

1. 电力并联电容器型号说明

电力并联电容器型号说明如下：

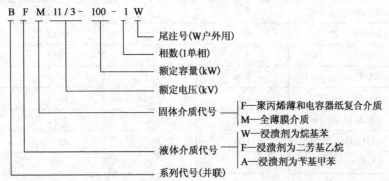

2. 高电压电力并联电容器的结构特点

高电压并联电容器主要应用于 50Hz 或 60Hz 交流电力系统以改善功率因数，产品性能符合 GB3983.2-89《高电压并联电容器》及国际标准 IEC60871-1。

（1）电容器由箱壳和芯子组成，箱壳用薄钢板密封焊接制成，箱壳盖上焊有出线瓷套，箱壁两侧焊有供安装用的吊攀，一侧吊攀装有接地螺栓。电力并联电容器的结构示意图如图 8-1 所示。

图 8-1　电力并联电容器的结构示意图

（2）电容器芯子由若干元件和绝缘件组合而成。元件由作为极板的铝箔中间夹膜纸复合介质或全膜介质经卷绕而成。芯子中的元件按一定的串并联方式连接，以满足不同电压的容量的要求。

（3）内熔丝电容器其内部每个元件均串有一根熔丝，当某个元件击穿时，与其并联的完好元件即对其放电，使熔丝在毫秒级的时间内迅速熔断，将故障元件切除，从而使电容器能继续运行。

（4）6kV、10kV 三相电容器内部为星形接线，每相均有放电电阻。

3. 高电压电力并联电容器的主要技术参数

高电压电力并联电容器的主要技术参数如表 8-1 所示。

表 8-1　高电压电力并联电容器的主要技术参数

序　　号	产品型号及规格	额定电压（kV）	额定容量（kW）	额定电容（μF）	相　　数
1	BAM0.75-18-1W	0.75	18	101.9	1（3）
2	BAM0.75-20-1W	0.75	20	113.2	1（3）
3	BAM0.75-25-1W	0.75	25	141.5	1（3）
4	BAM0.75-30-1W	0.75	30	169.8	1（3）
5	BAM1.05-30-1W	1.05	30	86.6	1（3）
6	BAM1.05-50-1W	1.05	50	144.1	1（3）
7	BAM1.05-60-1W	1.05	60	173.2	1（3）
8	BAM1.05-100-1W	1.05	100	288.7	1（3）
9	BAM3.15-100-1W	3.15	100	32.1	1（3）

序　号	产品型号及规格	额定电压（kV）	额定容量（kW）	额定电容（μF）	相　数
10	BAM3.15-200-1W	3.15	200	64.2	1（3）
11	BAM6.3-12-1W	6.3	12	0.95	1（3）
12	BAM6.3-14-1W	6.3	14	1.1	1（3）
13	BAM6.3-16-1W	6.3	16	1.2	1（3）
14	BAM6.3-18-1W	6.3	18	1.4	1（3）
15	BAM6.3-30-1W	6.3	30	2.4	1（3）
16	BAM6.3-40-1W	6.3	40	3.2	1（3）
17	BAM6.3-50-1W	6.3	50	4.0	1（3）
18	BAM6.3-80-1W	6.3	80	6.4	1（3）
19	BAM6.3-100-1W	6.3	100	8.0	1（3）
20	BAM6.3-150-1W	6.3	150	12.0	1（3）
21	BAM6.3-200-1W	6.3	200	16.1	1（3）
22	BAM6.3-334-1W	6.3	334	26.8	1（3）
23	BAM6.6/$\sqrt{3}$ 3-50-1W	6.6/$\sqrt{3}$	50	11.0	1（3）
24	BAM6.6/$\sqrt{3}$ -80-1W	6.6/$\sqrt{3}$	80	17.6	1（3）
25	BAM6.6/$\sqrt{3}$ -100-1W	6.6/$\sqrt{3}$	100	21.9	1（3）
26	BAM6.6/$\sqrt{3}$ -150-1W	6.6/$\sqrt{3}$	150	32.9	1（3）
27	BAM6.6/$\sqrt{3}$ -200-1W	6.6/$\sqrt{3}$	200	43.9	1（3）
28	BAM6.6/$\sqrt{3}$ -334-1W	6.6/$\sqrt{3}$	334	73.2	1（3）
29	BAM6.6-30-1W	6.6	30	2.2	1（3）
30	BAM6.6-50-1W	6.6	50	3.6	1（3）
31	BAM6.6-100-1W	6.6	100	7.3	1（3）
32	BAM6.6-150-1W	6.6	150	10.9	1（3）
33	BAM6.6-200-1W	6.6	200	14.6	1（3）
34	BAM6.6-334-1W	6.6	334	24.4	1（3）
35	BAM10.5-12-1W	10.5	12	0.34	1（3）
36	BAM10.5-14-1W	10.5	14	0.4	1（3）
37	BAM10.5-16-1W	10.5	16	0.46	1（3）
38	BAM10.5-18-1W	10.5	18	0.52	1（3）
39	BAM10.5-30-1W	10.5	30	0.86	1（3）
40	BAM10.5-40-1W	10.5	40	1.2	1（3）

高电压电力并联电容器的绝缘水平、绝缘等级如表 8-2 所示。

表 8-2　高电压电力并联电容器的绝缘水平、绝缘等级

绝缘等级（kV）	电容器额定电压（kV）	绝缘水平（kV）		
		工频试验电压，1min		雷电冲击试验电压 1.2～1.5/50μs、峰值
		干式	湿式	
3	3.15	25	18	40
6	6.6/$\sqrt{3}$，6.3	30	23	60
10	10.5，11，11/$\sqrt{3}$	42	30	75
20	19，20	65	50	125

8.2　电力电容器的运行条件

1. 电力电容器完好的标准

（1）密封良好，外壳无渗油，无油垢，无鼓肚变形，无锈蚀，油漆完好；

（2）瓷件完好无损，接头无过热现象，无异常声响；

（3）放电装置齐全完好，接地线牢固；

（4）运行条件符合规程要求，环境温度不超过 40℃，电压不超过额定电压的 1.1 倍，三相电流不平衡度不超过平均值的 5%；

（5）设备清洁，标志齐全，通风良好；

（6）定期进行预防性试验，并有记录。

2. 过电压和过电流对电容器运行的影响

由于电容器的无功功率、损耗和发热都与运行电压的平方成正比。电容器如果长时间过电压运行，会导致温度过高，使绝缘介质加速老化而缩短寿命甚至损坏。在实际运行中，由于倒闸操作、电压调整、负荷变化等因素引起电力系统波动而产生过电压，虽然这些过电压值较高，但由于作用时间较短，对电容器影响不大，但时间不宜过长。电力电容器允许的工频过电压及最大持续时间如表 8-3 所示。

表 8-3　电力电容器允许的工频过电压和最大持续时间

工频过电压倍数（U/U_N）	最大持续时间	原　因
1.1	长期	系统电压波动
1.15	每 24h 内 39min	
1.20	5min	轻负荷时电压上升
1.30	1min	

3. 电容器运行中允许的过电流

电容器的过电流，除了因过电压引起的工频过电流外，还有电网高次谐波电压引起的过电

流。由于容抗 $X_C = \dfrac{1}{2\pi f C}$，高次谐波的存在将使容抗下降，产生较大的高次谐波电流，使电容器组严重过电流。

因此，设计电容器的允许过电流的限额比过电压的限额高。电容器允许长期运行的过电流倍数为 1.3，即可超出额定电流 30%长期运行。其中的 10%为允许工频过电流；20%为高次谐波电压引起的过电流。

4. 电容器运行温度

电容器运行温度是保证电容器安全运行和达到正常使用寿命的重要条件之一。运行温度的过高或过低都会影响电容器的安全运行。运行温度过高，会使寿命缩短，甚至引起介质击穿损坏。温度过低时，会产生介质游离，电压下降，甚至可能凝固（如氯化联苯电容器低于-25℃时），此时投入运行，可能会使电容器的体积膨胀甚至开裂。

电容器的绝缘介质依照材料和浸渍的不同，都有规定的最高允许温度。例如，对于用矿物油浸渍的纸绝缘，最高允许温度为 65～70℃，正常监视时可用试温蜡片贴在外壳上间接监视，监视温度为 60℃；对于用氯化联苯浸渍时，则最高温度允许值为 90～95℃，正常监视外壳温度为 80℃。

温度对于电容器运行是一个极为重要的因素。电容器周围环境温度应按制造厂的规定进行控制。若无厂家规定，一般应为-40～+40℃电容器外壳最热点（高度 2/3 装温度计处）的允许温度，也要遵守制造厂的标准。若无规定时，充矿物油和烷基苯的电容器外壳最高允许温度为 50℃，充硅油的电容器为 55℃。

8.3　电容器的运行、检查及维护

8.3.1　电容器投运前的检查

1. 电容器投运前的准备

（1）电容器应完好，试验合格。

（2）电容器应接线正确，安装合格。

（3）三相电容之间的差值应不超过三相平均电容值的 5%。

（4）各部连接严密可靠，每个电容器的外壳和构架，均应有可靠的接地。

（5）放电装置（所用变压器或电压互感器）的容量符合设计要求，各部件完好，并试验合格。

（6）电容器的各部件及电缆试验合格。

（7）电容器组的保护与监视回路完整并全部投入。

（8）电容器的断路器符合要求，电容器投入前应在断开位置装有接地开关的，接地开关应在断开位置。

2. 电容器绝缘电阻的测量

摇测电容器两极对外壳的绝缘电阻时，电容器额定电压为 1kV 以下的使用 1000V 兆欧表，1kV 以上的应使用 2500V 兆欧表。由于电容器的两极对地存在着电容，因此摇测绝缘电阻时，应由两人进行。首先用短路线将电容器放电，然后将兆欧表的两线头接到被测电容器上，以120r/min 的速度摇动兆欧表，待指针稳定后再读数，在两线头未拆开之前，兆欧表不得停转，否则电容器对兆欧表放电，易将表头损坏。其测量结果应符合现场规程规定。摇测完毕后必须对电容器进行放电，将电容器上的电荷放尽，以防人身触电。放电时，应通过电阻或其他负载放电，以免放电电流过大而损坏电容器。

【例 8.1】怎样测量电容器的绝缘电阻？

电容器的绝缘电阻主要是电容极与外壳间的绝缘电阻。测量时可根据电容器的额定电压选用兆欧表。额定电压 1kV 以下时选用 1000V 兆欧表；额定电压 1kV 以上时选用 2500V 兆欧表。

测量步骤如下：

（1）在测量前应将电容器对地充分放电，外壳对地绝缘的电容器，外壳也应对地充分放电，放电时间不应少于 3min。

（2）将兆欧表地线接在电容器外壳上，兆欧表相线先不接电容器端子。待兆欧表摇至规定转速且指针平稳后，再将兆欧表相线碰触被测端子，分别读取 15s 和 60s 时的绝缘电阻，然后在继续保持兆欧表额定转速下，从电容器端子取开兆欧表相线。不得在相线未取开时停止兆欧表转动，否则电容器的放电将可能烧坏兆欧表。

（3）测量完毕后，应将电容器再次对地充分放电，以防人身触电。

8.3.2 电容器的操作要求

1. 电容器组的操作要求

（1）正常情况下全所停电操作时，应先断开电容器断路器，后断开各路出线断路器。恢复送电时，应先合各路出线断路器，后合电容器组的断路器。事故情况下，全所无电后必须将电容器开关断开。

因为当变电所母线无负荷时，母线电压可能会超过电容器的允许电压，电容器的绝缘可能击穿。此外，电容器组有可能与空载变压器产生铁磁谐振而使过流保护动作。因此应尽量避免无负荷空投电容器这一情况。

（2）电容器开关跳闸后不应强送，熔断器的熔丝熔断后，应查明原因并进行相应处理后才能更换熔丝送电。

因为电容器组开关跳闸或熔断器的熔丝熔断都可能是电容器故障引起的。只有经过检查确系外部原因造成的跳闸或熔丝熔断后，才能再次合闸试送。

（3）电容器组禁止带电荷合闸。电容器组切除 3min 后才能进行再次合闸。

在交流电路中，如果电容器带有电荷时合闸，则可能使电容器承受两倍左右的额定电压的峰值，甚至更高，以致可能将电容器击穿。同时造成很大的冲击电流，使开关跳闸或熔丝熔断。

因此，电容器组每次切除后必须随即进行放电，待电荷消失后方可再次合闸。一般来说，只要电容器组的放电电阻选择合适，那么，1min 左右即可达到再次合闸的要求。所以电气设备运行管理规程中规定，电容器组每次重新合闸，必须在电容器组断开 3min 后进行。

① 电容器组重新合闸前必须在其放电完毕后方可进行，任何额定电压的电容器组禁止带电荷合闸。

② 为了防止电容器组带电荷合闸和操作人员触电而发生危险，应在电容器与电源断开时，立即对电容器组进行放电，必要时应用装于令克棒上的接地金属棒对电容器单独放电。

③ 操作过电压是运行电容器断开时所产生的，它对电容器的使用寿命和安全运行影响很大。所以，在未采取有效的降低操作过电压措施之前，应尽量减少操作次数。

2. 电容器组的投、退要求

（1）正常情况下并联电容器组的投入或退出运行应根据系统无功负荷潮流或负载的功率因数及电压情况决定，当功率因数 $\cos\varphi$ 低于 0.9 时投入电容器组，功率因数 $\cos\varphi$ 高于 0.95 且有超前趋势时，应退出部分电容器组，当电压偏低时，可投入部分电容器组；

（2）当电容器组母线电压高于额定电压的 1.1 倍或电流大于额定电流的 1.3 倍以及电容器组室温超过 40℃，电容器外壳温度超过 60℃，均应将其退出运行。

（3）当电容器发生下列情况之一时，应立即退出运行：

① 电容器爆炸；

② 电容器喷油或起火，冒烟；

③ 电容器瓷套管发生严重闪络放电；

④ 电容器接点严重过热或熔化；

⑤ 电容器内部或放电设备有严重异常响声；

⑥ 电容器外壳有异常膨胀；

⑦ 电容器严重渗漏油。

8.3.3 电力电容器的检查与维护

1. 运行中电容器组的检查

对运行中的电容器组应进行日常巡视检查、特殊巡视检查以及定期停电检查。

（1）日常巡视检查。

电容器组的日常巡视检查，应由变电站的运行值班人员进行。有人值班时，每班检查一次；无人值班时，每周至少检查一次。夏季应在室温最高时进行，其他时间可在系统电压最高时进行。巡视检查时，电压表、电流表、温度表的数值记入运行记录簿，对发现的其他缺陷也应进行记录。

日常巡视检查的主要项目有：

① 监视运行电压、电流和周围环境温度不应超过制造厂规定的范围，并将数据记入运行记录簿。

② 电容器外壳无膨胀、喷油、渗漏油的痕迹，附属设备应清洁完好；

③ 电容器内部无异音；

④ 熔断器的熔体应完好；

⑤ 放电装置良好，放电指示灯熄灭；

⑥ 引线连接点无松动、脱落或断线现象；外壳接地线连接良好；

⑦ 套管清洁完整，无裂纹和闪络放电现象；

⑧ 电容器组继电保护良好；

⑨ 电容器室内通风装置良好。

（2）电容器的特殊巡视检查。

特殊巡视检查项目除按日常巡视检查项目外，必要时还应对电容器进行试验；在查不出故障电容器或者断路器跳闸、熔丝熔断原因之前，不能再合闸送电。

（3）电力电容器组定期检查。

当电容器组须进行定期停电检查时，除电容器组自动放电外，还应进行人工放电。否则运行值班人员不能触及电容器。

对运行时能进行检查的电容器，每年应停电清扫检查 2 次；对运行时不能进行检查的电容器，每季度应清扫检查 1～2 次。

其主要检查项目有：

① 主要检查各部分接点的接触情况（螺钉的松紧）；

② 放电回路的完整性；

③ 电容器外壳的保护接地线的完好性；

④ 清扫外壳、绝缘子以及支架的灰尘；

⑤ 检查断路器和继电保护装置；

⑥ 熔断器及熔体应完好。

当电容器组发生断路器掉闸、保护熔丝熔断时，应立即进行特殊巡视检查。对户外的电容器组，遇有雨、雪、风、雷等天气时，也要进行特殊的巡视检查。特殊巡检的项目除上述之外，必要时还要对电容器进行试验。

2. 密集型电力电容器的运行、维护

（1）由于密集型电容器一般在户外运行，环境比较恶劣。因此，应定期清除污垢，并对锈蚀处及时除锈补漆。

（2）电容装置投运期间，应定期检查。无人值班变电所至少每周一次，若发现桩头发热，电容器壳箱膨胀，应停止使用，待查明原因处理后方可继续投入。

（3）硅胶变色要及时更换，并防止空气直接进入箱体。

（4）油位在规定的标尺内，特别是冬、夏两季。如发现漏油，要及时分析原因并进行处理。补充的绝缘油应与原油标号一致，否则应做混油试验。

（5）电容器自回路断开后，为防止操作过电压等原因引起电容器击穿，最好在 5min 后进行下一次操作，1min 内不得重新投入运行。

（6）应定期进行预防性试验工作，其周期可定为两年一次，结合防雷预试一并进行。

3. 电容器的检修安全措施

（1）全所停电后，必须将电容器组断开。全所事故停电，一般出现断路器断开。如果仅电容器组连在母线上，一旦来电，母线电压可能很高，电容器承受过高电压而威胁其安全。此外，

空载变压器投入时，可能与电容器引起铁磁谐振，造成过流或过压。所以，全部停电时，电容器组应断开。

（2）测电容器绝缘电阻，其方法措施参见 8.3.1 节。

① 电容器断电后的放电安全措施：

② 电容器从母线上断开后，一定要通过放电电阻或专门的电压互感器放电。

③ 电容器引出线之间，以及引出线与外壳之间都要进行放电。

④ 电容器放电后才能接地。

⑤ 在电容器上进行作业前，一定要进行检验性的放电。这种放电是将放电棒搁在电容器的引线端子上认真地放一段时间。

⑥ 即使电容装置的两侧都接地了，为了防备电容器上还有残留电荷，还要进行检验性放电。相互并联的各组电容器都必须进行放电。

⑦ 对因故障切除的电容器进行检验性放电时更应特别小心。因对损坏的电容器总接地装置可能因某部分断开起不到接地放电的作用。

⑧ 如果电容器装置有连锁装置，只有整个装置全部接地后，才能打开电容器组防护栏栅。

8.4　电力电容器的常见故障与处理

1. 电力电容器的常见故障与处理

电力电容器的常见故障与处理方法如表 8-4 所示。

表 8-4　电力电容器的常见故障与处理方法

故 障 现 象	可 能 原 因	处 理 方 法
发热	接头螺栓松动	加强检查，停电时拧紧螺栓或加弹簧垫，防止松动
	频繁通断，反复受浪涌电流作用	减少通断电容器的次数，只有在线路停用时才切断电力电容器
	长期过电压运行，造成过负荷	换耐压较高的电力电容器
	环境温度超过允许值	用示温片或温度计测温，及早发现，并改善通风条件
渗油	保养不良，外壳油漆剥落，油锈蚀点	清除油漆剥落点的锈蚀点，并重新刷漆
	瓷套管与外壳连接处碰伤裂纹；或元件本身质量不好	如果裂纹微微渗油，可在裂纹处用肥皂嵌入，以供临时使用；如果已经成裂缝，则应调换电容器
外壳膨胀变形	因漏油，空气进入，使内部介质膨胀；使用到期；本身质量差	更换电容器
短路击穿	本身质量差	更换
	小动物钻入接头间	接头周围加防护罩
	瓷瓶表面积尘过多，产生短路击穿	清理积尘油污，保证平面清洁
	长期过电压运行造成负荷、温度过高，使绝缘过早老化	限制过电压运行，长期运行时，一般不超过额定电压 5%

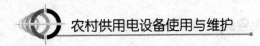
故障现象	可能原因	处理方法
异常响声	内部有局部放电	停止运行，查找故障，更换电容器
	外部有局部放电	停止运行，查找故障电容器，将外部擦拭干净
电容器爆裂	制造工艺不良，内部击穿； 电容器对外壳绝缘损坏； 密封不良、漏油； 鼓肚和内部游离； 带负荷合闸； 温度过高，通风不良，运行电压过高，谐波分量过大，操作过电压等	更换电容器
瓷绝缘表面闪络	清扫和维护工作差，表面脏污严重	定期进行清扫检查

2. 电力电容器故障分析举例

【例8.2】电容器渗漏油的原因是什么？怎样排除？

原因1：保养不良，外壳油漆剥落，有锈蚀点，在锈蚀点出现油渗漏。

处理方法1：仔细检查，找出渗、漏油部位后，先清除该部位残留的漆膜和锈点，然后重新涂漆。

原因2：在搬运过程中将瓷套管与外壳交接处碰伤，该处出现裂纹。

处理方法2：此时严禁提拿搬运，已渗、漏油的用铅锡焊料补焊，如果有裂纹的部位只微微渗油而不漏油，可在渗油处嵌入肥皂，暂时继续使用；如果出现裂缝应更换电容器。

原因3：接线时紧固螺钉用力过大，造成瓷套焊接处损伤。

处理方法3：接线时不要扳摇瓷套，紧固时防止用力过猛。

原因4：产品质量缺陷。

处理方法4：严格控制瓷套金属涂敷及焊接工艺、外壳焊接及成品试漏工艺。

原因5：日光曝晒，温度变化剧烈。

处理方法5：采取有效措施，防止曝晒，以免瓷套上银层脱落。

【例8.3】电容器发热的原因是什么？怎样排除？

原因1：接头螺栓松动。

处理方法1：加强检查，停电时拧紧螺栓。

原因2：频繁切合，反复受涌流作用。

处理方法2：减少通断次数，只在线路停用时才切断电容器。

原因3：长期过电压运行，造成过负荷。

处理方法3：可更换耐压较高的电容器。

原因4：环境温度过高。

处理方法4：可粘贴示温蜡片或用温度计测量温升，加强电容器所在场所的通风。

原因5：电容器布置太密，造成散热困难。

处理方法5：增大电容器布置的间隙。

原因 6：介质老化，电容器寿命已到。

处理方法 6：停止使用，更换新电容器。

【例 8.4】电容器外壳"鼓肚"的原因是什么？怎样排除？

原因 1：内部介质产生局部放电，电容击穿或极对壳击穿，使介质分解产生气体，这些都是体积膨胀造成的。

处理方法 1：运行中应对电容器进行外观检查，发现外壳鼓肚时要及时采取措施，鼓肚严重的应立即停止使用，更换新电容器。

原因 2：由于环境温度太高、通风不良或电压过高，引起电容器运行时温升过高，使电容器外壳鼓肚。

处理方法 2：改善电容器工作环境，调整电源电压。当出现外壳鼓肚时，应立即停止使用，以免发生电容器爆炸。

【例 8.5】电容器爆炸起火的原因是什么？怎样预防？

故障原因：

由于电容器真空度不高、不清洁、对地绝缘不当，运行环境温度过高，使电容器内部发生极间或极对壳击穿而又无适当保护时。与它并联的电容器组对它放电，能量极大，引起爆炸起火。

预防措施：

（1）完善电容器内部故障防护，对于高压电容器组，可采用以下器件来控制和保护：总容量不大于 100kW 时，应安装跌落式熔断器；总容量为 100～300kVar 时，应安装负荷开关和熔断器；总容量大于 300kW 时，应安装断路器、电容器组采用熔断器保护时，熔体额定电流不应超过电容器组额定电流的 1.5 倍。

（2）对于无熔体保护的高压电容器，应根据具体情况采用以下防护方式：分组熔体保护；双 Y 形接线的零相电流平衡保护；双△接线的横差保护；单△接线的零序电流保护。

（3）加强电容器补偿装置的运行管理和维护，应定期清扫、巡视和检查，发现故障元件及时进行处理。

（4）使电容器室符合防火要求，室内不得使用木板、油毛毡等易燃材料。

（5）在电容器室附近配备砂箱、消防用铁锹和四氯化碳灭火器等消防设施。当遇到电容器爆炸起火时，应首先切断电源，尽快制止火灾蔓延，严禁用水灭火。

思考题与习题

1. 高电压电力并联电容器的结构特点是什么？
2. 电力电容器的运行条件是什么？
3. 怎样测量电容器的绝缘电阻？
4. 电容器组的操作要求是什么？
5. 电力电容器的常见故障与处理方法是什么？
6. 电容器爆炸起火的原因是什么？怎样预防？

第9章

农村接地装置与防雷保护

9.1 农村接地装置的结构

接地装置是电气设备与大地进行电连接的装置，包含接地体和接地线。接地体又称接地极，是直接与大地接触的金属导体；接地线是连接电气设备接地点与接地体的导线。常见接地装置如图9-1所示。

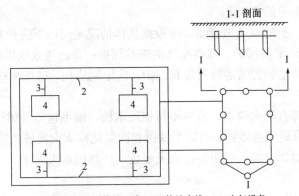

1—接地体；2—接地干线；3—接地支线；4—电气设备

图9-1 接地装置示意图

（1）接地装置的组成形式。

接地装置按接地体数量的多少，有以下三种组成形式。

① 单极接地装置：由一个接地体和接地线所构成的接地装置。接地线一端与接地体相连，另一端与电气设备的接地点相连。它适用于对接地要求不太高和电气设备接地点较少的场合。

② 多极接地装置：由两个或两个以上接地体与接地线构成，各接地干线连成一体。接地干线和电气设备的接地点由接地支线相连。多极接地可靠性强，接地电阻小，适用于接地要求较高、电气设备接地点较多的场合。

③ 接地网络：将多个接地体用接地干线连接成网络，具有接地可靠、接地电阻小的特点

为适合机群设备的接地需要，多用于配电所、大型车间等场所。

（2）接地的方式。

在电力系统中接地分为工作接地、防雷接地、保护接地等。

① 工作接地：为保证电气设备的正常运行，将电力系统的某一点进行接地，称为工作接地；如三相四线抽供电系统中，将变压器低压侧的中性点接地。

② 保护接地：为保障人身安全、防止间接触电事故；将电气设备的外露可导电部分接地，当电气设备的绝缘损坏而使金属外壳带电时，只要控制接地电阻大小，就能将其金属外壳对地电压限制在安全电压内，称为保护接地。

③ 防雷接地：为防止雷电过电压对人身或设备产生危害。将避雷针、避雷线、避雷器等设备进行接地，从而设置的过电压保护设备的接地称为防雷接地。

（3）接地、接零的类型。

保护接地与保护接零是安全用电的保护措施，要根据低压系统的接地情况来定。低压供电系统的接地，根据国际电工委员（IEC）的规定，分为三大类型，即 IT 系统、TT 系统和 TN 系统，符号含义为：

第一个字母表示电源侧接地状态：T 表示电源中性点直接接地；I 表示电源中性点不接地，或经高阻接地。

第二个字母表示负荷侧接地状态：T 表示负荷侧设备的外露导电部分接地，与电源侧的接地相互独立；N 表示负荷侧设备的外露可导电部分与电源侧的接地直接作电气连接，即接在系统中性线上。

① IT 系统。

该系统电源端不接地或通过高阻抗接地，用户端电气设备的金属外壳接地，如图 9-2 所示。IT 系统一般不引出中性线，即通常所说的三相三线制供电。

当发生单相接地故障时。由于接地阻抗很大，因此接地电流很小；又由于人体电阻比接地体的电阻大很多，流过人体的电流很小，保证了人身安全。但是，如果电网的绝缘性能下降，则接地电流增大，电气设备外壳的对地电压也增大，故障电流几乎都流经人体，这是非常危险的。因此，该系统内应装置漏电保护器，泄漏电流超标时切断电流。

② TT 系统。

电力系统有一点直接接地，电气设备的外露可导电部分通过保护接地线 PE 接至与电力系统接地点无关的接地极，如图 9-3 所示。

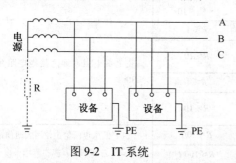

图 9-2   IT 系统

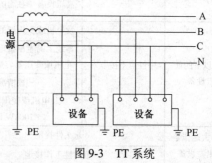

图 9-3   TT 系统

当电气设备的相线碰壳时，外壳对地电压差不多能将达到相电压的 1/2。这种电压会造成人身伤害。因此，该系统仅作为精密电子仪表设备的屏蔽接地；当用做接地保护时，要安装漏电保护器，这样能在电气设备绝缘损坏时及时切断电源。

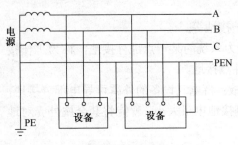

图 9-4　TN-C 系统

③ TN 系统。

该系统内电源有一点与地直接连接，负荷侧电气设备的外露可导电部分通过保护接地线 PE 与该连接点连接。

根据 N 线与 PE 线连接方式的不同，又分为 TN-C、TN-S、TN-C-S 三种形式。TN-C 系统中 N 线与 PE 线合用一根导线 PEN 线，如图 9-4 所示；TN-S 系统中 N 线与 PE 线分开，各用一根导线，如图 9-5 所示；TN-C-S 系统中一部分 N 线与 PE 线合用一根导线 PEN，系统后面有一部分 N 线与 PE 线分开，如图 9-6 所示。

（4）接地电阻。

接地点对地电压与接地电流的比值叫接地电阻。

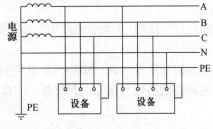

图 9-5　TN-S 系统

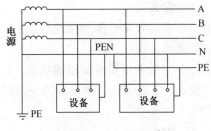

图 9-6　TN-C-S 系统

接地电阻的规定值如表 9-1 所示。

表 9-1　接地电阻的规定值

种　类	使　用　条　件		接地电阻值（Ω）	说　　明
1kV 以上高压设备	大接地短路电流系统（$I \geqslant 500A$）	一般情况	$R \leqslant 2000/I$	（1）高土壤电阻率地区接地电阻允许 $\leqslant 5\Omega$
		$I > 4000A$	$R \leqslant 0.5$	（2）I 为计算的接地短路电流（A）
	小接地短路电流系统（$I < 500A$）	高低压设备共用的接地装置	$R \leqslant 120$ 一般 $\leqslant 4$	高土壤电阻率地区接地电阻允许 $\leqslant 5\Omega$，变电厂、变电所应 $\leqslant 150\Omega$
		高压设备单独用的接地装置	$R \leqslant 2$ 一般 $\leqslant 10$	
1kV 以下的低压设备	中性点不接地系统	发电机或变压器的工作接地	$R \leqslant 4$	高土壤电阻率地区接地电阻允许 $\leqslant 30$
		零线上的重复接地装置和发电机或变压器容量 $<100kW$	$R \leqslant 10$	
		一般情况	$R \leqslant 4$	
		发电机或变压器容量 $<100kW$ 时	$R \leqslant 10$	
利用大地作导线电力设备	永久性接地		$R \leqslant 50/I$	（1）低压电网禁止使用大地作导线
	临时性工作接地		$R \leqslant 100/I$	（2）I 为接地装置流入大地电流（A）

（5）接地体。

又称接地极。接地体包括自然接地体（地下金属管道、钢筋混凝土结构中的钢筋）和人工接地体。交流电力设备的接地装置应充分利用自然接地体。自然接地体的流散电阻不能满足要求时，可敷设人工接地体。人工敷设接地体有水平或垂直两种方式，可视地形、土壤特性而定。垂直敷设用铜棒或角钢和圆钢；水平敷设采用圆钢、扁钢或条钢。腐蚀性较强场所应采取热锡或热镀锌等防腐措施，或适当增大截面。

接地体应在接地网路线上开沟埋设，沟深 0.8～1m，宽 0.5m，中心线与建筑物的基础距离不得小于 2m。接地体间的距离不小于 5m。接地体最高点应离开地面一定距离。敷设接地体钢管、角钢及连接扁钢时应避开其他地下管路、电缆等设施。与电缆及管道平行时不小于 300～350mm。若与电缆及管路交叉，距离应大于 100mm，垂直安装接地体时应与地面保持垂直。在热稳定和均压的限定下，钢质接地体的最小尺寸如表 9-2 所示。

表 9-2　钢质接地体的最小尺寸

名　　称	地　上		地　下
	屋　内	屋　外	
圆钢直径（mm）	6	8	8/10
扁钢截面（mm）	24	48	48
扁钢厚（mm）	3	4	4
角钢厚（mm）	2	2.5	4
钢管壁厚（mm）	2.5	2.5	2.5

（6）接地线。

连接接地体和设备接地部分的金属快线称为接地线。接地线可用绝缘钢芯或铝芯导线、扁钢、圆钢等，接地线的最小截面如表 9-3 所示。

表 9-3　接地线的最小截面

类　别	接地线分类	最小截面（mm²）
铜	便携式用电设备的接地线	1.5
	绝缘铜芯线	1.5
	裸铜线	4.0
铝	绝缘铝芯线	2.5
	裸铝线	6.0
扁钢	户内	24.0（厚度不小于 3mm）
	户外	48.0（厚度不小于 4mm）
圆钢	户内	20（直径不小于 5mm）
	户外	28.3（直径不小于 6mm）

9.2　农村防雷保护设备主要参数和选择

防雷的主要措施是安装避雷装置。常用的避雷设备有避雷针、避雷器、避雷网、避雷线等，防雷装置接受雷电流，然后通过引下线和良好的接地装置迅速而安全地把它送入大地，从而避免建筑物遭雷击。

防雷装置由接闪器、引下线和接地体三部分组成。

接闪器，又称"受雷装置"，是接受雷电流的金属导体，通常指的是避雷针、避雷带或避雷网。

引下线是连接避雷针（网）与接地装置的导体，它的作用是将受雷装置接受到的雷电流引到接地装置。引下线一般采用圆钢或扁钢。

接地体是埋在地下的接地导体和接地极的总称，它的作用是把雷电流散发到地下的土壤中去。

避雷针一般可采用圆钢制作，也可以采用焊接钢管来做。不同长度的避雷针应选用不同直径的管材：

避雷针长 1m 以下，选用直径为 12mm 的圆钢。用钢管做时，钢管直径为 20mm。

避雷针长度为 1~2m 时，圆钢直径为 16mm，钢管直径为 25mm。

在烟囱顶上安装的避雷针，应采用直径为 20mm 的圆钢。

引下线的设置：

引下线的具体设置应区别不同情况符合下列要求：

引下线应沿建筑物外墙敷设，敷设时应尽量短且直。对于建筑艺术要求高的建筑，引下线也可暗敷，但截面要增加一倍。对于钢筋混凝土建筑可利用结构中主钢筋作为引下线，但钢筋必须相互焊接连通。应装在人不易碰到的地点；距离地面 2m 以内的引下线，为避免被人触及，还要有覆盖物。为了便于检查避雷设施，连接导线的导电情况和接地体的散流电阻，应在每根引下线上做断接卡子。断接卡最好装在距地面 2m 高处。

建筑物的金属构件，如消防梯、金属烟囱，砖烟囱的铁爬梯等，可作为引下线，但是金属物体中各个部件之间都要连成电气通路。

采用多根引下线时，为了便于测量接地电阻和便于检查引下线、接地线的连通发现情况，各引下线在距地面 1.8m 以下处应设置断接卡。

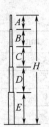

引下线离地面 2m 以下部分，为避免引下线受机械损伤，应加保护管。

图 9-7　接闪器结构示意图

9.2.1　防雷保护设备的主要参数

（1）避雷针接闪器。

接闪器由针尖和不同直径针管套接而成，其结构如图 9-7 所示。尺寸和用材如表 9-4 和表 9-5 所示。

表 9-4　避雷针接闪器尺寸

H（m）	3.0	4.0	5.0	6.0	7.0	8.0	9.0	10	11	12
A（mm）	1500	1000	1500	1500	1500	1500	1500	1500	2000	2000
B	1500	1500	1500	2000	1500	1500	1500	1500	2000	2000
C		1500	2000	2500	2000	2000	2000	2000	2000	2000
D					2000	3000	2000	2000	2000	3000
E						2000	3000	3000	3000	3000

表 9-5　避雷针接闪器尺寸

材料（mm）	长度（m）
钢管 $\phi20$	$A+0.25$(搭接长度)
钢管 $\phi25$	$B+0.25$
钢管 $\phi40$	$C+0.25$
钢管 $\phi50$	$D+0.25$
钢管 $\phi70$	E

（2）引下线。

一般沿建筑物外墙向下敷设，经最短路径接地。引下线也可暗敷，但截面积要比明敷增加一倍。钢筋混凝土结构的建筑可利用主钢筋作引下线接闪器结构但钢筋必须相互焊连。建筑物的金属构件，如消防梯、金属烟囱、铁爬梯等，可用做引下线，但金属构件各部分间的电气连通必须良好。

采用多根引下线时。为了便于测量接地电阻和便于检查引下线、接地线的连通情况，各引下线在距地面 1.8m 以下处设断接卡。

避雷针的引下线可用截面积大于 $25mm^2$ 的镀锌钢绞线，或采用镀锌扁钢、圆钢。其规格如表 9-6 所示。

表 9-6　引下线材料规格

适 用 场 所	材 料 名 称	材 料 规 格
装在建筑物上	镀锌圆钢直径	$\geq8mm$
	镀锌扁钢截面	$\geq48mm^2$（厚度$\geq4mm$）
装在烟囱上	镀锌圆钢直径	$\geq12mm$
	镀锌扁钢截面	$\geq100mm^2$（厚度$\geq4mm$）

（3）避雷器。

避雷器主要用于保护架空线路、用电设备、电力变压器等。避雷器型号、特点和用途如表 9-7 所示。常用的避雷器有阀型避雷器、氧化锌避雷器和管型避雷器等几种。

表 9-7　避雷器型号、特点和用途

名称与型号		结 构 特 点	主 要 用 途
羊角型（保护间隙）避雷器		结构简单，经济，安装容易。当雷击高压侵入，羊角间隙放电（自动灭弧），将雷电流引地	可用做变压器高压侧，及电度表的保护
普通阀型避雷器	配电所型 FS	仅有间隙和阀片（碳化硅）	用做配电变压器、电缆头、柱上断路器等设备的防雷保护，电压等级较低
	变电所型 FZ	同 FS 型。但间隙带有均压电阻，使熄弧能力增大	用做变电所电气设备防雷，其中 3～60kV 型用于中性点不接地系统；110kV 型分接地与不接地两种；220kV 型仅用于中性点接地系统
磁吹阀型避雷器	旋转电机型 FCD	同 FZ 型。但间隙加磁吹灭弧元件，使熄弧能力增强。且部分间隙并联电容器以改善伏秒特性	用于旋转电机的防雷

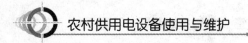

续表

名称与型号	结构特点	主要用途
管型避雷器　GXW	由产气管、内部间隙和外部间隙三部分组成。管内无阀片，不存在冲击电流通过时所产生的残压问题	保护线路中的绝缘弱点（特高杆塔、大挡距交叉跨越杆塔等）和发电厂、变电所的进线段，以及雷雨季节中经常断开而其线路侧又有电压的隔离开关或断路器
金属氧化物避雷器　Y3W 或 Y5W	采用非线性较好的氧化锌阀片，无间隙或局部阀片有并联间隙。比普通阀型避雷器动作迅速，可靠性高，寿命长，维护简便，是更新产品	低压氧化锌避雷器用于 380V 及以下设备，如配电变压器（低压侧）、低压电机、电度表等的防雷。高压氧化锌避雷器可用来保护高压电机或变电所电气设备或电容器组

① 管型避雷器。

管型避雷器由产气管、内部间隙和外部间隙三部分组成，如图 9-8 所示。产气管可用纤维、有机玻璃或塑料制成。内部间隙 S_1 装在产气管的内部，一个电极为棒形，另一个电极为环形。外部间隙 S_2 装在管型避雷器与带电的线路之间。正常情况下它将管型避雷器与带电线路绝缘起来。

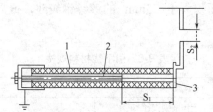

1—产气管；2—内部电极；3—外部电极；S_1—内部间隙；S_2—外部间隙

图 9-8　管型避雷器的结构

管型避雷器的工作原理：当线路上遭受雷击时，大气过电压使管型避雷器的外部间隙和内部间隙击穿，雷电流通入大地。接着供电系统的工频续流在管子内部间隙处发生强烈的电弧，使管子内壁的材料燃烧，产生大量灭弧气体。由于管子容积很小，这些气体的压力很大，因而从管口喷出，强烈吹弧，在电流经过零值时，电弧熄灭。这时，外部间隙 S_2 的空气恢复了绝缘，使管型避雷器与系统隔离，恢复系统的正常运行。

由于管型避雷器放电时是依靠电力系统的短路电流在管内产生气体来消弧的，那么，如果电力系统的短路电流很大，产生的气体就很多，压力很大，这样就有可能使管型避雷器的管子爆炸；如果电力系统的短路电流很小，产生的气体就较少，这样将不能达到消弧的目的，并可能使管型避雷器因长期通过短路电流而烧毁。因此，为了保证管型避雷器可靠工作，在选择管型避雷器时，其开断续流的上限，应不小于管型避雷器安装处短路电流最大有效值（考虑非周期分量）；开断续流的下限，应不大于管型避雷器安装处短路电流的可能最小值（不考虑非周期分量）。

管型避雷器安装时，应保证其外部间隙在运行中的稳定性。为此，要求管型避雷器与杆塔间以及外部间隙与管型避雷器本体间的固定要十分牢固。通常，外部间隙应采用直径大于 10mm 的圆钢制成，最好将电极涂以光亮的油漆，以利于在运行中观察电极有无受电弧烧伤等情况。

管型避雷器外间隙的调整可参照表 9-8 中的数值进行。

表 9-8　管型避雷器外间隙的距离

额定电压（kV）	3	6	10	35	110	
					中性点直接接地	中性点非直接接地
外间隙最小距离（mm）	8	10	15	100	350	400
GB1 外间隙可取的最大距离（mm）	—	—	—	250～300	400～500	400～500

注：GB1 指用于变电所进线端首端的管型避雷器。

②阀型避雷器。

阀型避雷器主要由火花间隙和非线性工作电阻片串联组成，常用阀型避雷器的结构如图 9-9 所示。常用阀形避雷器的技术数据如表 9-9 所示。

③ 氧化锌避雷器。

氧化锌避雷器又称金属氧化物避雷器。是由氧化物电阻片、上下电极、瓷外套（或橡胶）等部位封装而成的，如图 9-10 所示。氧化锌避雷器与阀型避雷器相比，具有保护特性好，通流能力大、耐污能力强、结构简单、可靠性高等优点，是阀型避雷器的更新换代产品。常用氧化锌避雷器主要技术数据如表 9-10 所示。

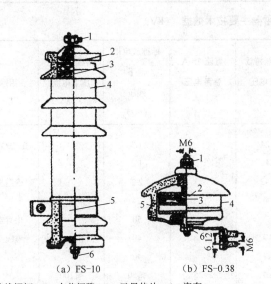

（a）FS-10　　（b）FS-0.38

1—接线螺钉；2—火花间隙；3—云母垫片；4—瓷套；
5—阀形电阻；6—接地螺钉

图 9-9　阀形避雷器

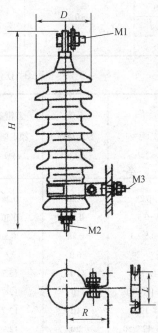

图 9-10　氧化锌避雷器结构示意图

表 9-9　阀式避雷器主要技术数据　　（kV）

型　　号	额定电压（有效值）	灭弧电压（有效值）	工频放电电压（有效值）	冲击放电电压（预放电时间 1.5～20μs）（峰值）	残压（峰值）	
					3kA	5kA
FS-0.22	0.22	0.25	0.5～0.9	1.17	1.15	
FS2-0.22				1.7		

续表

型　号	额定电压（有效值）	灭弧电压（有效值）	工频放电电压（有效值）	冲击放电电压（预放电时间 1.5～20μs）（峰值）	残压（峰值）	
					3kA	5kA
FS-0.38	0.38	0.5	1.1～1.6	3.0	3.0	
FS1-0.38						
FS-0.5	0.5	0.5	1.15～1.65	2.7		2.6
FS2-0.5				2.6	2.5	
FS-3	3	3.8	9～11	21		17
FS2-3						
FS3-3						
FS-6	6	7.6	16～19	35		30
FS2-6						
FS3-6						
FS2-10	10	12.7	26～31	50	47	50
FS3-10						
FS3-10N						
FS4-10						

表 9-10　氧化锌避雷器主要技术数据 （kV）

型　号	系统额定电压（kV）	避雷器额定电压（kV）	避雷器持续运行电压（kV）	直流 1mA 参考电压（kV）	标称放电电流下残压（kV）	持续运行电压下电流（μA）	用途
Y3W-0.28	0.22	0.28	0.24		1.3		配电线路
Y3W-0.5	0.38	0.50	0.42		1.2		
Y3W-0.5/2.3	0.38	0.5	0.42		2.3		变压器
Y5W-7.6/24	6.0	7.6	4.0		24		
Y5W-12.7/50	10	12.7	6.7		50		电容器
Y5W3-12.7/40	10	12.7	6.7		40		电缆头
Y5W4-12.7	10	12.7	6.7		40		
YH5WS-12.7/50	L0	12.7	6.6	≥25	≤50	≤100	

9.2.2　防雷保护设备的选择

（1）3～10kV 配电变压器高压侧应用阀式避雷器或管式避雷器进行防雷保护。保护装置应尽量靠近变压器装设，其接地线应与变压器低压侧中性点（中性点不接地的电网中，与中性点的击穿保险器的接地端）以及金属外壳和低压避雷器接地线连在一起接地。

（2）多雷区的 3～10kVYy11 和 Yy 连接的配电变压器，应在低压侧装设一组避雷器或击穿保险器。低压中性点不接地的配电变压器，应在中性点装设击穿保险器。

（3）35/0.4kV 配电变压器，其高低压侧均应用阀式避雷器保护。

（4）3～10kV 柱上断路器和负荷开关应用阀式避雷器、管式避雷器或保护间隙保护。经常断路运行而又带电的柱上断路器、负荷开关或隔离开关，应在带电侧装设避雷器或保护间隙。其接地线应与柱上断路器等的金属外壳连接，且接地电阻不应超过 10Ω。

9.3　避雷器的运行、维护

1. 阀型避雷器的运行、维护

（1）正常运行中的巡视检查。

① 避雷器外部瓷套应完整，无破损、裂纹，瓷表面无闪络痕迹。在日常运行中，应检查避雷器的瓷套表面的污染状况，尤其对污秽严重地区或沿海地区运行的避雷器更应特别注意。因为当瓷套表面受到严重污染时，将使电压分布很不均匀。在有并联分路电阻的避雷器中，当其中一个元件的电压分布增大时，通过其并联电阻中的电流将显著增大，则可能烧坏并联电阻而引起故障。此外，也可能影响阀型避雷器的灭弧性能，而降低避雷器的保护特性。因此，当发现避雷器的瓷套表面有严重污秽时，必须及时安排清扫。

② 检查避雷器的引线及接地引下线，应无烧伤痕迹和断股现象以及放电记录器应完好。

正常情况下，避雷器动作时，接地引下线和记录器中只通过雷电流和幅值很小（一般为 80A 以下）、时间很短（约 0.01s）的工频续流，除了使动作记录器的指示数字变动外，一般不会产生烧损的痕迹。但是，当避雷器内部阀片存在缺陷或不能灭弧时，则通过的工频续流的幅值和时间都会增大，那么接地引下线的连接点上会产生烧伤的痕迹，或使放电记录器内部烧黑或烧坏。

因此通过这方面的检查，可以发现避雷器的隐形缺陷。而一旦发现上述情况时，应立即设法断开避雷器，进行详细的电气检查，以免发生事故。

③ 避雷器上端引线处密封应良好。由于避雷器密封不良会进水受潮而引发事故，因此瓷套与法兰连接处的水泥接合缝应严密。对 10kV 阀型避雷器上引线处可加装防水罩，以免雨水渗入。

④避雷器与被保护电气设备之间的电气距离应符合要求。避雷器应尽量靠近被保护电气设备。3～10kV 变、配电所阀型避雷器与变压器之间的最大电气距离，应符合表 9-11 所列要求。

表 9-11　避雷器与 3～10kV 变压器的最大电气距离（m）

雷雨季节运行的进线路数	1	2	3	4
最大电气距离	15	23	27	30

⑤ 对有放电计数器与磁钢计数器的避雷器，应检查它们是否完整。

⑥ 避雷器各节的组合及导线与端子的连接，不应对避雷器产生附加应力。

（2）阀型避雷器运行中雷雨天气的特殊巡视检查。

① 雷雨后应检查雷电记录器动作情况，避雷器表面有无闪络放电痕迹。

② 避雷器引线及接地引下线应无松动。

③ 避雷器本体应稳固，不摆动。

④ 结合停电机会检查阀型避雷器上法兰泄水孔是否畅通。

2. 管型避雷器的运行、维护

管型避雷器主要用于变电所的进线段保护，经常处于开路状态下的断路器以及线路的绝缘薄弱点的保护。运行经验证明其保护性能很好，但由于管型避雷器本身是一种不太可靠的防雷设备，因此，在确定装设地点时，应根据实际需要，而不要盲目到处装设管型避雷器，否则反而会增加事故机会。

由于在运行过程中，管型避雷器放电后会使它的内径增加，开断续流的数值变大。因此，在任何情况下，管型避雷器开断续流下限的选择必须具有足够大的裕度。同时，为了提高管型避雷器在运行中的可靠性和减少其动作次数，以及防止在系统产生内部过电压时误动作，应按保护条件选择所允许的最大的外部间隙数值。

3～10kV 管型避雷器的外部间隙的一个电极不应处在另一个电极的正下方，以防雨水将间隙短路。此外，为了防止管型避雷器在运行中腔内积水，应将其开口端向下垂直或倾斜安装，但与水平线向下倾斜所成的角度不应小于 15°。当管型避雷器处于污秽严重的地区时，为减少在管型避雷器表面上积垢，应使管型避雷器与水平线向下倾斜的夹角不小于 45°，以便下雨时将尘土冲刷掉。

在运行中，应经常检查管型避雷器排气孔的正前方，不应有任何障碍物，以免管型避雷器在自由排气时受到阻碍。

在运行中，还应经常检查管型避雷器表面有无裂纹、闪络和放电烧伤痕迹；接地引下线有无烧伤、断股现象；放电指示器是否曾动作；排气孔有无受杂物堵塞现象，如发现有堵塞时，可抽出棒型电极，将污物清除干净，然后用纱布将其排气孔包盖。

另外，当线路发生雷击跳闸等故障后，应特别检查装在线路雷击点附近杆塔上的管型避雷器是否有上述缺陷。巡视过程中，运行人员切勿靠近管型避雷器。

管型避雷器在运行中经过试验和检查发现不合格时，应进行彻底的检查后方可再次投入系统运行。管型避雷器的检查、检修工作，一般应包括检查管型避雷器内部间隙电极的烧损情况和检查产气管表面绝缘漆层的情况。如果发现内部间隙电极轻微烧伤，则可用钢锉将其锉平；烧损严重时，则应更换。如果发现产气管表面绝缘层有裂纹、脱落或起皱等情况，则必须重新涂漆，使它恢复绝缘性能。

9.4 避雷器的故障处理

1. 避雷器的故障处理

避雷器在运行中，发现异常现象的故障时，值班人员应对异常现象进行判断，针对故障性质进行处理。

现象 1：运行中避雷器瓷套有裂纹。

处理方法：若天气正常，可停电将避雷器退出运行，更换合格的避雷器，无备件更换而又不致威胁安全运行时，为了防止受潮，可临时采取在裂纹处涂漆或黏接剂，随后再安排更换；在雷雨中，避雷器尽可能先不退出运行，待雷雨过后再处理，若造成闪络，但未引起系统永久性接地时，在可能的条件下，应将故障相的避雷器停用。

现象 2：运行中避雷器有异常响声，并引起系统接地。

处理方法：此时值班人员应避免靠近，应断开断路器，使故障避雷器退出运行。

现象 3：运行中避雷器突然爆炸。

处理方法：若尚未造成系统接地和系统安全运行时，可拉开隔离开关，使避雷器停电，若爆炸后引起系统接地时，不准拉隔离开关，只准断开断路器。

现象 4：运行中避雷器接地引下线连接处有烧熔痕迹。

处理方法：可能是内部阀片电阻损坏而引起工频续流增大，应停电使避雷器退出运行，进行电气试验。

避雷器的检查及故障处理方法，如表 9-12 所示。

表 9-12　避雷器的检查及故障处理方法

检 查 项 目	发生故障的可能后果	处 理 方 法
避雷器的安装是否充分牢固	假如支架或固定避雷器不稳固，会影响避雷器的结构及特性，可能引起事故发生	用工具对避雷器的安装螺栓等固定部件进行紧固
在避雷器线路侧和接地侧的所有端子安装情况是否良好	当端子的紧固不良时，因风的压力或积雪等会使电线脱落，或加上雷击过电压产生电火花，有时会造成电线熔断	用工具对所有端子进行紧固
瓷套管有否裂缝	由于是密封结构，如果瓷套管上发生裂缝则外部的潮气会侵入瓷套管内部，引起绝缘降低，造成事故	当灌浇水泥、密封部分或瓷件表面有裂缝时，应拆除避雷器
瓷套管表面的污损情况	（1）瓷套管表面有污损时会使避雷器的放电特性降低，严重的情况下，避雷器会击穿；（2）污损会成为瓷套表面闪络的原因	清扫瓷套表面 对安装在有盐雾及严重污秽地区的避雷器应定期清扫。另外，用于盐雾地区的瓷表面可涂敷硅脂，并定期水洗； 在进行带电清洗的情况下，如是高压避雷器，其间隙制成多层的，在清洗时会使电压分布进一步恶化。这会降低起始放电电压，从而引起避雷器放电或者引起外部闪络事故等危险，所以必须注意
在线路侧和接地侧的端子上，以及密封结构金属件上是否有不正常变色和熔孔	是过电压超过避雷器性能时而动作或由某种原因使避雷器绝缘降低而造成，可能会引起系统的停电事故	（1）如密封结构的金属上有熔孔时应将避雷器拆除 （2）在有不正常的变色时最好拆除避雷器

2. 避雷器的检修与试验

当避雷器出现存在以下缺陷时，应进行检修和试验：

（1）瓷套表面有裂纹或密封不良的，应进行解体检查与检修。

（2）瓷套表面有轻微碰伤的，应经泄漏及工频耐压试验，合格后方能投入运行。

农村供用电设备使用与维护

（3）瓷套表面有严重污秽时，必须及时进行清扫和试验。

（4）瓷套及水泥接合处有裂纹，法兰盘和橡皮垫有脱落时，应进行检修。

（5）检查放电记录器发现避雷器动作次数过多时，应进行检修。

（6）检查泄漏电流、工频放电电压大于或小于标准值时，应进行检修和试验。

（7）对于 FZ 和 FCD 型的避雷器，泄漏电流小于允准值时，应进行检修和试验。

思考题与习题

1. 接地装置的组成形式和接地方式是什么？
2. 接地、接零的类型及要求是什么？
3. 农村防雷保护设备的选择方法是什么？
4. 阀型避雷器运行中，对雷雨天气后的特殊巡视检查有什么要求？
5. 当避雷器出现常见缺陷时，应如何进行检修和试验？

第10章

<<<<<<

农村触/漏电断路器的配置、安装、选择与故障诊断

为了消除供电系统存在的各种不安全因素,采用触/漏电保护器已成为提高用电安全的后备措施,即当用电设备和供电系统正常泄漏电流超过允许值或发生接地故障时,可迅速切断供电电源。所以必须配置、安装触/漏电断路器。

10.1 触/漏电断路器的保护对象

在低压接地保护中,当线路过电流保护不能兼做单相接地保护时,常采用触/漏电保护,如 TN 系统中的手握式设备,家用电器供电回路,TT 系统中大部分设备都采用触/漏电保护。随着经济的发展,各种电器设备在生产和生活中的各个领域中应用越来越多,人触电的可能性也越来越大,安全用电的要求也更加严格。《国际电工委员会 IEC 标准》及我国《民用建筑电器设计规范》JGJ/T16-92,对触/漏电保护都作了规定。

1. 触/漏电保护断路器的装设范围

根据 1992 年国家技术监督局发布的国标 GB13955-92《触/漏电保护器安装和运行》,对全国城乡装设触/漏电保护断路器做出统一规定。

1)必须装触/漏电保护断路器(漏电开关)的设备和场所

(1)属于Ⅰ类的移动式电气设备及手持式电动工具(Ⅰ类电气产品,即产品的防电击保护不仅依靠设备的基本绝缘,而且还包含一个附加的安全预防措施,如产品外壳接地);

(2)安装在潮湿、强腐蚀性等恶劣场所的电气设备;

(3)建筑施工工地的电气施工机械设备;

(4)暂设临时用电的电气设备;

(5)宾馆、饭店及招待所的客房内插座回路;

(6)机关、学校、企业、住宅等建筑物内的插座回路;

（7）游泳池、喷水池、浴池的水中照明设备；

（8）安装在水中的供电线路和设备；

（9）医院中直接接触人体的电气医用设备；

（10）其他需要安装触/漏电保护断路器的场所。

2）报警式触/漏电保护断路器的应用

对一旦发生漏电切断电源时，会造成事故或重大经济损失的电气装置或场所，应安装报警式触/漏电保护器，如：

（1）公共场所的通道照明、应急照明；

（2）消防用电梯及确保公共场所安全的设备；

（3）用于消防设备的电源，如火灾报警装置、消防水泵、消防通道照明等；

（4）用于防盗报警的电源；

（5）其他不允许停电的特殊设备和场所。

2. 触/漏电保护断路器的必要性

（1）接地接零系统不能满足安全要求。要保护人身安全，就应该保证在设备漏电时的接触电压在 36V 安全值以下，则要求接地电阻 R 不得大于 0.89Ω，这在现行的工程中很难满足，当接地电阻 R 大于 2Ω 时，接触电压就达到 70V 以上，足以危及人身安全。

（2）施工时接地接零线连接不可靠，甚至断接，这都埋下了隐患。

（3）等电位连接并没有包括多种各处的用电设备，触电危险仍没有根除。

3. 触/漏电断路器正确合理的应用

在应用触/漏电断路器时，正确合理地选择触/漏电断路器的动作电流是非常重要的。一方面，在发生触电或者当正常泄漏电流超过允许值时，触/漏电保护断路器有选择性动作；另一方面，漏电保护断路器在正常泄漏电流作用下，不应动作。根据供电线路和用电设备的正常泄漏电流值，选择触/漏电保护断路器的额定动作电流可参考以下原则：（1）漏电保护断路器的额定不动作电流 $I_{\Delta n}$>所保护的电气装置和线路正常泄漏电流总和的 2 倍；（2）用于支路上作为防电击的漏电保护器的动作电流 $I_{\Delta n2}$≥10 倍线路和设备的泄漏电流总和；（3）干线上用做防护电气火灾时，应使触/漏电保护器的动作电流 $I_{\Delta n1}$≥10 倍线路和设备的泄漏电流之和并使 $I_{\Delta n}$≥4$I_{\Delta n2}$。由于我国的电器产品和导线的生产厂家一般没有提供正常泄漏电流数据，给正确选择漏电动作电流带来困难。日本国家技术标准所针对这问题，推荐出了确定触/漏电保护器额定动作电流的经验公式：

（1）三相四线动力线路及动力照明混合线路为：

$$I_{\Delta n} \geqslant I_{e.max}/1000 \tag{10.1}$$

（2）照明电路与居民生活用电的单相电路为：

$$I_{\Delta n} \geqslant I_{e.max}/2000 \tag{10.2}$$

式中　$I_{\Delta n}$——触/漏电保护器的动作电流，A；

　　　$I_{e.max}$——电路中最大供电电流，A。

按照上述经验公式选择的漏电保护器的额定动作电流，可以满足设计要求，不会引起误动作。

对于单极漏电断路器，在 TN-S 或 TN-C-S 系统中，当且仅当设备进线处中性线可靠接地，漏电保护器才能正常动作，而且相线和中性线不得接反，否则部分保护功能将不起作用；对于 TT 系统，在符合标准要求的前提下，建议使用可同时分断相线和中性线的双极断路器。

用于低压供电线路干线或分支干线的漏电保护器应有滤波设备，防止其他设备对线路干扰产生的扰动电压和来自高负荷线路等所造成的扰动电流而造成的扰动故障脱扣。

10.2　触/漏电保护断路器的配置方式

1. 触/漏电保护断路器的配置要求

根据我国低压电网的现状，既要做好安全用电防护工作，减少触电事故，又要提高电网供电的可靠性，这是对漏电切断保护提出的全面要求。事实已经证明：采用漏电保护器分级保护方式是实现上述要求的根本途径，也是我国漏电保护发展的必然趋势。根据我国低压电网的供电方式、经济条件和漏电保护器的生产等情况，在低压电网中采用两极漏电保护方式是可行的，也是最有效的。

安全用电保护系统目前为三级保护，即总保护、中间保护和末级保护，末级保护即为家用保护器。从实际管理角度看，由于现在实现到户管理，中间保护已逐渐减少甚至退出，真正运行的是配电房（箱）内的总保护和到户的家用漏电保护。由于总保护管理的范围较大，一般在 50 户左右，多的甚至达到 200 多户，用户发生用电故障引起跳闸查找原因相当困难，如果万一总保护失灵后果则更加不堪设想。此时，家用漏电保护器就显示出相当的重要性。它在用户用电线路设备发生故障时会率先断电保护，缩短了故障点。最重要的是在发生人员操作电器不当发生触电或线路短路时它会迅速起到切断电源的作用，避免用电事故的发生。

而在安装家用漏电保护器这方面却与用户存在一个矛盾焦点，根据产权分界点，家用漏电保护器属于用户资产，供电企业不能强制安装，更不能要求购买规定的产品。由于这个原因，有些用户在安装漏电保护器方面寻找种种理由推托，同时也造成少数农村电工不积极主动的对用户做好这方面的宣传，从而造成了没有安装的不愿装，安装后坏了的不想换的局面，为安全用电埋下了隐患。

对此，供电企业应当出台一个比较硬性的规定。根据《电力法》第三十一条：用户受电装置的设计、施工安装和运行管理，应当符合国家标准或电力行业标准以及《农村安全用电规程》中"电力使用者必须安装防触/漏电的剩余电流动作保护器"的规定，供电企业应当要求农村用电客户必须按照《剩余电流动作保护器农村安装运行规程》规定安装合格的家用剩余电流动作保护器。当然从优质服务的角度看，我们应当做好宣传，让用户真正理解安装家用漏电保护器的重要性，主动配合安装。

首先应加大末级触/漏电保护器的安装率和投运率，末级保护以防止直接接触触电为主要目标，各自保护面小，不干扰其他用户。城乡家庭进户线处和人们广泛接触使用的移动式电气设备、电动工具等都应选用额定漏电动作电流不大于 30mA 的高灵敏度、快速型漏电保护器。对单相用电户选用的漏电保护器还应具备过电压保护功能，用于防止当出现三相四线制总零线发生断线和接户线错接成 380V 线电压时，产生的异常过电压损坏家用电器。最好选用带漏电、过压、过载短路保护功能的保护器，这样，单相用电户的所有异常情况都能受到保护。对发生触电后会产生二次性伤害的场所，如高空作业或河岸边使用的电气设备等，可装设漏电动作电流为 10mA 的快速型漏电保护器。

第二级保护为系统总保护或分支保护。这一级保护器可装设于配电变压器低压出线处或各分支线的首端，其保护范围为低压电网的主干线（或分支线）、下户线和进户线，同时也作为末级漏电保护器的后备保护。其额定漏电动作电流应根据被保护线路和设备实际漏电流来确定。

这两级触/漏电保护器构成了一个漏电分级保护网，第一级保护器对一些条件恶劣而触电危险性较高的场合提供了直接接触的保护；第二级保护器扩大了漏电保护覆盖面，提高了整个低压电网的安全水平。两级保护之间应合理配合，其漏电动作电流和动作时间应有级差。建议考虑上级漏电保护器的额定漏电电流为下一级额定漏电电流的 2.5～3.0 倍，上一级漏电保护器的动作时间较下一级动作时间增加一个动作级差，约为 0.1～0.2s 左右。

2. 正确配置触/漏电保护断路器

随着经济的迅速发展和人民生活用电的急剧增长，对供电可靠性、安全性的要求也越来越高，客观上要求漏电保护方式不能因一户发生故障或事故而造成部分或全网停电。因此，必须科学、正确、合理地配置漏电保护器。

在现行采用的三相四线制中性点直接接地系统和单相制工作零线 N 线与保护地线 PE 线和的接零系统的低压电网中，必须全面推广配变负载侧、主干（分支）线路侧、用户末端侧三级分级漏电保护。

（1）配变负载侧保护。它应作为变台供电的总保护（一级保护）。安装在配变的低压总电源侧。宜采用带分励脱口器的低压断路器。保护器的额定动作电流应尽量选小，但也应能躲过低压电网的正常泄漏电流。一般选用额定动作电流 75mA、100mA、15mA 三挡可调式为好，其最大动作（分断）时间不应超过 0.2s。

（2）主干（分支）线路侧保护。它是防止主干（分支）线路到用户末端侧保护器之间直接接触的触电伤亡事故的二级保护（中级保护），也可作为末级保护器的后备保护。安装在主干（分支）线路集装配电箱内电源刀闸的电源侧。宜采用剩余电流、短路及过负荷保护功能的保护器。保护器的额定动作电流应小于总保护额定动作电流值，并界于总保护、和末级保护器动作电流之间，一般选用额定动作电流 45mA、60mA、75mA 三挡可调式为好，其最大动作（分断）时间应大于 0.1s、不超过 0.2s。

有条件的还可在分支线路侧设置分支侧保护。它是防止分支线路到用户末端侧保护器之间直接接触的触电伤亡事故的细分保护，这样，保护更细、更具可靠，最大好处是能更好地缩小停电范围。只是在整定额定动作电流和分断时间上增加了一定难度。

（3）用户末端侧保护。它是作为城乡家庭单相用电内用于家人直接接触带电线路和带电家用电器的触电伤亡事故的三级保护（终极保护）。一般与单相刀闸配合使用，并先接保护器，再接室内总刀闸，分支后接插家用电器。宜采用高灵敏度、快速型并具备带漏电、过压、过载短路保护功能的保护器。保护器的额定动作电流应小于主干（分支）线路侧保护额定动作电流值，一般选用 30mA 及以下额定动作电流，特别潮湿、阴雨如浴室、卫生间等，只能选用额定动作电流为 6mA 的漏电保护器，其最大动作（分断）时间不应大于 0.1s。

10.3　触/漏电断路器的选择

触/漏电断路器一般分为二极、三极、四极，分别应用于不同的线路中。只有正确选择与使用才能起到应有的作用。

1.　触/漏电断路器的选用原则

目前广泛采用的触/漏电断路器都是电流动作型的。正常时通过触/漏电断路器各相电流的向量和为零（理论上讲为零，实际上为一数值很小的正常泄漏电流）。当线路发生接地故障时，设备因绝缘损坏而漏电时或人体触及带电体时，漏电断路器检测到的各相电流向量和就不为零，此值只要大于断路器的额定漏电电流，断路器就会很快断开故障回路。

触/漏电断路器按结构又有电磁式和电子式之分，二者各有优、缺点。按极数分，通常有单极二线，二级三线及三级四线。其额定电流 I_0 一般为 6～63A，预定漏电电流 $I_{\Delta 0}$，目前国内有 30mA、100mA、300mA 三种。其动作时间为百分之几秒到十分之几秒。具体选用时需遵循以下几个原则：

一定要选用质量较好的漏电断路器。目前国内安装漏电断路器的产品很多，有国产的，有合资的，也有进口的，在选用时一定要注意。

（1）触/漏电断路器的额定脱扣电流（I_0）一般选为大于等于正常动作电流的 1.3 倍为宜（此时即可躲过气体放电灯的启动过程）；

（2）触/漏电断路器的额定漏电不动作电流（$I_{\Delta 0}$）一般要大于系统正常泄漏电流的 2 倍。因为一般漏电断路器的额定漏电不动作电流为 $0.5I_{\Delta 0}$；

（3）路灯控制箱分支回路的正常泄漏电流一般为十几毫安。所以我们目前选用的是中外合资通用奇胜公司产的 E4CB 系列小断路器和 E4EL 系列漏电附件组合而成的漏电断路器，其 I_0 可从 2～63A，$I_{\Delta 0}$ 有 30mA、100mA 二种，我们选用的是 $I_{\Delta 0}$=100mA。这里需特别提醒注意的是，对 $I_{\Delta 0}$=30mA 的产品由于系统正常泄漏电流已接近或超过 $0.5I_{\Delta 0}$，运行中容易误动，建议不要采用。目前国内市场上只有奇胜产品有 $I_{\Delta 0}$=100mA 的。选择正确的安装部位。在路灯控制箱内安装漏电断路器应装在各分支回路上，千万不要装在总干线上。因为在总干线上的正常泄漏电流是各分支回路的总和，其数值较大，将使漏电断路器无法正常工作。再则各分支回路有漏电保护后，总干线也不必要再设此保护。

2.　按额定电流及动作时间选择触/漏电断路器

（1）合理选择触/漏电保护器的整定电流及时间。

漏电保护可用做防止直接触电或间接触电事故的发生。在接地故障中所采用的漏电保护都是用做间接触电保护的，即防止人体触及故障设备的金属外壳。人体触电不发生心室纤维颤动的界限值为 30mA/s，因此设计漏电保护时，不仅要注意漏电保护器的动作电流，也要注意动作电流时间值小于 30mA/s。

（2）系统的正常泄漏电流要小于触/漏电保护器的额定不动作电流。

触/漏电断路器的额定不动作电流，由产品的样本给出。如样本给出的数据，可取漏电保护额定动作电流的一半。配电线路及电器设备的正常泄漏电流对漏电保护器的动作正确与否有很大的影响，若泄漏电流过大，会引起保护电器误动作，因此在设计中必须估算系统的泄漏电流，并使其小于漏电保护器的额定不动作电流。泄漏电流的计算非常复杂，又没有实测的数据，设计中只能参考有关的资料。

（3）按照保护目的选用触/漏电开关。

以触电保护为目的的漏电保护器，可装在小规模的干线上，对下面的线路和设备进行保护，也可以有选择地在分支上或针对单台设备装设漏电保护器，其正常的泄漏电流相对也小。漏电保护器的额定动作电流可以选得小些，但一般不必追求过小的动作电流，过小的动作电流容易产生频繁的动作。IEC 标准规定：漏电保护器的额定动作电流不大于 30mA。动作时间不超过 0.1s；如动作时间过长，30mA 的电流可使人有窒息的危险。

分支线上装高灵敏漏电保护器做触电保护，干线上装中灵敏或低灵敏延时型作为规定漏电火灾保护，两种办法同时采用相互配合，可以获得理想的保护效果，这时要注意前后两级动作选择性协调。

（4）按照保护对象选用触/漏电断路器。

人身触电事故绝大部分发生在用电设备上，用电设备是触电保护的重点，然而并不是所有的用电设备都必须装漏电保护器，应有选择地对那些危险较大的设备使用漏电保护器保护。如：携带式用电设备，各种电动工具等；潮湿多水或充满蒸汽环境内的用电设备；住宅或公建中的插座回路；游泳池水泵，水中照明线路；洗衣机、空调机、冰箱、电动炊具等；娱乐场所的电气设备等。

用户在选用触/漏电断路器时，必须选用符合 GB6829-95 标准，并经中国电工产品认证委员会认证合格的产品。

所选产品的技术性能指标应适合家庭生活用电的需要。

适合于家庭生活用电的单相触/漏电断路器，其技术性能指标值如表 10-1 所示。

表 10-1　单相触/漏电断路器技术性能指标值

额定电压（V）	频率（Hz）	额定电流 I_e（A）	过电流脱扣器额定电流（A）	极数	额定漏电动作电流（mA）	额定漏电动作时间（s）
220	50	6～63	（0.85～0.9）I_e	2	≤30	≤0.1

3. 触/漏电断路器按不同方式分类来满足使用的选型

根据用户的性质和使用的场所参照以下的动作型进行漏电断路器的选型。

（1）按动作方式可分为电压动作型和电流动作型；

（2）按动作机构分，有开关式和继电器式；

（3）按极数和线数分，有单极二线、二极、二极三线、三极、四极四线，等等。

（4）按动作灵敏度分类：①按动作灵敏度可分为：高灵敏度：漏电动作电流在 30mA 以下；中灵敏度：30～1000mA；低灵敏度：1000mA 以上；

（5）按动作时间分类：快速型：漏电动作时间小于 0.1s；延时型：动作时间大于 0.1s，在 0.1～2s 之间；反时限型：随漏电电流的增加，漏电动作时间减小。当额定漏电动作电流时，动作时间为 0.2～1s；1.4 倍动作电流时为 0.1，0.5s；4.4 倍动作电流时为小于 0.05s。

4. 触/漏电断路器按动作性能参数的选择

1）防止人身触电事故

防止直接接触电击时，应选用额定动作电流为 30mA 及其以下的高灵敏度、 快速型漏电保护装置。在浴室、游泳池、隧道等场所，触/漏电保护装置的额定动作电流不宜超过 10mA 。在触电后，可能导致二次事故的场合，应选用额定动作电流为 6mA 的快速型漏电保护装置。

2）防止火灾

根据被保护场所的易燃程度，可选用 200mA 到数安的触/漏电保护装置。

（1）防止电气设备烧毁。通常选用 100mA 到数安的触/漏电保护装置。

（2）其他性能的选择。对于连接户外架空线路的电气设备，应选用冲击电压不动作型漏电保护装置。对于不允许停转的电动机，应选用漏电报警方式，而不是漏电切断方式的漏电保护装置。对于照明线路，宜采用分级保护的方式。支线上用高灵敏度的，干线上选用中灵敏度的漏电保护装置。漏电保护装置的额定电压、额定电流、分断能力等性能指标应与线路条件相适应。漏电保护装置的类型应与供电线、供电方式、系统接地类型和用电设备特征相适应。

5. 按触/漏电断路器各级漏电保护器动作性能参数的选择

（1）末级保护触/漏电保护器的选择：末级保护以保护人身直接触电为主要目的，安装在家庭、移动式电力设备、临时用电设备上，这就要求选择高灵敏度快速型漏电保护器，按规定，漏电保护器额定漏电动作电流小于或等于 30mA，额定分断时间应小于 0.2s。当漏电电流达 250mA 或超过额定漏电电流 5 倍时，分断时间应小于 0.04s。额定工作电流应大于或等于电网最大负荷电流。

（2）分支保护触/漏电保护器的选择：分支保护的目的是防止分支线路包括进户线发生断线、接地等故障造成设备烧毁，电气火灾，人身间接触电。从这个目的出发，漏电保护器动作电流应尽可能小，动作时间应尽可能快。但分支保护范围比末端保护范围大得多，分支网络的漏电电流相应增大。在选择漏电保护器时，漏电保护器的额定漏电动作电流应大于电网正常漏电电流的 2 倍以上。电网的漏电电流随时间天气不同而变化，这里所指的漏电电流是在最恶劣的气候条件下测试的电网的最大漏电电流值。

触/漏电保护器的动作电流值应满足以下两个条件：

$$I_{\Delta n} \geq 2I_0; \quad I_{\Delta n} \geq 2I_{\Delta 下}$$

式中　$I_{\Delta n}$——触/漏电保护器额定漏电动作电流；

　　　　I_0——电网漏电电流；

　　　　$I_{\Delta 下}$——末级保护的漏电保护器额定触/漏电动作电流。

选择同时满足以上两个条件的最大额定漏电动作电流值，作为分支保护额定漏电电流动作值。

动作时间：选择延时型保护器要有 0.2s 的延时时间，选择反时限特性保护器时，额定分断时间小于等于 0.2s。

工作电流：大于等于电网最大负荷电流。

（3）总保护触/漏电保护器的选择：总保护的目的与分支保护相似，在选择漏电保护器时，应满足以下条件：

$$I_{\Delta n 总} \geq 2I_0; \quad I_{\Delta n 总} \geq 2I_{\Delta n 下}$$

式中　$I_{\Delta n\text{总}}$——总保护额定触/漏电动作电流；

　　　$I_{\Delta n\text{下}}$——下一级保护的触/漏电保护器额定漏电动作电流；

　　　I_0——电网漏电电流。

动作时间：总保护动作时间应大于下级保护动作时间。根据《漏电保护器农村安装运行规程》规定，上下两级的保护器要有 0.2s 的延时时间。

工作电流：保护器的额定电流大于电网最大负荷电流。

6. 家用触/漏电保护断路器的选用

当人体与大地互不绝缘时，人在地上触及相线触电称为单相触电。在低压电网中，当人身发生单相触电或家用电器设备对地漏电时，能够在规定时间内自动完成切断电源的装置，称为触/漏电保护器或触/漏电自动开关。家庭生活用电一般为单相，在家庭生活用电中，装设单相漏电保护器是防止人身单相触电和保护家用电器设备安全运行最重要的技术措施之一。如何选用家庭生活用电单相触/漏电保护器呢？主要应从以下几方面来考虑。

（1）必须选用符合国家技术标准的产品。

目前市场上的单相触/漏电保护器都属电流型的。用户在选购家用单相触/漏电保护器时，必须选用符合 BG6829-86 且经过安全认证的产品。

（2）所选产品的技术性能指标应适合家庭生活用电的需要。

单相触/漏电保护器产品的技术性能指标，对用户选用来说，主要应有如下几项：

① 额定电压、频率。

触/漏电保护断路器的额定电压有交流 220V 和交流 380V 两种，家庭生活用电为单相，故应选用额定电压为交流 220V/50Hz 的产品。

② 额定电流、过电流脱扣器额定电流。

触/漏电保护断路器的额定电流主要有 6、10、16、20、40、63、100、160、200、250、400A 等多种规格。对带过电流保护的触/漏电保护断路器，同一等级额定电流下会有几种过电流脱扣器额定电流值。如 DZL18-20/2 型触/漏电保护器，它具有触/漏电保护与过流保护功能，其额定电流为 20A，但其过电流脱扣器额定电流有 10A、16A、20A 种，即同是 DZL18-20/2 型号的产品，会有三种不同的规格，选用时要予以注意。在交流 220V 的工作电压下，用户可按 1kW 负载约有 4.5~5A 的电流来粗略估算漏电保护器的额定电流。如某一家庭用电设备功率总和约为 4kW，则应选用额定电流为 20A 的单相漏电保护器。过电流脱扣器额定电流的选择，应尽量接近家庭生活用电的实际电流。在上例中，该家庭用电设备功率总和虽为 4kW，但一般家庭所有用电设备同时全部开启工作的机会是极少的，并且对单件的用电设备来说，工作时也不一定是满负荷的，故上例中该家庭如选用带过流保护的单相漏电保护器，其脱扣器额定电流应选定为 16A 的较为合适。一般情况下，可以把 0.85~0.9 倍的额定电流值确定为过电流脱扣器额定电流值。

③ 极数。

漏电保护器有 2 极、3 极、4 极三种，家庭生活用电应选 2 极的漏电保护器。

④ 额定触/漏电动作电流。

额定触/漏电动作电流是指，在制造厂规定的条件下，保证漏电保护器必须动作的漏电电流值。漏电保护器的额定漏电动作电流主要有 5mA、10mA、20mA、30mA、50mA、75mA、100mA、300mA、500mA、1000mA、3000mA 等几种。其中小于或等于 30mA 的属高灵敏度；

大于 30mA 而小于或等于 100mA 的属中灵敏度：大于 1000mA 的属低灵敏度。家庭生活用电所选配漏电保护器，最主要的目的是为了防止人身触电，故应选用额定漏电动作电流小于或等于 30mA 的高灵敏度产品。事实上，如果能够作为人身保护的漏电保护器，当然地就能够成为漏电火灾和设备漏电损坏的保护。

⑤ 额定触/漏电动作时间。

额定触/漏电动作时间是指，在制造厂规定的条件下，对应于额定漏电动作电流的最大漏电分断时间。单相漏电保护器的额定漏电动作时间，主要有小于或等于 0.1s、小于 0.15s、小于 0.2s 等几种。小于或等于 0.1s 的为快速型漏电保护器，用以防止人身触电为最主要目的的家庭用单相触/漏电保护器，应选用小于或等于 0.1s 的快速型产品。

综合以上五个方面，适合于家庭生活用电的单相漏电保护器，其技术性能指标值如表 10-1 所示。

（3）应考虑选用单相触/漏电保护器的各种保护功能。

目前市场上适合家庭生活用电的单相触/漏电保护器，从保护功能来说，大致有触/漏电保护专用、触/漏电保护和过电流保护兼用及漏电、过电流、短路保护兼用三种产品，漏电保护专用产品不带过电流脱扣机构，一般多为额定电流小的产品。

（4）几种适合于家庭生活用电的单相触/漏电保护器。

下面给用户推荐几种适合于家庭生活用电的单相触/漏电保护断路器，如表 10-2 所示。

表 10-2　家庭生活用电的单相触/漏电保护断路器

产品型号规格	额定电流（A）	极　　数	额定漏电动作电流（mA）	额定漏电动作时间（S）	过电流脱扣器额定电流（A）	保护功能
DZL18-20/1	20	2	≤30	<0.1		漏电
DZL18-20/2	20	2	≤30	<0.1	10，16，20	漏电过流
DBL.7	20	2	≤30	<0.1		漏电
GLBK-10	10	2	30	<0.1		漏电
DZL18-20	10～20	2	10，15，30	≤0.1	10，16，20	漏电过流
DZ15L 40	6～40	2	30	≤0.1	6，10，16，20，25，32，40	漏电过流
DZL25 63	63	2	30	≤0.1	6，10，16，20，25，32，40，50，63	漏电过流

10.4　触/漏电断路器的安装与接线

触/漏电保护断路器的安装质量要求和一般低压电器并无显著的差别，但也有其特殊性，如果不注意，也会影响其性能的稳定，甚至造成漏电保护断路器的误动、拒动。

1. 触/漏电断路器的安装使用要求

目前，大部分选用四级漏电断路器作为漏电总保护。根据掌握的情况看，漏电断路器安装使用的要求是：

（1）触/漏电保护断路器的安装位置。

触/漏电保护断路器的安装位置应该对地垂直。按产品说明书的要求，各方向误差不能超过 5°。具有过电流保护及短路保护的电磁式触/漏电保护断路器，安装角度误差超过规定会影响产品铁芯的重力方向，便电流数据产生变化，其油阻尼脱扣器的保护特性也会变动。

一般从使用的角度，漏电保护器安装位置前后倾斜增大到 10°尚不会影响漏电保护器的性能。自然这是从使用的角度作性能试验的结果，从安装质量上还是不应该超过说明书的要求。

将触/漏电保护断路器安装在水平面上是不允许的。

（2）触/漏电保护断路器的零序电流互感器的安装。

① 穿过零序电流互感器的几根导线要并拢绞合绑紧，并与铁芯位置对称，在两端保持适当距离后分开，以防止短路时电动力过大而损坏设备，防止在正常工作条件下因导线对铁芯的不对称产生不平衡磁通引起的误动作。

② 电源线三根进线导线如果不在一起沿同一路径引来，如一根从漏电保护器零序电流互感器左侧，两根从它的右侧引来，如图 10-1 所示，于是两侧导线与零序互感器的二次线圈磁通交链引起不平衡，使二次侧有感应信号输出，在负荷电流很大时，就可能造成漏电保护器误动作。

③ 电缆或穿钢管配线经过零序电流互感器时必须在电源端，即未穿入零序电流互感器之前，进行接地，还需要在负荷端进行接地，错误接地如图 10-2 所示，否则如果在负荷端发生事故，漏电电流从电缆金属外皮或穿线钢管回流，经过零序电流互感器然后入地，则此回流起到抵消作用，从而使零序电流互感器拒动。所以特别在负荷端将电缆金属外皮或穿线钢管进行接地，以避免上述情况发生。

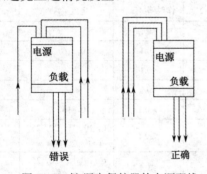

图 10-1　触/漏电保护器的电源配线

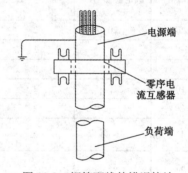

图 10-2　钢管配线的错误接地

（3）安装使用的环境及条件要求。

触/漏电保护器安装场所的周围空气温度，最高为+40℃，最低为-5℃，海拔不超过 2000m，对于高海拔及寒冷地区装设的漏电保护器可与制造厂家协商定制。漏电保护器的安装位置，应避开强电流电线和电磁器件，避免磁场干扰 。触/漏电断路器安装场所附近的外磁场在任何方向不超过地磁场的 5 倍。

触/漏电断路器安装会遇到以下问题：

① 若选用的触/漏电断路器，并非是按照我国北方气候条件与制造厂家协商定制的。我国北方冬季气候寒冷，气温低且持续时间长。低温，可使触/漏电断路器的制造材料收缩，变硬变脆，使机械性能和电性能变坏，特别是电子元件可能失去原有功能，导致误动或拒动。

② 有部分低压线路与 60kV 或 10kV 线路交叉穿过；有大部分的触/漏电断路器是与计费

电能表（还有一部分与补偿电容器）安装在同一箱内。根据电工原理右手螺旋定则可知：载流导体的四周伴有与电流成正比的交变磁场，而且越靠近载流导体磁场强度越强，因此位于强载流导体附近触/漏电断路器中的零序电流互感器就会形成磁分路，从而打破了原有的磁平衡状态；电磁器件（如变压器）是用高导磁材料制成的器件，或者根本就是带有极性磁场的器件，所以靠近该器件的触/漏电断路器中的零序电流互感器，同样会丧失磁平衡状态，导致漏电断路器的误动作。

③ "两线一地制"供电，由于利用大地作为一相导体，所以三相导体的几何位置极不对称，因此就产生了较大的不平衡电磁场，从而对触/漏电断路器中的零序电流互感器产生电磁感应和静电感应，导致触/漏电断路器的误动作。

针对以上存在的问题，应采取的措施：

a. 与制造厂家联系协商，定制能够在-20℃及以下气温条件下正常工作的触/漏电断路器；

b. 与制造厂家联系协商，定制具有抗磁场干扰功能的触/漏电断路器（加装屏蔽装置）；

c. 现场施工人员可在安装触/漏电断路器之前，用磁针判断拟定的安装位置所受外磁场干扰的程度，以便调整。

（4）额定触/漏电动作电流及分断时间选配合理。

① 额定触/漏电动作电流选配要合理。

触/漏电总保护在躲过电力网正常漏电情况下触/漏电动作电流应尽量选小，以兼顾人身和设备的安全。触/漏电总保护的额定动作电流宜为可调挡次值，其最大值可参照表 10-3 确定。安装触/漏电总保护的低压电力网，其触/漏电电流不应大于保护器额定触/漏电动作电流的50%，达不到要求时应进行整修。

表 10-3　触/漏电总保护额定漏电动作电流（mA）

电网漏电情况	非阴雨季节	阴雨季节
漏电较小的电网	75	200
漏电较大的电网	100	300

根据以上规定可知，既要躲过电力网的正常漏电电流，还要保证这一电流不大于总保护器额定漏电动作电流的 50%，是选择触/漏电总保护器额定触/漏电动作电流的关键。电力网的正常触/漏电电流，系指非故障情况下各相对地以及其他因素形成的泄漏电流，它是由容性泄漏电流和阻性泄漏电流所组成。

a. 容性泄漏电流。电力网在正常情况下，相线与大地之间以空气作为绝缘介质，形成了分布电容，该分布电容在交流电的作用下，就产生对地电容电流。对于低压电力网而言，电压低、网络短，各相对地的分布电容相差不大，故容性泄漏电流可忽略不计。但是，对于采用"两线一地制"供电所产生的不利影响，则必须认真对待。因为"两线一地制"供电，不但会产生较大的不平衡电磁场，而且非接地相（指架空的两相）对地还形成了一个电容电流，这一对地的电容电流 I_C 沿线路在"地"中流动，并随着线路长度的增加而加大。由于"两线一地制"的工作接地与穿过漏电断路器中零序电流互感器的中性线（零线），使用同一个接地装置，所以这一容性电流，可使漏电断路器中的零序电流互感器感应出容性泄漏电流，从而导致漏电断路器误动作。

b. 阻性泄漏电流，是指带有一定电压的相线通过对地的绝缘介质（比如绝缘子、聚乙烯绝缘层等）表面向大地泄漏的电流。就低压电力网而言，相对地的绝缘电阻，由于受气候条件和空气中导电尘埃的影响，阻值波动较大，且三相相差悬殊，特别是单、三相混合供电的 TT 系统及 TN-C 系统，尤为显著。可见，由容性泄漏电流和阻性泄漏电流形成的电力网正常漏电电流，是一个受多种因素影响、不断变化的量。而部分工作人员，在选择额定漏电动作电流时，却忽视了这一正常漏电电流的存在，故导致触/漏电断路器频繁的误动作。针对这一问题，应采取以下措施：

● 根据上述规程的规定和《使用说明书》提供的资料，应选择具有"动作电流三挡可调"功能的漏电断路器。因其额定漏电动作电流分为三挡可调且范围较大，所以能够满足漏电动作电流的选择及条件；

● 工作人员应在安装触/漏电总保护的低压电力网送电之前，使用 1000V 兆欧表，分别测量各相及中性线对地的绝缘电阻，其绝缘阻值应达到要求并基本平衡，若相差悬殊，则应查找原因并进行处理；

● 工作人员应在安装漏电总保护的低压电力网送电之后（不带负载），使用毫安表测量电力网的正常漏电电流；

● 根据现场所测的正常漏电电流 I_{ZO}，按照 $I_{ZO} \leqslant 0.5 I_{\Sigma D}$（$I_{\Sigma D}$ 为触/漏电总保护的额定漏电动作电流）这一规定，选取漏电断路器的额定漏电动作电流。

② 分断时间选配要合理。

在合理选配触/漏电总保护额定漏电动作电流的同时，还应根据以确定的保护方式合理选配分断时间。低压电力网实施分级保护时，上级保护应选用延时型保护器，其分断时间应比下一级保护器的动作时间增加 0.2s。这就说，根据保护的方式、随着保护范围的扩大，漏电保护动作的时间应按照 0.2s 这个阶梯增加，而不应该选择统一的、一个动作时间的漏电断路器。这样做可得到以下好处：

a. 能将事故设备就近从电网中摘除，免得株连其他正常设备的用电；

b. 防止越级跳闸，扩大事故面；

c. 还可作为下一级漏电保护的后备保护。

（5）装设触/漏电保护方式要完善。

采用 TT 系统的低压电力网，应装设触/漏电总保护和触/漏电末级保护，对于供电范围较大或有重要用户的低压电力网可酌情增设触/漏电中级保护。触/漏电中级保护可根据网络分布情况装设在分支配电箱的电源上。触/漏电末级保护可装在接户或动力配电箱内，也可装在用户室内的进户线上。

目前，部分地区采用的保护方式为：装设有触/漏电总保护和触/漏电末级保护（保护的范围仅限于居民照明的单相供电网络），未装设漏电中级保护。这种不完善的保护方式，对于单、三相混合供电的低压电力网来说，存在着以下死角和弊端：

① 如前所述，触/漏电总保护的额定漏电动作电流是按照躲过正常触/漏电电流这一原则确定的，故额定漏电动作电流较大。由于部分用电设备未装设漏电末级保护，所以当发生人身触电事故时，触/漏电总保护极有可能拒动。

② 当未装设漏电末级保护的任一用电设备发生接地故障时，触/漏电总保护都会无选择的动作，这无疑扩大了事故停电的范围，同时也不利于事故点的查找。

针对目前存在的这个问题，应采取的措施就是：按照规程的规定完善漏电末级保护，增设漏电中级保护（视网络实际情况而定），不留死角、消除弊端。

（6）触/漏电断路器安装不正确导致误动、拒动或不动作的其他原因。

① 触/漏电断路器在安装使用过程中若遭受剧烈碰撞或震动，会造成整体结构松动、操作机构失灵，导致误动作。

② 触/漏电断路器负载侧的中性线（零线）重复接地，会使正常工作电流经接地点分流入地，导致漏电断路器误动作；另外，在某些条件下，如果用电设备发生漏电故障，漏电电流的一部分经接地点分流，其综合结果使漏电电流的差值变小，如果此值小于漏电断路器的额定漏电动作电流，则会导致漏电断路器拒动。

③ 将三级漏电断路器，误用于三相四线供电网络中，由于中性线（零线）中的正常工作电流不流经零序电流互感器，所以当启动单相负载时，漏电断路器就会动作。

④ 当人体同时触及负载侧的两条线时，人体实际上成为了电源的负载，因此漏电断路器不会提供安全保护。

⑤ 当人体同时触及负载侧带电的某一相线或中性线、断线的两端时，人体实际上成为一个串接在该回路中的电阻，因此漏电断路器不会提供安全保护。针对上述诸多其他原因，应采取的措施有：

a. 安装前认真检查触/漏电断路器的电压、电流和规格是否与被保护线路（或设备）一致，其额定漏电动作电流是否满足要求；

b. 按照规程规定和《使用说明书》的要求，进行安装接线；

c. 学习掌握、宣传普及、正确安装使用触/漏电断路器的知识和相关规定；

d. 通过宣传让广大用户知道，即使安装使用了触/漏电断路器，由于它对特定的触电方式不会提供安全保护，所以不能认为万无一失，并产生麻痹大意的思想。

（7）安装后的现场检测。

安装后的现场检测，是触/漏电断路器作为漏电保护投运前一项必不可少的重要环节。保护器安装后应进行如下检测：带负荷分、合开关 3 次，不得误动作；用试验按钮试验 3 次，应正确动作；各相用试验电阻接地试验 3 次，应正确动作。进行安装后的现场检测，其主要目的：

a. 考核该触/漏电断路器抗冲击电流的能力是否满足使用的条件及要求；

b. 用试验按钮模拟人体触电情况，检测该触/漏电断路器动作的可靠性；

c. 在现场各项实地参数的基础上，通过使用试验电阻接地，检测该触/漏电断路器动作的可靠性。

由此可见，只有完成以上的检测项目并全部合格后，投运的触/漏电断路器方能够安全可靠的运行。

触/漏电保护是一项利国利民、保证用电设备及人身及安全的重要技术措施，正确的安装使用触/漏电保护器固然重要，处理解决目前存在的问题、不留死角消除隐患的工作也同样重要，并应引起我们的高度重视。否则，电力企业可能要承担事故的主要责任、部分责任或连带责任。

2. 电子式触/漏电断路器的安装运行分析

电子式触/漏电断路器动作灵敏度高，性能稳定，但安装运行必须正确接线，以免发生误动、拒动现象，造成漏电保护功能失效，或配电系统无法正常运行。

随着我国城乡电网改造工程的启动，装设电子式漏电断路器（RCD）的低压配电系统越来越多，如何使安装后的电子式触/漏电断路器起到触/漏电保护作用，不发生拒动或误动现象，保证低压配电系统的安全可靠运行是一个十分值得注意和重视的问题。

（1）电子式触/漏电断路器功能特点。

电子式触/漏电断路器主要由断路器、零序电流互感器、电子放大和触发组件、漏电脱扣器等部分组成，具有动作灵敏度高、性能稳定，而且断路器具有过载、短路保护功能。其主要技术指标有额定电压 U_n，额定电流 I_n，额定漏电动作电流 $I_{\Delta n}$（额定剩余动作电流），额定极限短路分断能力 I_{cu} 等。

（2）在 TN 系统安装电子式触/漏电断路器的方式。

电力系统有一点直接接地，电气装置的外露可导电部分通过保护线与该接地点相连接。根据中性线与保护线的连接方式，TN 系统可分为 TN-S 系统，TN-C 系统和 TN-C-S 系统。

① TN-S 系统安装电子式触/漏电断路器（以三极四线或四极为例）：在 TN-S 系统中整个系统的中性线与保护线是分开的，按图 10-3 所示。将电子式触/漏电断路器接入，正常运行时，$\dot{I}_A + \dot{I}_B + \dot{I}_C + \dot{I}_N = 0$；触/漏电时，$\dot{I}_A + \dot{I}_B + \dot{I}_C + \dot{I}_N \neq 0$。通过电子式触/漏电断路器中零序电流互感器电流的矢量和不为零，当触/漏电电流达到一定值时，电子式触/漏电断路器动作，切断电源。但如不将中性线 N 接入电力系统，如图 10-4 所示，即使 $\dot{I}_A + \dot{I}_B + \dot{I}_C \neq 0$ 发生触/漏电现象并达到触/漏电动作电流，电子式触/漏电断路器也将发生拒动现象，无法起到触/漏电保护作用。

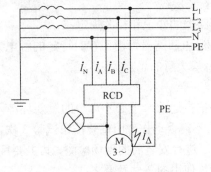

图 10-3　TN-S 系统正确接线

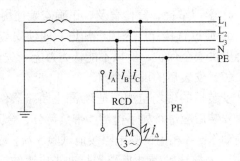

图 10-4　TN-S 系统错误接线

② TN-C 系统安装电子式触/漏电断路器（以三极四线或四极为例）：在 TN-C 系统中整个系统的中性线与保护线是合一的。按图 10-5 所示，将电子式触/漏电断路器接入，如果发生漏电现象能够起到保护作用。如将电气设备的保护线 PE，接到电子式触/漏电断路器负载端的中性线 N 上，如图 10-6 所示，如果发生漏电，漏电电流通过 PE 线流回电子式漏电断路器使 $\dot{I}_A + \dot{I}_B + \dot{I}_C + \dot{I}_N + \dot{I}_\Delta = 0$，电子式触/漏电断路器拒动，失去漏电保护作用。

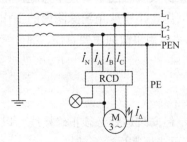

图 10-5　TN-C 系统正确接线

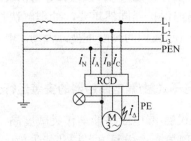

图 10-6　TN-C 系统错误接线

③ TN-C-S 系统中有一部分线路的中性线与保护线是合一的，电子式触/漏电断路器的接线和图 10-3 相同，能够起到漏电保护作用。

（3）在 TT 系统安装电子式触/漏电断路器的方式。

以三极四线或四线为例。电力系统有一点直接接地，电气设备的外露导电部分通过保护接地线接至与电力系统接地点无关的接地极，如图 10-7 所示，当发生漏电时能够起到保护作用。

3. 中性线 N 误接

无论是 TN 系统还是 TT 系统，如将电子式触/漏电断路器负载端中性线 N 重复接地，如图 10-8 所示，当负载不平衡时，中性线上的电流通过接地线流入大地造成 $\dot{I}_A + \dot{I}_B + \dot{I}_C + \dot{I}_N = \dot{I}_D \neq 0$，引起电子式触/漏电断路器误动，无法正常工作。如一台电子式漏电断路器保护多台电气设备而后面设备的中性线 N 重复接地，如图 10-9 所示，当发生漏电时，一部分漏电电流通过大地流回电源，使 $\dot{I}_A + \dot{I}_B + \dot{I}_C + \dot{I}_N < \dot{I}_{\Delta n}$，电子式触/漏电断路器拒动，失去漏电保护作用。

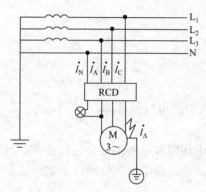

图 10-7　TT 系统接线示意图

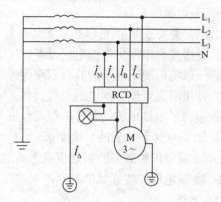

图 10-8　错误接线

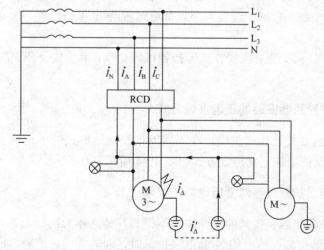

图 10-9　错误接线

综上所述，选择电子式触/漏电断路器必须认真分析电力系统的接地方式，并正确接线，防止误接，才能使电子式触/漏电断路器起到漏电保护作用，以免发生拒动或误动现象，造成不必要的损失。

4. 触/漏电保护断路器的安装场所

1）需要安装触/漏电保护装置的场所有

① 带金属外壳的 I 类设备和手持式电动工具；

② 安装在潮湿或强腐蚀等恶劣场所的电气设备；

③ 建筑施工工地的电气施工机械设备，临时性电气设备；

④ 宾馆类的客房内的插座；

⑤ 触电危险性较大的民用建筑物内的插座；

⑥ 游泳池、喷水池或浴室类场所的水中照明设备；

⑦ 安装在水中的供电线路和电气设备；

⑧ 直接接触人体的电气医疗设备（胸腔手术室除外）等。

在不允许突然停电的场所（如火灾报警装置、消防水泵、消防通道照明等 ），应装设不切断电源的漏电报警装置。

2）不需要安装触/漏电保护装置的设备或场所有

① 使用安全电压供电的电气设备；

② 一般境情况下使用的具有双重绝缘或加强绝缘的电气设备；

③ 使用隔离变压器供电的电气设备；

④ 采用了不接地的局部等电位联结安全措施场所中的电气设备等。

3）触/漏电保护装置的安装要求

① 触/漏电保护装置的额定值应能满足被保护供电线路和设备的安全运行要求；

② 触/漏电保护装置只能起附加保护作用，因此，安装漏电保护装置后不能破坏原有安全措施的有效性；

③ 触/漏电保护装置的电源侧和负载侧不得接反；

④ 所有的工作相线（包括中性线）必须都通过触/漏电保护装置，所有的保护线不得通过触/漏电保护装置；

⑤ 触/漏电保护装置安装后应操作试验按钮试验 3 次，带负载分合 3 次，确认动作正常后，才能投入使用。

5. 触/漏电保护断路器安装的正确接线方式

触/漏电保护器的安装接线应正确，在不同的系统接地形式的单相、三相三线、三相四线供电系统中触/漏电保护器的正确接线方式如表 10-4 所示。

6. 安装触/漏电保护断路器对低压电网的要求

① 触/漏电保护断路器负载侧的中性线，不得与其他回路共用。

② 当电气设备装有高灵敏度的触/漏电保护器时，则电气设备单独接地装置的接地电阻最大可放宽到 500Ω，但预期接触电压必须限制在允许的范围内。

③ 触/漏电保护断路器保护的线路及电气设备，其泄漏电流必须控制在允许范围内，同时应满足漏电保护器安装和运行 GB13955-92 标准第 5.3.2 的规定。当其泄漏电流大于允许值时，必须更换绝缘良好的供电线路。

④ 触/漏电保护断路器的电动机及其他电气设备在正常运行时的绝缘电阻值不应小于
0.5MΩ。

表 10-4　触/漏电保护断路器接线方式

极别　　接线图　接地形式		单相（单极或双极）	三　　相	
			三线（三极）	四线（三极或四极）
TT				
TN	TN-C			
TN	TN-S			
TN	TN-C-S			

注：①L₁、L₂、L₃ 为相线；N 为中性线；PE 为保护线；PEN 为中性线和保护线合一；为单相或三相电气设备；为单相照明设备；RCD 为漏电保护器；为不与系统中性接地点相连的单独接地装置，作保护接地用。

②单相负载或三相负载在不同的接地保护系统中的接线方式图中，左侧设备未装有漏电保护器，中间和右侧为装用漏电保护器的接线图。

③在 TN 系统中使用漏电保护器的电气设备，其外露可导电部分的保护线可接在 PEN 线上，也可以接在单独接地装置上而形成局部 TN 系统，如 TN 系统接线方式图中的右侧设备的接线。

7. 安装触/漏电保护断路器的施工要求

① 触/漏电保护断路器分别标出负载侧和电源侧时，应按规定安装接线，不得反接。

② 对带短路保护的触/漏电保护器，在分断短路电流时，位于电源侧的排气孔往往有电弧喷出，故应在安装时保证电弧喷出方向有足够的飞弧距离。

③ 触/漏电保护断路器的安装应尽量远离其他铁磁体和电流很大的载流导体。

④ 对施工现场开关箱里使用的触/漏电保护器须采用防溅型。

⑤ 触/漏电保护断路器后面的工作零线不能重复接地。

⑥ 采用分级触/漏电保护系统和分支线漏电保护的线路，每一分支线路必须有自己的工作零线；上下级漏电保护器的额定漏电动作电流与漏电时间均应做到相互配合，额定漏电动作电流级差通常为 1.2～2.5 倍，时间级差 0.1～0.2s。

⑦ 工作零线不能就近接线，单相负荷不能在触/漏电保护器两端跨接。

⑧ 照明以及其他单相用电负荷要均匀分布到三相电源线上，偏差大时要及时调整，力求使各相漏电电流大致相等。

⑨ 触/漏电保护断路器安装后应进行试验，试验有：用试验按钮试验 3 次，均应正确动作；带负荷分合交流接触器或开关 3 次，不应误动作；每相分别用 7kΩ 试验电阻接地试跳，应可靠动作。

8. 触/漏电保护断路器要求低压系统接地的形式

1）TN 系统

电力系统有一点直接接地，电气装置的外露可导电部分通过保护线与该接地点相连接。TN系统可分为以下几类：

① TN-S 系统：整个系统的中性线与保护线是分开的，如图 10-10 所示；

② TN-C 系统：整个系统的中性线与保护线是合一的，如图 10-11 所示；

③ TN-C-S 系统：系统中有一部分线路的中性线与保护线是合一的，如图 10-12 所示。

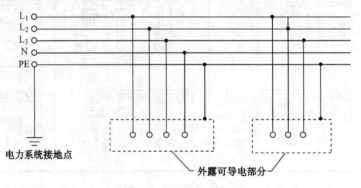

图 10-10　TN-S 系统

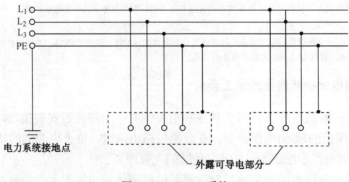

图 10-11　TN-C 系统

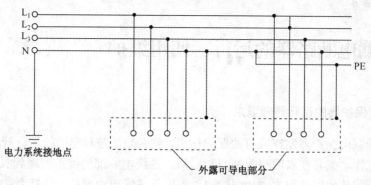

图 10-12　TN-C-S 系统

2）TT 系统

电力系统有一点直接接地，电气设备的外露可导电部分通过保护接地线至与电力系统接地点无关的接地极，如图 10-13 所示。

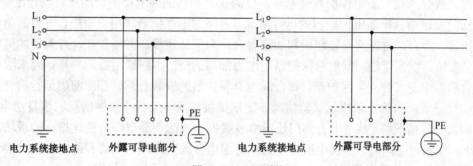

图 10-13　TT 系统

3）IT 系统

电力系统与大地间不直接连接，电气装置的外露可导电部分通过保护接地线与接地级连接，如图 10-14 所示。

4）接地保护系统形式的文字代号意义

第一个字母表示电力系统的对地关系：

T—直接接地；

I—所有带电部分与地绝缘，或一点经阻抗接地。

第二个字母表示装置的外露可导电部分对地关系：

T—外露可导电部分对地直接作电气连接，此接地点与电力系统的接地点无直接关联；

N—外露可导电部分通过保护线与电力系统的接地点直接作电气连接。

如果后面还有字母时，这些字母表示中性线与保护线的组合：

S—中性线和保护线是分开的；

C—中性线和保护线是合一的。

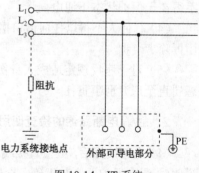

图 10-14　IT 系统

10.5 触/漏电断路器的运行、使用维护

1. 触/漏电保护器的运行管理要求

要使安装的漏电保护器发挥应有的保护作用，就必须加强对电网的运行管理，各级电力部门应重视这项工作。尤其在农网整改期间和以后，各级电业部门维护管理到农户的家用电表，有关的安全问题促使他们必须大力加强管理。省以下各级电力部门，包括乡（镇）供电所，都应配备专（兼）职人员对电网安全和漏电保护器进行管理。使用单位在选用某一产品时，应对产品的功能和性能指标进行使用前的测试，只有经过功能性能测试合格的产品方可允许安装到现场。各级电力部门应配备必要的测试设备和合格的专职人员，以保证这一措施的实施。同时应单独设立或分片设立漏电保护器维修点，以确保对损坏的漏电保护器能及时进行维修。县、乡电力部门应定期抽检漏电保护器的运行情况。末级漏电保护器属用户资产，电力部门有责任宣传、指导、检查，监督其安装使用和加速普及，为保证质量，方便管理，有条件的可统一采购、统一安装，以户建档。漏电总保护器是电力部门的资产，应选用投运率高，同末级保护能合理配合的漏电总（分支）保护器。每台漏电总保护器的安装投运，都应明确运行责任人，配备试跳运行记录，正确记录投运试验情况、定期试跳情况、运行中跳闸情况、恢复送电时间、故障原因及异常情况等。县级电力部门还应给乡级供电所配备漏电保护性能指标的现场测试仪器，组织对农村电工培训。乡供电所每年组织对配电台区实际漏电电流和漏电总保护器性能进行一次现场测试，做好记录、评价，以确保漏电总保护器处于完好状态。

对漏电保护器的安装、运行，各县级电力部门应对所辖乡级供电所和用户做出如下规定：

（1）要求各用电农户和单位按规定装设漏电保护器，否则不予供电。

（2）凡新安装的漏电保护器必须符合国家标准，有国家认证标志，其技术参数能与被保护设备配套。不得购置安装不合格的产品。

（3）漏电保护器动作跳闸重合不成功，必须查明原因消除故障后方可送电，不准强行送电，不得在无保护状态下通电。

（4）任何人不得以任何借口擅自将漏电保护器拆除或退出运行，否则不予供电，一切后果由拆除者负责。

（5）对于违反规定造成人身伤亡、设备损坏事故者，视其情节轻重，分别给予批评教育、惩罚直至追究刑事责任。

2. 触/漏电断路器的检查使用

（1）电路接好后，应检查接线是否正确。可通过试验按钮加以检查。如断路器能正确分断，说明触/漏电保护器安装正确，否则应检查线路，排除故障。在漏电保护器投入运行后，每经过一段时间，用户应通过试验按钮检查断路器是否正常运行。

（2）断路保护器的触/漏电、过载、短路保护特性是由制造厂设定的，不可随意调整，以免影响性能。

（3）试验按钮的作用在于断路器在新安装或运行一定时期后，在合闸通电的状态下对其运

行状态进行检查。按动试验按钮，断路器能分断，说明运行正常，可继续使用；如断路器不能分断，说明断路器或线路有故障，需进行检修。

（4）断路器因被保护的电路发生故障（触/漏电、过载或短路）而分断，则操作手柄处于脱扣位置（中位置）。查明原因排除故障后，应先将操作手柄向下扳（即置于"分"位置），使操作机构"再扣"后，才能进行合闸操作（请注意断路器操作手柄三个位置的不同含义）。

（5）断路器因线路的短路断开后，需检查触点，若主触点烧损严重或有凹坑时，需进行维修。

（6）四极触/漏电断路器必须接入零线，以使电子线路正常工作。

（7）触/漏电断路器的负载接线必须经过断路器的负载端，不允许负载的任意一根相线或零线不经过漏电断路器，否则将产生人为"触/漏电"而造成断路器合不上闸，造成"误动"。

此外，为了更加有效地保护线路和设备，可以将触/漏电断路器与熔断器配合使用。

3．触/漏电保护器的运行管理

（1）建立运行记录和相应的管理制度，并由专人负责管理；

（2）每月需在通电状态下，按动试验按钮检查一次，雷雨季节增加试验次数；

（3）雷击或其他不明原因使触/漏电保护器动作后，应做检查；

（4）应定期进行动作特性试验：动作和不动作电流值、分断时间；

（5）退出运行的触/漏电保护器再次使用前，应进行动作特性试验；

（6）触/漏电保护器动作后，经检查未发现事故原因时，允许试送电一次。如果再次动作，不得强行送电，或私自撤除触/漏电保护器强行送电。

（7）触/漏电保护器的维修应由专业人员进行。

10.6　触/漏电断路器的误动作及防范措施

1．触/漏电保护器拒跳原因及分析

触/漏电保护器，地方俗称"触电保安器"或"保命器"，很多人认为，只要安装了触/漏电保护器，就可以杜绝触电伤亡事故的发生。事实上，很多原因都会造成触/漏电保护器拒跳，从而起不到保护作用。

1）触/漏电保护器处在异常运行状态下，起不到保护作用

（1）触/漏电保护器内部故障或损坏。

电力部门虽然对漏电保护器的管理制定了相关的制度，例如：对农网触/漏电保护器，一般要求农村电工按周期进行检查试跳，但即使这样，仍避免不了触/漏电保护器（尤其是农网三相触/漏电保护器）内部随时出现故障的可能。如未能及时发现并排除故障，触/漏电保护器将起不到应有的保护作用。为避免农网线路上发生事故时引起不必要的法律责任，建议对农网触/漏电保护器责任到人，要勤检查，并作好运行试跳记录。

（2）触/漏电保护器人为的退出运行。

由于某种原因，触/漏电保护器误动或跳闸频繁，个别用户为了贪图方便，擅自将触/漏电

保护器退出运行，使漏电保护器起不到应有的保护作用。其退出触/漏电保护器运行的方法，除了常见的解开触/漏电保护器的进出线，将其直接接外，还有一种更隐蔽、更恶劣的做法是松开漏电保护器内部电流线圈二次侧的接线螺钉。

（3）触/漏电保护器的接线错误。

安装触/漏电保护器前，要详细了解其铭牌和使用说明书，根据不同的现场实际情况，采取不同的接线方式。安装好后，一定要进行如下检验：

① 带负荷分、合开关三次，不得误动作；

② 用试验按钮试验三次，应能正确分断；

③ 各相用试验电阻接地试验三次，应正确动作。

只有上述检验项目全部合格后，才能判定触/漏电保护器接线正确。

触/漏电保护器安装在 TN 系统中时，要特别注意严格区分中性线和保护线，三相四线式或四极式触/漏电保护器的中性线应接入漏电保护器，经过触/漏电保护器的中性线不得作为保护线，不得重复接地或接设备外露可导电部分，保护线不得接入触/漏电保护器。

2）触/漏电保护器处在正常运行状态，起不到保护作用

（1）在 TT 系统中，变压器中性点接地线断开，发生单相触电事故，触/漏电保护器不动作。

当 TT 系统中的变压器中性点接地线断开后，安装在变压器负荷侧的触/漏电总保护器，将会再现如下情形：在按试跳按钮的时候，试跳正常，但相对地短路（即单相触电事故）时触/漏电保护器拒跳。出现这种情形的原因，是因为试跳按钮仅能检测到触/漏电保护器本身是否正常，而变压器中性点的接地线断开后，短路电流无法经被保护线路、大地流回配电变压器，因而触/漏电保护器无法动作。

上述情形要特别引起农电管理人员的重视，因为很多农电管理人员一直认为：只要触/漏电保护器试跳正常，就可以起到保护作用。尤其是近几年来变压器接地线被盗剪情况相当严重，故更应加强巡查，采取延长接地棒等技术手段。在触/漏电保护器试跳正常的情况下，还要用接地电阻进行接地试验。

（2）发生相零、相相触电时触/漏电保护器不动作。

当人体接触相零（或相相）时，人体电阻相当于一个负载，尽管此时人是站立在大地上，但是通过人体的触电电流经分流后，绝大部分由相零（或相相）导线形成回路，而触电电流经大地回配电变压器的只是极少部分，该电流无法使触/漏电保护器动作。

GB6829-86《触/漏电电流动作保护器》规定："触/漏电保护器对同时接触被保护电路两线所引起的触电危险，不能进行保护"。

（3）触/漏电保护器越级跳闸，无法动作。

在实施分级保护时，如果漏电保护器只有动作电流级差，而没有动作时间级差，就容易造成越级越闸的现象。越级越闸的危害则是扩大了事故停电的范围。

（4）触/漏电保护器前的刀闸中性线保险熔丝熔断，触/漏电保护器不动作。

如果触/漏电保护器与刀闸一起安装，电源进线先入刀闸，后入保护开关，当刀闸中性线熔丝熔断后，会使触/漏电保护器"自身电路"推动工作电源，而不能动作。此时，如果相线熔丝并没有被熔断，各种电器虽然都停止了工作，但刀闸以下线路仍然带电，形成"假象"停电。当用户运用电器或检查"假象"停电时，触/漏电保护器因失电拒动而极易发生触电事故。为使触/漏电保护器能充分发挥其应有的作用，建议采用此种接线方式的用户，将刀闸中的中

性线熔丝拆除，用相同规格的导线退换。

触/漏电保护器并非"保命器"，很多原因都可以造成其拒跳，广大农电职工和用户都要有清醒的认识，防止因一时的大意，造成触电伤亡事故的发生。

2. 常见误动和拒动原因及解决办法

触/漏电保护器在人身安全、设备保护和防止电气火灾等方面起着重要的作用。但由于不能正确安装和使用，导致漏电保护器不能正常运行、发生误动或拒动。所谓误动，就是在线路没有发生漏电故障时，漏电保护器动作的现象。反之，在线路发生漏电故障时，漏电保护器应动作却不动作的现象，叫拒动。

1）发生误动较常见的有以下几种情况

（1）三极触/漏电断路器，用于三相四线电路中。由于零线中的正常工作电流不经过零序电流互感器，所以，只要一启动单相负载，断路器就会动作。解决方法：三相四线电路必须使用三相四线触/漏电断路器。

（2）触/漏电断路器的负载侧的零线接地，会使正常工作电流经接地点分流入地，造成触/漏电断路器误动作。解决方法：将零线接到触/漏电断路器电源侧的零线。

（3）触/漏电断路器的负载侧的导线较长，有的是紧贴地面敷设，存在着较大的对地电容，这样就存在着较大的对地电容电流，有可能引起断路器误动。解决方法：触/漏电保护器尽可能靠近负载安装，或者选用漏电动作稍大的断路器。

2）发生拒动最常见的原因是接线不当，主要有以下两种情况

（1）把三极触/漏电断路器用于单相电路中，或四极触/漏电断路器用于三相电路中，将设备的接地线作为一相接入漏电断路器中。

（2）如果负载侧的零线接地点分流，综合结果会使电流差值变小。如果此值小于漏电断路器的额定漏电动作值，也会导致拒动。解决办法：纠正接线错误。

另外，需要注意的是，当人体同时触及负载侧的两条线时，由于人体实际成为负载，触/漏电断路器不能提供安全保护。

由于漏电动作电流选用太小引起误动作。在选用漏电动作电流时，应大于线路中正常泄漏电流的 2～4 倍。电子设备的正常泄漏电流较大，每个回路所带设备台数不能过多，其总泄漏电流应小于触/漏电断路器的额定不动作电流。例如台式电脑的泄漏电流为 3～4mA，则 30mA 的触/漏电断路器回路所接电脑台数不宜超过 5 台。

在三相线路中，在三极漏电模块后面的电路中连接有单相负荷必定引起误动作，此时应选用 4P 漏电模块。剩余电流断路器后面的 N 线不能重复接地，否则由于 N 线的工作电流经过接地分流而引起剩余电流断路器误动作。这种情况多发生在配电线路改造安装剩余电流断路器的场合，因为旧配电线路大多采用 N 线重复接地的方法来进行电击保护，安装剩余电流断路器后如果不把 N 线的重复接地拆除，则剩余电流断路器就不能正常合闸。

安装剩余电流断路器的电路中用电设备的接地保护 PE 线不能通过剩余电流断路器的互感器，否则当用电设备外壳发生故障漏电时，漏电电流也通过电流互感器，因而互感器就检测不到剩余电流，剩余电流断路器将拒动。这种情况下应把保护地线接到剩余电流断路器的电源侧。

电路中的雷电感应过电压和操作过电压频率很高，线路对地容抗很小，瞬时对地泄漏电流很大，往往造成剩余电流断路器误动作。为防止过电压的影响，应选用延时型（即 S 型）剩余

电流断路器，或在电路中接入过电压吸收装置等，如电涌限制器。

3）触/漏电保护装置的运行管理

（1）触/漏电保护装置的运行管理。为了确保触/漏电保护装置的正常运行，必须加强运行管理。

① 对使用中的触/漏电保护装置应定期用试验按钮试验其可靠性；

② 为检验触/漏电保护装置使用中动作特性的变化，应定期对其动作特性进行试验；

③ 运行中触/漏电保护器跳闸后，应认真检查其动作原因；排除故障后再合闸送电。

（2）触/漏电保护装置的误动和拒动分析：

① 引起误动作的原因主要有：

a. 接线错误。例如，所有的工作相线没有都通过触/漏电保护装置等；

b. 绝缘恶化。保护器后方一相或两相对地绝缘破坏或对地绝缘不对称降低，将产生不平衡的泄漏电流；

c. 冲击过电压。冲击过电压产生较大的不平衡冲击泄漏电流；

d. 不同步合闸。不同步合闸时，先于其他相合闸的一相可能产生足够大的泄漏电流；

e. 大型设备启动。大型设备的大启动电流作用下，零序电流互感器一次绕组的漏磁可能引发误动作；

f. 偏离使用条件，制造安装质量低劣，抗干扰性能差等都可能引起误动作的发生。

② 造成拒动作的原因主要有：

a. 接线错误。错将保护线也接入漏电保护装置，从而导致拒动作；

b. 动作电流选择不当。额定动作电流选择过大或整定过大，从而造成拒动作；

c. 线路绝缘阻抗降低或线路太长。由于部分电击电流经绝缘阻抗再次流经零序电流互感器返回电源，从而导致拒动作。

解决办法：纠正接线错误，漏电保护器尽可能靠近负载安装，或者选用漏电动作稍大的断路器。

另外，需要注意的是，当人体同时触及负载侧的两条线时，由于人体实际成为负载，触/漏电断路器不能提供安全保护。

10.7 触/漏电断路器的常见故障和排除方法

1. 触/漏电断路器故障检查方法

触/漏电断路器是保护人身安全的特殊电器，为了保证质量，一般不主张用户自行维修。

（1）触/漏电保护器故障速查法。

在农村日常供电中，许多村电工感到触/漏电保护器故障点难以查找，占用了大量的工作时间。在触/漏电保护器的日常管理工作中常用几种速查方法，供电工参考。

（2）直观巡查法。

直观巡查法就是巡视人员针对故障现象进行分析判断，对被保护的区域（包括触/漏电保护器和被保护的线路设备等）进行直观巡视，从而找出故障点。巡视时应着重对线路的转角、分支、交叉跨越等复杂地段和故障易发点进行检查。这种方法简便易行，适用于对明显故障点的查找。例如，导线断线落地，拉线与导线接触及错误接线等。

（3）试送投运法。

先应查找是漏电保护器自身故障，不是外部故障。具体操作方法是：先切断电源，再将漏电保护器的漏电检测互感器负荷侧引线全部拆除（单相家用漏电保护器直接将出线拆除即可），再接通电源。若保护器仍然无法投运，则为触/漏电保护器自身故障，应给予更换或修理；如能正常运行则保护器并无故障，再查找故障发生在配电盘中还是外线。具体操作方法是：先切断电源，将配电盘上各路开关全部拉开，再接通电源，若不能运行则配电盘上有故障。例如，相零线（相线、中性线）跨接在保护器的零序互感器两侧（俗称零序跨接）、或该保护器范围与其他未受保护线路回路混接等；如能正常运行则配电盘上无故障。当确认故障发生在外线上时，可采用分线查找法查找故障点。

（4）分线排除法。

当确认故障点发生在外线时，可以按照"先主干，再分支，后末端"的先后顺序，首先断开低压电网的各条分支线路，仅对主干线进行试送电，若让干线无故障，那么主干线便能正常健康运行。然后，再次将分支和末端投入运行。哪条线路投入运行时保护器发生动作，故障点就在哪条路上。当得知故障就在该线路时，便可集中精力查找故障点。

（5）数值比较法。

数值比较法就是借助仪表对线路或设备进行测量，并把所测的数值与原数值进行比较，从而查出故障点。

上述几种方法简单易行，一般故障点经过多次实践效果较好。

2. 触/漏电断路器常见故障和排除方法

触/漏电断路器常见故障和排除方法如表 10-5 所示。

表 10-5　触/漏电断路器常见故障和排除方法

故障状态			原　因	排除方法
操作反常	不能合闸		连杆机构损坏	更换
			机构弹簧断裂或疲劳性失效	更换
			锁扣没有锁位	使其锁扣
			锁扣磨损已不能锁扣	更换
		漏电脱扣器不能复位	漏电脱扣器进入尘埃、水汽等导致吸合不住	更换、返修
			牵引杆变形复位点位移	揭开密封板、重新调整复为点
			漏电脱扣灵敏度下降	更换、返修
			漏电继电器拉杆变形	更换拉杆
			漏电继电器摇臂复位拉簧脱落	重新装上

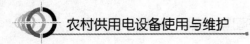

故障状态			原 因	排除方法
操作反常	不能合闸	放大机构故障	晶闸管、集成块或其他电子元件击穿	更换报废元件
			操作按钮没有复位	按复位按钮使其复位
			经常使用电压脱扣器来脱扣	更换断路器，将电压脱扣改为电动操作
	不能分闸		由于短路电流作用，双金属片变形	修理
			电压不足、线圈没有励磁	使线圈励磁
			没有经过必需的锁扣时间	等双金属片冷却后再锁扣
			分合机构磨损性故障	更换
			分合弹簧折断、疲劳性失效	更换
			触点融焊，自由脱扣机构不能动作	更换
			分断大电流而使触点熔焊	用分断容量较大的漏电断路器替换
	按动试验		试验按钮按不到底	加长按钮顶端
			试验回路断线	重新焊接
			试验电阻烧毁	更换电阻
			零序电流互感器副边引线折断	重新焊接
	按钮不动作		零序电流互感器副边引线短路	用绝缘套管或其他绝缘材料隔开
			电子元件部分虚焊断线	重新焊接、连线
			电子元件特性变化、整机灵敏度下降	返修
			漏电脱扣器衔铁支撑点焊脱落	返修
操作反应	按动试验按钮，漏电动作后没有指示		指示灯不良，寿命已到	调换新指示灯
			指示按钮装置部分调整不佳，造成指示件跳不出	返修
			指示件复位弹簧未装	装入弹簧
电动作反常	漏电动作值变小		半导体元件或晶闸管漏电流增大	更换管子
			漏电脱扣器动作功率或保持力等变小	返修；调节永久磁铁（调进）；调节释放拉簧，使力变小
	漏电动作值变大		零序电流互感器特性下降，或剩磁赠大	更换零序电流互感器
			半导体元件放大倍数下降	更换管子
			漏电脱扣器动作功率或保持力变大	返修；调节永久磁铁（调出）；调节释放拉簧，使力变小
	三相漏电动作值差异明显		整流部分的滤波电容击穿	更换元件
手柄折断			操作力过大	更换手柄
			手柄和机架相对位置错位	更换手柄

续表

故障状态		原　因		排除方法
导通不良		动静触点间混进异物		去除异物
		分断电流过大，导电部分熔断		更换
		短路电流作用使触点损耗大		更换
		操作频率过高而引起导电部分软连接折断		更换
误动作	在正常负载下动作	环境温度过高	选择不当或温度修正曲线选择不当	更换规格
		温升过高	接线端部分松动	加固接线断
			触点发热	修理触点
		漏电断路器质量差	调整不合格	返修
	启动过程中误操作	启动电流引起发热	选择不当	更换规格
		启动时间长	选择不当	更换规格
	启动瞬间动作	启动电流大		更新调整电磁脱扣或更换规格
		启动时闪流大		
		Y-△启动转换时的过渡电流或反转时的过渡电流		同上
误动作	启动瞬间动作	瞬时再启动时的闪流		同上
		电动机绝缘层短路		修理电动机
		热脱扣动作后没有充分冷却		应充分冷却
		漏电断路器操作机构磨损或转轴变形		更换
		在合闸同时有反常电流		检查电路排除故障
		漏断路器质量差		返修
	合闸时动作（漏电指示跳出，表示漏电动作）	配线长，对地静电容量大，有漏电流流过		变更额定漏电动作电流或将漏电开关安装在负载附近
		漏电断路器并联使用，或没有接入零线		按正确接线法接线
	使用过程中动作	雷电感应或过强的脉冲过电压、过电流窜入		在漏电断路器中安装防冲击波装置
		附近有大电流母线		远离电流源
	电源侧短路	电弧空间不足		消除原因，更换机座
		灰尘堆积		清洁，去除灰尘
		导电体落在电源侧		消除原因，更换机座
温升反常	接线端温度高	紧固不良		增固
		触点接触不良，使触点发热		修理触点
	塑壳两侧温度高	维护保养不良使触点发热、紧固部发热		增固、修理触点
		凭感觉测量错误		用温度计测定
	接线螺钉发热	螺钉松动		增固
		螺钉和接线端接触不良		螺钉重新调过
		超过所选的额定电流		调换规格
		使用电源频率不当		调换品种

续表

故 障 状 态		原　因	排 除 方 法
不动作	过电流时不脱扣	短路电流作用使双金属片变形	返修
		运输振动等外部原因使过电流脱扣器（液压式）衔铁失落或卡死	返修
		漏电断路器质量差	返修
		后备保护断路器分断时间短	降低电流整定值，变更后备保护开关

思考题与习题

1. 触/漏电保护断路器的配置要求是什么？
2. 触/漏电断路器的选用原则是什么？
3. 触/漏电断路器如何按不同方式分类来满足使用的选型？
4. 如何选用家庭生活用电单相触/漏电保护器呢？
5. 需安装触/漏电保护断路器的场所有哪些？
6. 触/漏电保护装置的安装要求是什么？
7. 安装触/漏电保护断路器的施工要求是什么？
8. 触/漏电保护断路器要求低压系统接地的方式是什么？
9. 触/漏电断路器的检查使用要求是什么？
10. 触/漏电保护装置的误动和拒动原因是什么？
11. 触/漏电断路器的常见故障和排除方法是什么？

第11章

农村电气照明

11.1 白炽灯的类型和参数

白炽灯是利用钨丝通电加热而发光的一种热辐射光源。发光量为每瓦 9-18 Lm/W 光通量，寿命在 750～1000h 左右，通常白炽灯的温度在 3000K 左右。白炽灯具有显色性好、光谱连续、结构简单、使用方便、价格低等优点；主要缺点是发光效率低、使用寿命短。白炽灯的基本结构如图 11-1 所示。

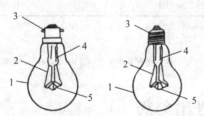

（a）卡口式白炽灯　　　（b）螺口式白炽灯

1—玻璃外壳；2—引线；3—灯头；4—玻璃支架；5—灯丝

图 11-1　白炽灯的结构

11.1.1　白炽灯的类型

（1）按灯丝分类：可分为单螺旋灯丝白炽灯和双螺旋灯丝白炽灯两种。

（2）按灯头分类：可分为螺口式白炽灯和插口式白炽灯两种。

（3）按气体分类：可分为真空式白炽灯和充气式白炽灯两种。

（4）按玻璃壳分类：可分为透明型白炽灯、磨砂型白炽灯、乳白型白炽灯、反射型白炽灯和彩色型白炽灯等。

（5）按形状分类：可分为球形白炽灯、梨形白炽灯、柱形白炽灯、蜡烛形白炽灯和蘑菇形白炽灯等。

（6）按用途分类：可分为普通照明白炽灯、装饰白炽灯、水下白炽灯、投光白炽灯、汽车白炽灯等。

11.1.2　农村常用白炽灯参数

农村常用白炽灯参数如表 11-1 所示。

表 11-1　农村常用白炽灯参数

白炽灯名称	型　　号	功率（W）	初始光通量（lm）	灯 头 型 号
普通照明白炽灯泡	PZ 220-15	15	110	E27/27 或 B22d/25×26
	PZ 220-25	25	220	
	PZ 220-40	40	350	
	PZ 220-60	60	630	
	PZ 220-100	100	1250	
	PZ 220-150	150	2090	E27/35×30 或 B22d/30×30
	PZ 220-200	200	2920	
	PZ 220-300	300	4610	
	PZ 220-500	500	8300	E40/45
	PZ 220-1000	1000	18600	
普通照明蘑菇形白炽灯泡	PZM 220-15	15	107	E27/27 或 B22d/25×2
	PZM 220-25	25	213	
	PZM 220-40	40	326	
普通照明双螺旋灯丝白炽灯	PZS 220-40	40	415	
	PZS 220-60	60	715	
	PZS 220-100	100	1350	

注：①灯头型号中，E—螺旋式灯头，B—卡口式灯头。

②平均寿命为 1000h。

③用乳白玻璃、涂白、磨砂玻璃灯泡发出的光通量分别为透明灯泡的 75%、85% 和 97%。

11.2　荧光灯的类型和参数

荧光灯是一种低压汞蒸气气体放电灯，利用放电产生的紫外线，通过敷在玻璃管内壁的荧光粉，转换成可见光。荧光灯的发光效率高、寿命长、发热量小、光色可根据需要进行选择、灯管表面亮度低、发光均匀柔和。荧光灯一般由灯管、启辉器和镇流器三个主要部件组成，如图 11-2 所示。

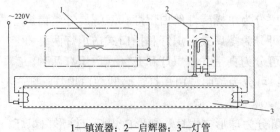

1—镇流器；2—启辉器；3—灯管

图 11-2　荧光灯原理接线图

11.2.1 农村常用荧光灯的类型

（1）按灯管功率分类：可分为大功率和小功率两类。大功率灯管指 65～125W；小功率灯管指 4～40W 之间。

（2）按灯管直径分类：可分为 T5、T8、T10、T12 四种。T5 灯管直径为 15mm；T8 灯管直径为 25mm；T10 灯管直径为 32mm；T12 灯管直径为 38mm。

（3）按启动方式分类：可分为预热启动式和快速启动式两种。预热启动式需要启辉器；快速启动式不需启辉器，直接启动荧光灯。

（4）按光色分类：可分为日光色、中性白色、冷白色、白色、暖白色和白炽灯色六种。日光色用 RR 表示，色温为 6500K；中性白色用 RZ 表示，色温为 5000K；冷白色用 RL 表示，色温为 4000K；白色用 RB 表示，色温为 3500K；暖白色用 RN 表示，色温为 3000K；白炽灯色用 RD 表示，色温为 2700K。

（5）按形状分类：可分为分直管形、环形、U 形、H 形、双 H 形、球形、螺旋形等。

11.2.2 农村常用荧光灯参数

常用荧光灯管的光电参数如表 11-2 所示。

表 11-2 常用荧光灯管的光电参数

类 别	型 号	额定功率（W）	灯管电压（V）	工作电流（mA）	光通量（lm）	平均寿命（h）
预热式	YZ 6RR	6	50±6	140	160	1500
	YZ 8RR	8	60±6	150	250	
	YZ 15RR	15	51±7	330	450	3000
	YZ 20RR	20	57±7	370	775	3000
	YZ 30RR	30	81±10	405	1295	5000
	YZ 40RR	40	103±10	430	2000	
	YZ 100RR	100	92±11	1500	4400	2000
快启动式	YZK 15RR	15	51±7	330	450	3000
	YZK 20RR	20	57±7	370	770	5000
	YZK 40RR	40	103±10	430	2000	
细管	YZS 20RR	20	59±7	360	1000	3000
	YZS 40RR	40	107±10	420	2560	5000
三基色	STS 40	40	103±10	430	3000	5000
环形管	YH 22RR	22	62	365	780	2000
U 形	YU 30RR	30	89	350	1550	2000
	YU 40RR	40	108	410	2200	2000

11.2.3 紧凑型荧光灯

节能紧凑型荧光灯现已成为可以取代白炽灯的节能灯具。紧凑型荧光灯是由灯头、电子镇流器和灯管组成。

紧凑型荧光灯的优点是：高光效、节能，光效最高可达 100lm/W，显色性高、光色好，寿命长，达 5000h；灯管直径细如手指，仅 10mm，用料省；体积小，质量轻，便于安装，外形美观；使用普通白炽灯头，能直接取代白炽灯，使用方便。紧凑型荧光灯的参数如表 11-3 所示。

表 11-3　紧凑型荧光灯的参数

灯 外 形	型 号	电压（V）	功率（W）	电流（mA）	光通量（lm）	外形尺寸（mm）	
						直径 D	全长 L
柱形灯泡	SEl0	220	9	45	450	73	150
	SUl2			170		80	
	SUl25						
	SUl21						
	SUl21						
	SEl2	220	11	45	450	80	193
	SUl4			155	470		
	SUl45						
	SUl41						
	SEl6		13	60	600		180
	SUl8			160			193
	ESL-9U	220	9	—	450	73	155
	ESL-10H		10		550	54	152
	ESL-11U		11		600	73	165
	ESL-13U		13		700		180
	ESL-16U		16		800		
	ESL-18U		18		900		
	ESL-20U		20		1050		190
球形灯泡	SEBl0	220	9	45	300	106	152
	SUBl2			170			162
	SEBl2	220	11	50	450	125	180
	SUBl4			155		106	162
	SHl6	220	5、7、9、11	—	220～750	73	101
	SHl7E						92
H、U形灯	SDE-10N	220	9	45	420	58	152
	SDE-10U						
	SDE-11H		10				170
	SDE-12N		11	55	550		
	SDE-12U						165
	SDE-14N						182
	SDE-14U		13	65	650		180
	SDE-14H						192
	SDE-20H		16	85	850		232

11.3　高压汞灯的类型和参数

高压汞灯是一种利用汞放电时产生的高气压获得高发光效率的电光源。其主要特点是：发光效率高、寿命长、耐振性好。

11.3.1　高压汞灯的类型

高压汞灯可分为荧光高压汞灯（GGY）、自镇流荧光高压汞灯（GYZ）、反射型荧光高压汞灯（GYF）、紫外线高压汞灯（GGZ）等。

11.3.2　高压汞灯的参数

（1）荧光高压汞灯的参数。

荧光高压汞灯在高压汞灯的外玻壳内壁敷上荧光粉，使灯的一部分紫外线转变成可见光，涂荧光粉后不仅改变了灯的显色性，而且提高了灯的发光效率。荧光高压汞灯点燃时，电路中必须串接一个相应的镇流器。常用荧光高压汞灯的参数如表 11-4 所示。

表 11-4　常用荧光高压汞灯的参数

灯泡型号	额定电压/V	功率/W		启动电压 /V≤	启动电流/A	工作电压 /V	工作电流 /A	启动时间 /min≤	再启动时间/min≤	熄灭电压/V≤	光通量/lm ×10³
		额定值	极限值								
GGY50		50	53.50		1.0	95±15	0.62				1.8
GGY80		80	85.60		1.3	110±15	0.85				3.4
GGY125		125	133.75		1.8	115±15	1.25				6.0
GGY175	220	175	187.25	180	2.3	130±15	1.50	8	10	198	8.5
GGY250		250	262.50		3.7	130±15	2.15				13.0
GGY400		400	420.0		5.7	135±15	3.25				23.0
GGY1000		1000	1050.0		13.7	145±15	7.50				58.5

（2）自镇荧光高压汞灯。

自镇荧光高压汞灯点燃时，电路中无须串接镇流器，自身具有镇流器件。自镇荧光高压汞灯结构如图 11-3 所示，具体参数如表 11-5 所示 。

表 11-5　常用自镇荧光高压汞灯的参数

灯泡型号	电压/V	功率/W	工作电流 /A	启动电压 /V	启动电流 /A	再启动时间 /min	光通量/lm	主要尺寸/mm		平均寿命 /h	灯头型号
								直径	全长		
GYZ100		100	0.46		0.56		1150	60	154	2500	E27/35×30
GYZ160	220	160	0.75	180	1.95	3～6	2560	81	184	2500	E27/35×30
GYZ250		250	1.20		1.70		4900	91	227	3000	E40/45

续表

灯泡型号	电压/V	功率/W	工作电流/A	启动电压/V	启动电流/A	再启动时间/min	光通量/lm	主要尺寸/mm		平均寿命/h	灯头型号
								直径	全长		
GYZ400		400	1.90		2.70		9200	122	310	3000	E40/45
GYZ450	220	450	2.25	180	3.50	3～6	11000	122	292	3000	E40/45
GYZ750		750	3.55		6.00		225000	152	370	3000	E40/45

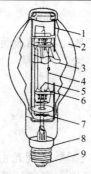

1—金属支架；2—玻璃外壳（内表面涂荧光粉）；3—作为镇流器用的灯丝；
4—石英玻璃放电管；5—主电极；6—辅助电极（触发极）；7—电阻；8—灯头；9—焊锡

图 11-3　自镇荧光高压汞灯结构

（3）反射型荧光高压汞灯。

反射型荧光高压汞灯是一种外玻壳采用圆锥投光行，并在内表面蒸镀一层铝放射膜，玻壳顶部为漫透射面的荧光高压汞灯。反射型荧光高压汞灯结构如图 11-4 所示，具体参数如表 11-6 所示。

表 11-6　常用反射型荧光高压汞灯的参数

灯泡型号	电源电压/V	功率/W	工作电压/V	工作电流/A	光通量/lm	发光强度/cd	平均寿命/h	直径/mm	全长/mm	灯头型号
GYF50		50	95	0.63	1230	211		80	80	E27/27
GYF80	220	80	110	0.85	2300	497	3000	100	100	E27/35×30
GYF125		125	115	1.25	3900	903		125	125	E27/35×30
GYF400		400	135	3.25	16500	4000	6000	180	180	E40/75×54

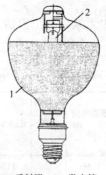

1—反射膜；2—发光管

图 11-4　反射型荧光高压汞灯外形

11.4 卤钨灯的类型和参数

卤钨灯是利用在玻壳里含有一定比例卤化物的化学反应进行工作的白炽灯。普通白炽灯在使用过程中，由于从灯丝蒸发出来的钨沉积在灯泡壁上而使玻壳黑化，玻壳黑化后透光性降低，造成灯泡光效率降低。在卤钨灯泡内除了充入惰性气体外，还充有少量的卤族元素（氟、氯、溴、碘）或与其相应的卤化物，在满足 定温度的条件下，灯泡内能够建立起卤钨再生循坏，防止钨沉积在玻璃壳上。卤钨灯的灯丝通常做成线形，根据灯丝结构和使用要求制成单螺旋灯丝或双螺旋或三螺旋灯丝，玻壳制成管状。图 11-5 为管形照明卤钨灯的结构。

1—钼箔；2—钨丝；3—支架

图 11-5 管形照明卤钨灯结构

卤钨灯根据功能、形状的不同，可以分为照明管形卤钨灯（LZG）、照明单端卤钨灯（LZD）、冷反射定向照明卤钨灯（LZJ）、照明反射卤钨灯（LZF）等类型。常用照明管形卤钨灯和冷反射定向照明卤钨灯的主要参数如表 11-7 和表 11-8 所示。

表 11-7 常用管形卤钨灯的参数

灯管型号	额定值			色温（K）	平均寿命（h）	外形尺寸（mm）		安装方式
	电压（V）	功率（W）	光通量（lm）			D	L	
LZG220-500	220	500	9750	2700～2900	1500	12	177	夹式
LZG220-1000			21000				210	顶式
							232	夹式
LZG220-1500		1500	31500			13.5	293	顶式
							310	夹式
LZG220-2000		2000	42000				293	顶式
							310	夹式

表 11-8 常用冷反射定向照明卤钨灯的参数

灯泡型号	电压（V）	额定功率（W）	极限功率（W）	平均寿命（h）	色温（K）	灯端型号
LZJ6-10XZ	6	10	12	2000	2900	G4
LZJ6-10XZG						
LZJ 12-20XZ	12	20	23		2925	
LZJ12-20XZG						
LZJ 12-35XZ		35	38.5	3000	3000	
LZJ12-35XZG						
LZJ12-35XK						
LZJ12-20Z		20	23	2000	2950	G5.3
LZJ12-20ZG						
LZJ12-20K						

续表

灯泡型号	电压 /V	额定功率 /W	极限功率 /W	平均寿命 /h	色温① /K	灯端型号
LZJl2-50Z						
LZJl2-50ZG		50	55			
LZJl2-50K				3000	3050	
LZJl2-75Z						
LZJl2-75ZG		75	82.5			
LZJl2-20FZ						
LZJ12-20FK		20	23	2000	2925	
LZJ]12-35FZ	12					
LZJl2-35FK		35	38.5			
LZJl2-50FZG					3000	
LZJl2-50FK		50	55	3000		
LZJl2-50FTK						
LZJl2-65FZ					3050	
LZJl2-65FK		65	71.5			

11.5 黑光灯的类型、参数和安装使用

11.5.1 黑光灯的类型和结构

1. 黑光灯分类

黑光灯按形状可分为球形黑光灯、梨形黑光灯、柱形黑光灯、管形黑光灯等。

2. 黑光灯的结构

黑光灯的结构如图 11-6 所示。它由石英内管和外壳组成，内管的两端各有一个主电极，管内装有水银和氩气，在主电极的旁边装有一个引燃用的辅助电极，其引出处串联一个限流电阻，外面有一个玻璃外壳，起保护石英内管和聚光作用。这种灯用电感性镇流器稳流，镇流器通过对灯的两端电压自行调节，使灯泡的放电电弧稳定。与黑光灯连接线路图如图 11-7 所示，接通电源后，水银并不立刻产生电弧，而是由辅助电极和一个主电极之间发生辉光放电，这时石英管内温度升高，水银逐渐汽化，等到管内产生足够的水银蒸气时，方才发生主电极间的水银弧光放电，产生紫外线，这个过程大约需要 3~5min。由于产生紫外线，石英内管水银蒸气可达到 4~5 个大气压，所以这种紫外灯又叫高压水银灯。

黑光灯是一种特制的气体放电灯，灯管的结构和电特性与一般照明荧光灯相同，黑光灯只是管壁内涂的荧光粉不同。黑光灯能放射出一种人看不见的紫外线，且农业害虫有很大趋光性，所以广泛用于农业。该灯有 YHG20、YHG40 等型号，其额定电压为 220V，工作电压如表 11-9 所示。功率分别为 20W、40W。供电电源可有交流和直流两种。交流供电的有"黑光诱虫灯"和"高压电网灭虫灯"等。

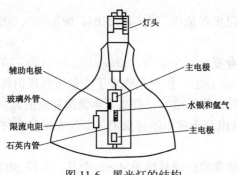

图 11-6　黑光灯的结构　　　　　　　　图 11-7　黑光灯连接线路图

黑光灯在紫外范围内产生光,其光谱局限于长波紫外线区域。黑光灯也可能非常低效形成,通过简单地使用木材的玻璃代替透明玻璃作为一个普通白炽灯泡的包层。这是创建首个黑光灯光源的方法。虽然比日光灯源便宜,但只有 0.1%的输入功率转换为可用的辐射。黑光灯灯泡产生大量紫外线,由于其效率低下,有可能成为危险的热点。更危险的是,高功率(几百瓦)汞蒸气黑灯用紫外荧光粉和伍德的玻璃封套,主要用于戏剧和音乐会显示器,在正常使用下它们也变得非常热。

11.5.2　黑光灯的参数

常用黑光灯参数如表 11-9 所示。

表 11-9　常用黑光灯参数

灯管型号	额定功率	额 定 参 数				外形尺寸（mm）			平均寿命	灯头型号
		工作电压	工作电流	启动电流	灯管压降	L	L_1	D		
	（W）	（V）	（A）	（A）	（V）	最大值	最大值	最大值	（h）	
YHG8	8	60	0.15	0.20		302	288	16	1500	G5
YHGl5	15	51	0.33	0.50		451	437	40.5	3000	G13
YHG20	20	57	0.37	0.55		604	589.8			
YHG30	30	81	0.40	0.62		908.8	894.6			
YHG40	40	103	0.43	0.65		1213.6	1199.4		5000	
YHGl00	100	92	1.5	1.8		1215.0	1200.0			
RA-20	20		0.35	0.46	60	604	589	38	2000	
RA-40	40		0.41	0.65	108	1215	1200			
RA—100	100		1.5	1.8	90	1215	1200			

注：①黑光灯的外形接线和配件与相应功率的普通荧光灯一致。
②装置黑光灯的架子(尤其是铁架)必须接地,绝对不能与相线(火线)相接。每只灯上应装置开关,检查灯管时应切断电源,以防触电。
③不能长时间目视点燃的黑光灯,以免紫外线灼伤眼睛。

11.5.3　安装使用

1. 黑光灯的功能

(1)利用黑光灯诱捕昆虫喂鱼类。将黑光灯放在鱼塘中 4～5 个月,诱捕的害虫相当于 20～

30 吨人工饲料的蛋白质，经过测算，用黑光灯诱捕昆虫喂鱼可节约饲料 50%，增加收入 60%，使养鱼实现了低成本高收益。

（2）利用黑光灯诱捕昆虫喂鸡鸭鹅及鸟类。在春夏秋三个季节，每晚点亮 8～10h，可吸引大量的昆虫喂鸡鸭具统计每晚平均可吸引昆虫 15kg 左右，给鸡鸭收集了大量蛋白质饵料，使养的鸡鸭生长特别快，可节约大量人工投喂的饲料，降低成本，提高了鸡鸭肉和蛋的品质，增加鸡鸭的光照时间，有利于鸡鸭的生长，又可将农田和森林中的害虫消灭节约农田和森林中大量使用的农药费并生产出人们希望的绿色食品。

（3）捕杀农田害虫的黑光灯。将太阳能黑光灯放在农田或林地中 4～5 个月，半径 300～500m 设置一盏，有效地控制农田害虫的发生，节约大量的农药费，为人们提供无公害的绿色食品。收集的昆虫可用来喂鸡鸭鱼和鸟类。太阳能黑光灯冬天不用时可当庭院灯。

（4）捕杀森林害虫黑光灯。将其安装在森林或林地，可杀死 10 目 100 多个属 1300 多种害虫，减少森林病虫害的发生，给广袤的农田减少病虫害的压力，也可为鸡鸭鹅鱼类及鸟类提供优质蛋白质饲料。

2. 黑光灯源的组成

黑光灯由交流电源、黑光灯管及配件、防雨罩、挡虫板、灯架等几部分组成。黑光灯管外形及结构与普通日光灯管相同，只是灯管内壁所涂的荧光粉不同。目前使用的黑光灯管有 20W 和 40W 两种。

黑光灯配件包括整流器、维电器和开关。配件规格应与黑光灯管的规格相配。防雨罩是防止黑光灯管及其配件进水的设备，匝设在灯管及其配件的上方。挡虫板可用玻璃板等硬质透明的东西制成，其长度与灯管长度相同，每只灯管可用挡虫板 3～4 片。灯架可用杆、竹竿、角铁制作。

3. 安装要求

安装黑光灯的原则是安全、经济、简便和高效。黑光灯可置于池的中央，若水面较大，可在鳖类集中的地方或经常活动的区域，分别设置几个，以利鳖类捕食昆虫。

黑光灯的高度适宜，不要距离水面太高，以免影响诱虫效果；也不能太低，以免鳖类捕食时碰坏灯管。

也可采取在黑光灯上加一普通电灯的方法，提高诱虫效率。实践经验表明，在一盏黑光灯上加一个普通 60W 的灯泡，诱虫效率可提高 0.7～3.16 倍。

11.6 照明线路的安装方法

照明线路的安装，可分为明线安装和暗线安装两类。根据布线场所的具体情况，可采用瓷夹板、瓷柱、瓷瓶、木槽板、塑料护套线及管内布线等不同的安装方法。

11.6.1 照明基本电路

照明的基本电路由电源、接线、开关、负载（电灯）等组成，常用的基本电路如表 11-10 所示。

表 11-10　照明基本电路

电路名称和用途	接 线 图	说　　明
一只单联开关控制一盏灯	中性线 电源 相线	开关应安装在相线上，修理安全
一只单联开关控制两盏灯（或多盏灯）	中性线 电源 相线	一只单联开关控制多盏灯时，可如左图所示虚线接线，但应注意开关的容量是否允许
两只单联开关控制两盏灯	中性线 电源 相线	多只单联开关控制多盏灯时，可如左图所示虚线接线
用两只双联开关在两个地方控制一盏灯	中性线 电源 相线	用于两地需同时控制时，如楼梯、走廊中电灯，需在两地能同时控制等场合

11.6.2　瓷夹板线路的安装

瓷夹板线路具有结构简单、布线费用少、安装维修方便等优点，但导线完全暴露在空间，容易遭受损坏，而且不美观，适用于户内干燥的场所。

（1）瓷夹板线路的安装方法。

瓷夹板有单线、双线及三线式 3 种，常用的双线及三线式瓷夹板的外形如图 11-8 所示。瓷夹板线路的安装方法如图 11-9 所示。

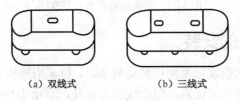

（a）双线式　　　　　　（b）三线式

图 11-8　瓷夹板外形图

（2）瓷夹板线路的安装。

① 铜导线的线芯截面积不应小于 $1mm^2$，铝导线的线芯截面积不应小于 $1.5mm^2$。导线的线芯最大截面积不得大于 $6mm^2$。

② 瓷夹板线路的各种间距应符合表 11-11 的要求。

表 11-11　瓷夹线路的间距要求

瓷夹板间距（m）	导线对敷设面最小距离（mm）	导线对地面最小距离（m）	
		水平敷设	垂直敷设
≤0.6	5	2	1.3

③ 导线在墙面上转弯时，应在转弯的地方装两副瓷夹板，如图 11-9（a）所示。

④ 两条支路的 4 根导线相互交叉时，应在交叉处分装 4 副瓷夹板，在下面的两根导线应各套一根瓷管或硬塑料管，管的两端都要靠住瓷夹板，如图 11-9（b）所示。

⑤ 导线分路时，应在连接处分装 3 副瓷夹板，当有一根支路导线跨过干线时，应加瓷管，瓷管的一端要靠住瓷夹板，另一端靠住导线的连接处，如图 11-9（c）所示。

⑥ 导线进入圆木前，应装一副瓷夹板，如图 11-9（c）所示。

⑦ 导线在不同平面上转弯时，转角的前后也应各装一副瓷夹板，如图 11-9（e）所示。

⑧ 三线平行时，若采用双线式瓷夹板，每一支持点应装两副瓷夹板，如图 11-9（f）所示。

⑨ 在瓷夹板布线和木槽板布线的连接处，应装一副瓷夹板，如图 11-9（g）所示。

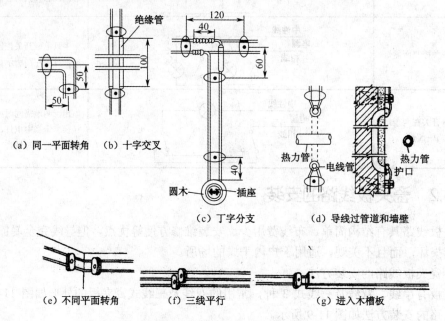

（a）同一平面转角　（b）十字交叉

（c）丁字分支

（d）导线过管道和墙壁

（e）不同平面转角　　　（f）三线平行　　　　（g）进入木槽板

图 11-9　瓷夹板线路的安装方法

11.6.3　槽板线路的安装

导线在容易触及的场所敷设以及用电负荷较小时，可采用槽板布线。槽板有木质和塑料两种。槽板线路具有整洁、安全等优点，但布线费用较高，适用于户内要求美观的干燥场所。

（1）槽板线路的安装方法。槽板的规格有两线式和三线式两种，如图 11-10 所示。槽板线路的安装方法如图 11-11 所示。

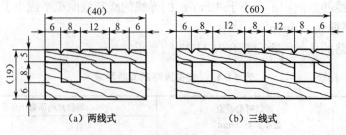

（a）两线式　　　　　　　　（b）三线式

图 11-10　槽板的规格（mm）

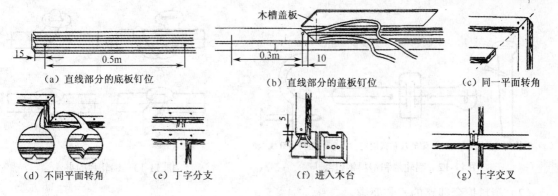

（a）直线部分的底板钉位　　　（b）直线部分的盖板钉位　　　（c）同一平面转角

（d）不同平面转角　　　（e）丁字分支　　　（f）进入木台　　　（g）十字交叉

图 11-11　槽板线路的安装方法

（2）槽板线路的安装要求。

① 铜导线的线芯截面积不应小于 0.5mm²，铝导线的线芯截面积不应小于 1.5mm²。导线的线芯最大截面不得大于 10mm²。

② 槽板所嵌设的导线应采用绝缘导线。每槽内只嵌设一根导线，而且不准有接头。

③ 槽板线路在穿越墙壁时，导线必须穿保护套管。

④ 槽板下沿或端口离地面的最低距离为 0.15m；线路在穿越楼板时，穿越楼板一段及离地板 0.15m 以下部分的导线，应穿钢管或硬塑料管加以保护。

⑤ 导线转弯时，应把槽底、盖板的端口锯成 45°角，并一横一竖地拼成直角，在拼缝两边的底、盖上各钉上铁钉，如图 11-11（c）所示。

⑥ 导线在不同平面上转弯时，应根据转弯的方向把槽底、盖板都锯成 V 形（不可锯断，应留出 1mm 厚的连接处），浸水（塑料管可加热）后弯接，如图 11-11（d）所示。

⑦ 导线进入丁字形槽板时，应在横装的槽底板的下边开一条凹槽，把导线引出，嵌入竖装的槽底板的两条槽中。然后，在凹槽两边的底、盖板上以及拼接处各钉上一个铁钉，如图 11-11（e）所示。

⑧ 敷有导线的槽板进入木台时，应伸入木台约 5mm。靠近木台的底、盖板上也应钉上铁钉，如图 11-11（f）所示。

⑨ 两条电路的 4 根导线相互交叉时，应把上面一条电路的槽底、盖板都锯断，用两根瓷管或硬塑料管穿套两根导线，跨过另一条电路的槽板。断口两边的底、盖板上也要分别钉上铁钉，如图 11-11（g）所示。

11.6.4　塑料护套线路的安装

塑料护套线路具有耐潮性好，抗腐蚀能力强，线路整齐美观和布线费用少等优点，但导线的截面积较小，适用于户内、外一般场所和潮湿、有腐蚀性气体的场所。

（1）塑料护套线路的安装方法。

护套线必须采用专门的铝轧片或塑料钢钉线卡进行支持。铝轧片的固定方法如图 11-12（a）、（b）所示（日前已大量使用塑料钢钉线卡，见图 11-12（c），所以，原采用铝轧片的线路均可采用塑料钢钉线卡安装。铝轧片的 4 步夹法如图 11-13 所示。塑料护套线路的安装方法如图 11-14 所示。

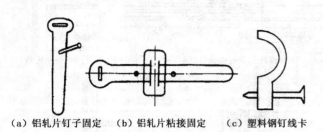

（a）铝轧片钉子固定	（b）铝轧片粘接固定	（c）塑料钢钉线卡

图 11-12　铝轧片和塑料钢钉线卡　　　　　　图 11-13　铝轧片的夹法

（2）塑料护套线路的安装要求。

① 对于户外线路，铜导线的线芯截面积不应小于 $0.5mm^2$，铝导线的线芯截面积不应小于 $1.5mm^2$。对于户内线路，铜导线的线芯截面积不应小于 $1mm^2$，铝导线的线芯截面积不应小于 $2.5mm^2$。

② 铝轧片的大小（号数）要与护套线的规格及敷设根数相配合，如表 11-12 所示。

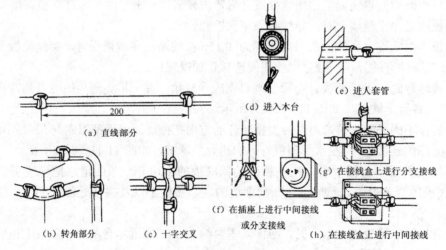

图 11-14　塑料护套线路的安装方法

表 11-12　铝轧片与护套线间的配合

导 线 型 号	导 线 规 格	轧 头 规 格			
	（根×mm^2）	0 号	1 号	2 号	3 号
		可 夹 根 数			
BVV	2×1.0	1	2	2	3
BVV	2×1.5	1	1	2	3
BVV	3×1.5		1	1	2
BLVV	2×2.5		1	2	2

③ 铝轧片可用两种方法固定：在木结构上（或在有较厚实灰层的墙上），可用钉子钉牢；在混凝土结构上，可采用环氧树脂粘接固定。采用粘接法对，一定要用钢丝刷将建筑物上的粘接面的粉刷层刷净，使轧头底板与水泥或砖层直接粘住，防止日后浮层脱落，致使铝轧片和导线脱落。

④ 在直线电路上，应每隔 200mm 用一枚铝轧片夹住护套线，如图 11-14（a）所示。

⑤ 护套线转弯时，转弯的半径要大一些，以免损伤导线。转弯处要用两枚铝轧片夹住，如图 11-14（b）所示。

⑥ 两根护套线相互交叉时，交叉处要用 4 枚铝轧片夹住，如图 11-14（c）所示。

⑦ 护套线进入木台或套管前，应安装一枚铝轧片，如图 11-14（d）、（e）所示。

⑧ 护套线接头的连接应按图 11-14（f）～（h）所示的方法进行。

11.6.5　管内布线的安装

导线置于钢管或硬塑料管内的敷设方式，称管内布线。管内布线分明敷（明管）和暗敷（暗管）两种。管内布线适用于潮湿、易损伤、易腐蚀和重要的照明场所，具有安全可靠、清洁美观、避免火灾和机械损伤等优点。但用的材料较多，装置费用较大。

（1）管内布线的安装方法。

明管的敷设方式与槽板布线相似，用管卡把管子固定在墙壁上，钢管明敷布线示意图见图 11-15 所示。暗管敷设是将管子埋入墙壁等建筑构件内，然后用灰浆抹平，外表看不到布线的痕迹。钢管暗敷布线如图 11-16 所示。

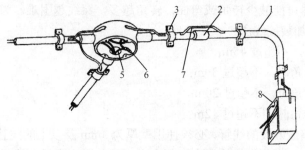

1—钢管；2—管箍；3—管卡；4—分线盒；5—电线；6—线接头；7—跨接地线；8—接线盒

图 11-15　钢管明敷布线示意图

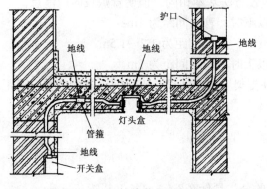

图 11-16　钢管暗敷布线示意图

（2）管内布线的安装要求。

① 穿管导线的绝缘强度不应低于 500V；铜导线的线芯截面积不应小于 $1mm^2$，铝导线的线芯截面积不应小于 $2.5mm^2$。

② 管内导线不准有接头，也不准穿入绝缘破损后经过包缠恢复绝缘的导线。

③ 不同电压和不同回路的导线不得穿在同一根钢管内。

④ 应将交流电同一回路的导线，穿在同一根钢管中，以避免涡流效应。

⑤ 管内导线一般不得超过 10 根；多根导线穿管时，导线截面积（包括绝缘层面积）总和不应超过管内截面积的 40%。

⑥ 钢管的连接一般都采用螺纹连接；硬塑料管可采用套接或者焊接。敷设在含有对导线绝缘有害的蒸汽、气体或多尘房屋内的线管以及敷设在可能进入油、水等液体的场所的线管，其连接处应密封。

⑦ 采用钢管布线时，必须接地，线管与各种管道的最小平行、交叉距离，应符合表 11-13 的规定。

表 11-13　布线与各管道最小距离

管 道 名 称	最小距离（m）	
	平　行	交　叉
暖气管	0.3	0.1
蒸汽管	1.0	0.3
沼气管	0.1	0.1

⑧ 管内布线应尽可能减少转角或弯曲，转角越多，穿线越困难。为便于穿线，规定线管超过下列长度，必须加装接线盒。

a. 无弯曲转角时，不超过 45m；

b. 有一个弯曲转角时，不超过 30m；

c. 有两个弯曲转角时，不超过 20m；

d. 有三个弯曲转角时，不超过 12m。

⑨ 在混凝土内暗线敷设的线管，必须使用壁厚为 3mm 及以上的线管；当线管的外径超过混凝土厚度的 1/3 时，不准将电线管埋在混凝土内，以免影响混凝土的强度。

⑩ 硬塑料管穿过楼板时，在距楼面 0.5m 的一段塑料管需要用钢管保护。

硬塑料管与钢管的敷设方法基本相同。但明管敷设时应注意：

a. 管径在 20mm 及以下时，管卡间距为 1m；

b. 管径在 25～40mm 时，管卡间距为 1.2～1.5m；

c. 管径在 50mm 及以上时，管卡间距为 2m。

硬塑料管也可在角铁支架上架空敷设，支架间距不能大于上述距离标准。

思考题与习题

1. 农村常用白炽灯的分类是什么？

2. 农村常用荧光灯的分类是什么？

3. 高压汞灯的类型和结构特点是什么？

4. 黑光灯的分类和结构特点是什么？

5. 照明线路的安装方法是什么？

参 考 文 献

[1] 李金伴，林丛，李捷辉. 供用电技术手册. 北京：化学工业出版社，2009.

[2] 王善斌. 电工测量. 北京：化学工业出版社，2008.

[3] 李金伴，陆一心. 电气材料手册. 北京：化学工业出版社，2006.

[4] 胡春秀. 电力电缆线路手册. 北京：中国水利水电出版社，2005.

[5] 上海电力变压器修造厂有限公司. 变压器检修. 北京：中国电力出版社，2004.

[6] 张植保. 变压器原理与应用. 北京：化学工业出版社，2007.

[7] 沙占友. 新型数字万用表原理与应用. 北京：机械工业出版社，2006.

[8] 杨东，张应龙等. 触/漏电保护器. 北京：化学工业出版社，2008.

[9] 朱英浩. 新编变压器实用技术问答. 沈阳：辽宁科学技术出版社，1999

[10] 周希章. 电力变压器的安装、运行与维修. 北京：机械工业出版社，2002.

[11] 方大千，方立. 实用变压器维修技术. 北京：金盾出版社，2005.

[12] 盛占石，尤德同. 变配电室值班电工. 北京：化学工业出版社，2007.

[13] 邓自力. 变电设备安装工. 北京：化学工业出版社，2006.

[14] 段大鹏. 变配电原理、运行与检修. 北京：化学工业出版社，2004.

[15] 谭延良，周新云. 变电站值班电工. 北京：化学工业出版社，2007.

[16] 周裕厚. 变配电所常见故障处理及新设备应用. 北京：中国物资出版社，2002.

[17] 陈化钢等. 高低压开关电器故障诊断与处理. 北京：中国水利水电出版社，2000.

[18] 尤德同等. 高低压电器装配工. 北京：化学工业出版社，2004.

[19] 白雪等. 电缆及其附件手册. 北京：化学工业出版社，2007.

[20] 沈培坤，刘顺喜编，防雷与接地装置. 北京：化学工业出版社，2006.

[21] 潘莹玉. 农村电气设备故障排除及检修. 北京：中国电力出版社，2003.

[22] 李金伴，李捷辉等. 开关电源技术. 北京：化学工业出版社，2006.

反侵权盗版声明

　　电子工业出版社依法对本作品享有专有出版权。任何未经权利人书面许可，复制、销售或通过信息网络传播本作品的行为；歪曲、篡改、剽窃本作品的行为，均违反《中华人民共和国著作权法》，其行为人应承担相应的民事责任和行政责任，构成犯罪的，将被依法追究刑事责任。

　　为了维护市场秩序，保护权利人的合法权益，我社将依法查处和打击侵权盗版的单位和个人。欢迎社会各界人士积极举报侵权盗版行为，本社将奖励举报有功人员，并保证举报人的信息不被泄露。

举报电话：（010）88254396；（010）88258888
传　　真：（010）88254397
E-mail：　dbqq@phei.com.cn
通信地址：北京市万寿路 173 信箱
　　　　　电子工业出版社总编办公室
邮　　编：100036